地面智能集成气象站技术

马启明　主编

内 容 简 介

本书全面介绍了智能气象站的设计理论、系统方案、整体结构与技术实现手段，并针对智能气象站的供电、智能传感器、传感器控制核心、无线组网、数据库及应用终端等系统各组成部分的技术实现方法进行了详细的说明。以温度、湿度、雨量、气压、风向、风速、地温、能见度为参数，在江西南昌、云南西双版纳和黑龙江漠河开展了与传统自动气象站的对比观测实验。

本书为智能气象站设计的专业书籍，可供相关专业师生、气象单位工作人员及相关管理人员参考。

图书在版编目(CIP)数据

地面智能集成气象站技术/马启明主编. —北京：气象出版社，2015.7

ISBN 978-7-5029-6160-2

Ⅰ.①地… Ⅱ.①马… Ⅲ.①自动气象站 Ⅳ.①P415.1

中国版本图书馆 CIP 数据核字(2015)第 156036 号

Dimian Zhineng Jicheng Qixiangzhan Jishu

地面智能集成气象站技术

马启明 主编

出版发行：气象出版社

地　　址：北京市海淀区中关村南大街 46 号　　**邮政编码**：100081

总 编 室：010-68407112　　**发 行 部**：010-68409198

网　　址：http://www.qxcbs.com　　**E-mail**：qxcbs@cma.gov.cn

责任编辑：陈红　林雨晨　　**终　　审**：黄润恒

封面设计：博雅思企划　　**责任技编**：赵相宁

印　　刷：北京中新伟业印刷有限公司

开　　本：787 mm×1092 mm　1/16　　**印　　张**：18.25

字　　数：467 千字

版　　次：2015 年 7 月第 1 版　　**印　　次**：2015 年 7 月第 1 版

定　　价：60.00 元

《地面智能集成气象站技术》
编委会

前　言

本书的编写是在编著者承担并完成公益性行业(气象)科研专项“地面智能集成观测站及业务软件研发”气象行业专项项目的基础上完成的,该专项包括实现常规要素智能传感器研发、台站集成平台及其软件研发、数据库服务器及应用软件研发、地面综合观测系统用户终端与数据处理软件研发、制定地面常规业务观测规范和管理制度五个方面。本书分为三部分:

第一编,理论部分,介绍了现有自动气象站存在的技术问题以及智能气象站的总体设计结构和系统方案。

第二编,技术实现部分,介绍了系统组成各部分的具体设计思路及实现方案,包括智能传感器的控制核心、供电电路设计、智能气象站各部分传感器的设计、传感器无线组网技术、数据库的功能设计和研发以及应用终端的功能设计和研发。

第三编,实验部分,介绍了智能气象站在南昌、西双版纳和漠河站点的运行情况,根据实验观察结果说明了智能气象站数据的完整性以及与传统台站观测数据的一致性。

地面智能集成气象站是由多个单位联合研制的:中国气象局气象探测中心主要负责项目的组织、协调及系统的总体设计,中国科学院空间科学与应用研究中心主要负责中心站处理软件的编写,武汉大学主要负责智能传感器的设计与开发、ZigBee 无线传输模块的程序设计与硬件实现,湖北省大气探测中心主要负责应用终端的功能设计与开发,安徽省气象局主要负责数据库的功能设计和研发,江西省气象局、云南西双版纳傣族自治州气象局和黑龙江省气象局主要负责外场运行试验,中国华云气象科技集团公司主要负责静态测试。

由于编著者学识水平有限,书中难免有不妥不足之处,希望相关领域的专家、学者及参阅本书的各位同事不吝赐教,谢谢!

马启明

2015 年 4 月

目　录

第三编 实验部分

第一编　理论部分

第 1 章　自动气象站与智能传感器

1.1　自动气象站

1.1.1　概述

自动气象站是一种能自动收集、存储或传输气象信息的装置。一般由传感器、数据采集器、电源、资料传输设备等组成。

传感器将气象参数转换成数据采集器所需的模拟量、数字、频率等，以便进行测量，数据采集器将传感器送来的参量按设定的要求进行处理。经过处理的气象资料用有线或无线方式传输给用户，或存储起来（中国气象局，2005）。

在网络系统中，自动气象站也称子站，将许多子站和一个中心站用通信网络连接起来，形成自动气象观测系统。

1.1.2　国内外自动气象站研制概况

20 世纪 50 年代末，不少国家已有了第一代自动气象站，如苏联研制的 M36 型自动气象站，美国研制的 AMOS－Ⅲ型自动气象站等。这些自动气象站观测的要素少、结构简单、准确度低。60 年代中期，第二代自动气象站已能适应各种比较严酷的气候条件，但未能很好地解决资料存储和传输问题，无法形成完整的自动观测系统。到了 70 年代，第三代自动气象站大量采用了集成电路，实现了软件模块化、硬件积木化，单片微处理器的应用使自动气象站具有较强的数据处理、记录和传输能力，并逐步投入业务使用。进入 90 年代以来，自动气象站在许多发达国家得到了迅速发展，建成业务性自动观测网。如美国的自动地面观测系统（ASOS）、日本的自动气象资料收集系统（AMEDAS）、芬兰的自动站系统（MILOS）和法国的基本站网自动化观测系统（MISTRAL）等。

我国自动气象站研制工作始于 20 世纪 50 年代后期。60 年代初，由原中央气象局观象台主持研制无人自动气象站，到 70 年代初研制出 5 台无人自动气象站，在青海省的 5 个台站进行试验，前后达 10 年之久。与此同时，当时的中央气象局研究所又主持研制出综合遥测气象自动站，在杭州、苏州、北京等地进行了为期 6 个月的现场考核。

20 世纪 80 年代中期，由中国气象局气科院大气探测所主持，采用静止气象卫星中继数据的方式，研制出资料收集平台（DCP），分别在青海、内蒙古、湖北、浙江等省（区）的艰苦台站进行为期 1 年的试验，并通过了技术鉴定。到了 90 年代中期，中小尺度天气自动气象监测站网在长江三角洲、珠江三角洲地区建站运行。90 年代后期，我国第一批自动气象站设计定型，并获准在业务中使用。目前，我国已普遍使用自动遥测气象站，实现了人工气象站与自动气象站的联合观测（中国气象局，2003）。10 年间，国内 2435 个国家级气象观测站布设了 7 个厂家生产的 11 种型号的自动气象站，22000 多个区域自动气象观测站布设了多达 20 个厂家的 44 种型号的设备。

1.1.3　现有自动气象站的技术问题

随着传感器技术的发展,原有的自动气象站显露出一些技术不足。

(1)大部分自动气象站采用集中式结构,系统开放性不高,不同型号的传感器对应不同的数据采集器,各厂家之间标准不统一。维修或增加传感器都必须对自动气象站重新进行校准标定,过程复杂,不符合我国气象发展战略研究中“综合气象观测系统工程”的发展要求(中国气象局,2006)。

(2)国产自动气象站所采用的气象传感器主要依赖进口,受技术水平和生产工艺的限制,国产传感器的准确性、可靠性较差。观测项目仅限于传统的温、压、湿、风和降水等六要素,云、能见度、天气现象等气象要素急需纳入自动气象站的观测项目。

(3)国产自动气象站所采用的数据采集器大多与相应的自动气象站配套使用,当需要扩充自动气象站观测功能,增加新的气象要素传感器时,不能直接进行升级,必须更换,从而造成重复建设和资源浪费。

欧美发达国家正在开展的智能型分布式自动气象站研究,此类自动气象站具有如下特点:(1)面向用户,可自由组合、积木式构建系统;(2)CAN 总线结构,开放式设计,传感器独立性好,可任意增减和组合,使用维护方便;(3)采集通道零误差,精度主要取决于传感器的精度。(4)可以进行有线或无线技术大范围组网。

因此,中国气象局文件《综合气象观测系统发展规划(2010—2015 年)》(气发 2009〔463〕号)明确指出:开展观测仪器研制,试验主要气象要素传感器国产化,观测精度达到 WMO 规定要求;在国家级气象观测站建立集约化观测业务平台,建设标准规范的观测场地和值班室,实现台站观测业务综合化(中国气象局,2009)。

1.2　智能传感器概述

1.2.1　传感器

传感器(transducer/sensor)是一种检测装置,能感受到被测量的信息,并能将感受到的信息,按一定规律变换成为电信号或其他所需形式的信息输出,以满足信息的传输、处理、存储、显示、记录和控制等要求。它是实现自动检测和自动控制的首要环节。

国家标准《GB 7665—2005 传感器通用术语》对传感器下的定义是:“能感受规定的被测量件并按照一定的规律(数学函数法则)转换成可用信号的器件或装置,通常由敏感元件和转换元件组成”。

1.2.2　传感器的作用

人们为了从外界获取信息,必须借助于感觉器官。而单靠人们自身的感觉器官,在研究自然现象和规律以及生产活动中它们的功能就远远不够了。为适应这种情况,就需要传感器。因此可以说,传感器是人类五官的延长,又称之为电五官。

新技术革命的到来,世界开始进入信息时代。在利用信息的过程中,首先要解决的就是要获取准确可靠的信息，而传感器是获取自然和生产领域中信息的主要途径与手段。

在现代工业生产尤其是自动化生产过程中，要用各种传感器来监视和控制生产过程中的各个参数，使设备工作在正常状态或最佳状态，并使产品达到最好的质量。因此可以说，没有众多的优良的传感器，现代化生产也就失去了基础(赵亚东，2000)。

在基础学科研究中，传感器更具有突出的地位。现代科学技术的发展，进入了许多新领域：例如空间尺度在宏观上要观测上亿光年的茫茫宇宙，微观上要观测小到飞米(10^{-15} m)的粒子世界；时间尺度上要观测长达数十万年的天体演化，短到微秒级的瞬间反应。此外，还出现了对深化物质认识、开拓新能源、新材料等具有重要作用的各种极端技术研究，如超高温、超低温、超高压、超高真空、超强磁场、超弱磁场等等。显然，要获取大量人类感官无法直接获取的信息，没有相适应的传感器是不可能的。许多基础科学研究的障碍，首先就在于对象信息的获取存在困难，而一些新机理和高灵敏度的检测传感器的出现，往往会导致该领域内的突破。一些传感器的发展，往往是一些边缘学科开发的先驱。

传感器早已渗透到诸如工业生产、宇宙开发、海洋探测、环境保护、资源调查、医学诊断、生物工程、甚至文物保护等等极其广泛的领域。可以毫不夸张地说，从茫茫的太空，到浩瀚的海洋，以至各种复杂的工程系统，几乎每一个现代化项目，都离不开各种各样的传感器。

由此可见，传感器技术在发展经济、推动社会进步方面的重要作用，是十分明显的。世界各国都十分重视这一领域的发展。相信不久的将来，传感器技术将会出现一个飞跃，达到与其重要地位相称的新水平。

传感器种类繁多，常用传感器有以下几种(王善慈，1991)。

(1)称重传感器

称重传感器是一种能够将重力转变为电信号的力→电转换装置，是电子衡器的一个关键部件。能够实现力→电转换的传感器有多种，常见的有电阻应变式、电磁力式和电容式等(刘九卿，2004)。电磁力式主要用于电子天平，电容式用于部分电子吊秤，而绝大多数衡器产品所用的还是电阻应变式称重传感器。电阻应变式称重传感器结构较简单，准确度高，适用面广，且能够在相对比较差的环境下使用。因此电阻应变式称重传感器在衡器中得到了广泛的运用。

(2)压阻式传感器

压阻式传感器是根据半导体材料的压阻效应在半导体材料的基片上经扩散电阻而制成的器件(朱目成等，2000)。其基片可直接作为测量传感元件，扩散电阻在基片内接成电桥形式。当基片受到外力作用而产生形变时，各电阻值将发生变化，电桥就会产生相应的不平衡输出。用作压阻式传感器的基片(或称膜片)材料主要为硅片和锗片，硅片为敏感材料而制成的硅压阻传感器越来越受到人们的重视，尤其是以测量压力和速度的固态压阻式传感器应用最为普遍。

(3)热电阻传感器

热电阻传感器主要是利用电阻值随温度变化而变化这一特性来测量温度及与温度有关的参数，适用于对温度检测精度要求比较高的场合。热电阻大都由纯金属材料制成，较为广泛的热电阻材料为铂、铜、镍等，它们具有电阻温度系数大、线性好、性能稳定、使用温度范围宽(－200～＋500℃)、加工容易等特点(Mathews 等，1999)。

(4)激光传感器

利用激光技术进行测量的传感器。它由激光器、激光检测器和测量电路组成。激光传感器是新型测量仪表，它的优点是能实现无接触远距离测量，速度快，精度高，量程大，抗光、电干扰能力强等(赵继聪等，2011)。激光传感器工作时，先由激光发射二极管对准目标发射激光脉冲。经目标反射后激光向各方向散射。部分散射光返回到传感器接收器，被光学系统接收后成像到雪崩光电二极管上。雪崩光电二极管是一种内部具有放大功能的光学传感器，因此它能检测极其微弱的光信号，并将其转化为相应的电信号。利用激光的高方向性、高单色性和高亮度等特点可实现无接触远距离测量。

(5)霍尔传感器

霍尔传感器是根据霍尔效应制作的一种磁场传感器，广泛地应用于工业自动化技术、检测技术及信息处理等方面(白韶红，2003)。霍尔效应是研究半导体材料性能的基本方法。通过霍尔效应实验测定的霍尔系数，能够判断半导体材料的导电类型、载流子浓度及载流子迁移率等重要参数。霍尔电压随磁场强度的变化而变化，磁场越强，电压越高，磁场越弱，电压越低。霍尔电压值很小，通常只有几个毫伏，但经集成电路中的放大器放大，就能使该电压放大到足以输出较强的信号。若使霍尔集成电路起传感作用，需要用机械的方法来改变磁场强度。

(6)温度传感器

温度传感器的种类很多，经常使用的有热电阻：PT100、PT1000、Cu50、Cu100；热电偶：B、E、J、K、S等(于成民，1985)。温度传感器不但种类繁多，而且组合形式多样，应根据不同的场所选用合适的产品。

测温原理：根据电阻阻值、热电偶的电势随温度不同发生有规律的变化的原理，可以得到所需要测量的温度值。

(7)光敏传感器

光敏传感器是最常见的传感器之一，它的种类繁多，主要有：光电管、光电倍增管、光敏电阻、光敏三极管、太阳能电池、红外线传感器、紫外线传感器、光纤式光电传感器、色彩传感器、CCD(charge-coupled device，电荷耦合元件)和CMOS(complementary metal-oxide-semiconductor，互补金属氧化物半导体)图像传感器等(史建，2007)。它的敏感波长在可见光波长附近，包括红外线波长和紫外线波长。光传感器不只局限于对光的探测，它还可以作为探测元件组成其他传感器，对许多非电量进行检测，只要将这些非电量转换为光信号的变化即可。光传感器是目前产量最多、应用最广的传感器之一，它在自动控制和非电量电测技术引中占有非常重要的地位。最简单的光敏传感器是光敏电阻，当光子冲击接合处就会产生电流。

(8)超声波测距离传感器

超声波测距离传感器采用超声波回波测距原理，运用精确的时差测量技术，检测传感器与目标物之间的距离，采用小角度，小盲区超声波传感器，具有测量准确，无接触，防水，防腐蚀，低成本等优点，可应于液位，物位检测，特有的液位，料位检测方式，可保证在液面有泡沫或大的晃动，不易检测到回波的情况下有稳定的输出，应用行业：液位，物位，料位检测，工业过程控制等(华克强等，1991)。

(9)压力传感器

压力传感器也是工业实践中最为常用的一种传感器，其广泛应用于各种工业自控环境，涉及水利水电、铁路交通、智能建筑、生产自控、航空航天、军工、石化、油井、电力、船舶、机床、管道等众多行业(凌永发等，2003)。

1.2.3 传感器的参数

1.2.3.1 静态特性

传感器的静态特性是指对静态的输入信号，传感器的输出量与输入量之间所具有相互关系（隋文涛等，2007）。因为这时输入量和输出量都和时间无关，所以它们之间的关系，即传感器的静态特性可用一个不含时间变量的代数方程，或以输入量作横坐标，把与其对应的输出量作纵坐标而画出的特性曲线来描述。表征传感器静态特性的主要参数有：线性度、灵敏度、分辨力和迟滞等。

1.2.3.2 动态特性

所谓动态特性，是指传感器在输入变化时，它的输出的特性。在实际工作中，传感器的动态特性常用它对某些标准输入信号的响应来表示（王大堃，2000）。这是因为传感器对标准输入信号的响应容易用实验方法求得，并且它对标准输入信号的响应与它对任意输入信号的响应之间存在一定的关系，往往知道了前者就能推定后者。最常用的标准输入信号有阶跃信号和正弦信号两种，所以传感器的动态特性也常用阶跃响应和频率响应来表示。

1.2.3.3 线性度

通常情况下，传感器的实际静态特性输出是条曲线而非直线（何培杰等，1999）。在实际工作中，为使仪表具有均匀刻度的读数，常用一条拟合直线近似地代表实际的特性曲线，线性度（非线性误差）就是这个近似程度的一个性能指标。拟合直线的选取有多种方法。如将零输入和满量程输出点相连的理论直线作为拟合直线；或将与特性曲线上各点偏差的平方和为最小的理论直线作为拟合直线，此拟合直线称为最小二乘法拟合直线。

1.2.3.4 灵敏度

灵敏度是指传感器在稳态工作情况下输出量变化 Δy 对输入量变化 Δx 的比值。它是输出一输入特性曲线的斜率（Yasuda 等，1992）。如果传感器的输出和输入之间呈线性关系，则灵敏度 S 是一个常数。否则，它将随输入量的变化而变化。灵敏度的量纲是输出、输入量的量纲之比。例如，某位移传感器，在位移变化 1mm 时，输出电压变化为 200mV，则其灵敏度应表示为 200mV/mm。当传感器的输出、输入量的量纲相同时，灵敏度可理解为放大倍数。提高灵敏度，可得到较高的测量精度。但灵敏度愈高，测量范围愈窄，稳定性也往往愈差。

1.2.3.5 分辨力

分辨力是指传感器可能感受到的被测量的最小变化的能力。也就是说，如果输入量从某一非零值缓慢地变化。当输入变化值未超过某一数值时，传感器的输出不会发生变化，即传感器对此输入量的变化是分辨不出来的（Bresler，1991）。只有当输入量的变化超过分辨力时，其输出才会发生变化。通常传感器在满量程范围内各点的分辨力并不相同，因此常用满量程中能使输出量产生阶跃变化的输入量中的最大变化值作为衡量分辨力的指标。上述指标若用满量程的百分比表示，则称为分辨率。

1.2.3.6 稳定性

传感器使用一段时间后，其性能保持不变化的能力称为稳定性。影响传感器长期稳定性的因素除传感器本身结构外，主要是传感器的使用环境。因此，要使传感器具有良好的稳定性,传感器必须要有较强的环境适应能力(Zarnik 等,2010)。在选择传感器之前,应对其使用环境进行调查,并根据具体的使用环境选择合适的传感器,或采取适当的措施,减小环境的影响。传感器的稳定性有定量指标,在超过使用期后,在使用前应重新进行标定,以确定传感器的性能是否发生变化。在某些要求传感器能长期使用而又不能轻易更换或标定的场合,所选用的传感器稳定性要求更严格,要能够经受住长时间的考验。

1.2.3.7 精度

精度是传感器的一个重要的性能指标,它是关系到整个测量系统测量精度的一个重要环节。传感器的精度越高,其价格越昂贵,因此,传感器的精度只要满足整个测量系统的精度要求就可以,不必选得过高(庄哲民等,2002)。这样就可以在满足同一测量目的的诸多传感器中选择比较便宜和简单的传感器。如果测量目的是定性分析的,选用重复精度高的传感器即可,不宜选用绝对量值精度高的;如果是为了定量分析,必须获得精确的测量值,就需选用精度等级能满足要求的传感器。对某些特殊使用场合,无法选到合适的传感器,则需自行设计制造传感器以达到特定要求。

1.2.4 常规传感器的局限

首先,为了保持传感器的有效测量,通常需要对常规传感器进行标定,也就是说,传感器的输出必须符合某个预定的标准,这样它们测量的数值才能真实地反映被测参数的值。这样就产生了常规传感器的第一个局限:传感器一旦被用于现场,往往就很难甚至不能再对其进行手工标定。其次,常规传感器的另一个局限是传感器的性能会随时间发生变化,即漂移现象。第三,不仅传感器本身的性能随时间会发生变化,他们所处的工作环境同样也会随时间发生变化。第四,绝大多数传感器都需要型号调理电路,对于特定的应用环境和传感器本身来说,信号调理电路都是唯一的。最后,常规传感器通常需要在物理空间上靠近接受检测信号的控制和监控系统,一般来说,传感器距离监控系统越远,检测信号就越差。

1.2.5 智能传感器

智能传感器的主要任务是实现传感器信号的数字化,智能化,并具有一种以上快速可靠的通信方式。智能传感器能与附近或全球的其他智能传感器相连,共同完成以前无法完成的任务。更重要的是,由于智能传感器主要功能都由软件实现,因此通过对软件的升级或者配置即可得到各种各样的产品。智能传感器可以使供应商有提供硬件产品变为提供软件产品,这样面对竞争则可以通过软件的升级应对。

1.2.5.1 传感器信号处理

传感器信号处理主要是信号调理和滤波两个部分。

信号调理是对信号进行操作,将其转换成适合后续测控单元接口的信号。信号调理是实现传感器的灵敏度、线性度、输出阻抗、失调、漂移、时延等性能参数的关键环节。它涉及模拟信号和数字信号的调理。相应电路有模拟电路和数字电路,以模拟电路居多。常用电路信号调理电路包括放大、调整、电桥、信号变换、电气隔离、阻抗变换、调制解调、线性化和滤波等电路以及激励传感器的驱动电路,常称为传感器电路。

滤波器是一种对信号有处理作用的器件或电路。滤波器主要分为有源滤波器和无源滤波器。主要作用是让有用信号尽可能无衰减地通过，对无用信号尽可能大地反射。滤波器一般有两个端口，一个输入信号、一个输出信号，利用这个特性可以将通过滤波器的一个方波群或复合噪波，而得到一个特定频率的正弦波。滤波器的功能就是允许某一部分频率的信号顺利地通过，而另外一部分频率的信号则受到较大的抑制，它实质上是一个选频电路。滤波器中，把信号能够通过的频率范围，称为通频带或通带；反之，信号受到很大衰减或完全被抑制的频率范围称为阻带；通带和阻带之间的分界频率称为截止频率；滤波器是由电感器和电容器构成的网路，可使混合的交直流电流分开。

1.2.5.2　温度传感器

温度传感器是最早开发，应用最广泛的一类传感器。温度传感器是利用物质各种物理性质随温度变化的规律把温度转换为电量的传感器。这些呈现规律性变化的物理性质主要是半导体材料和金属材料。温度传感器是温度测量仪表的核心部分，品种繁多。

随着科学技术的发展，测温系统已经被广泛应用于社会生产、生活的各个领域，在工业、环境监测、医疗、家庭多方面均有应用。从而使得现代温度传感器向微型化、集成化、数字化方向发展。

温度传感器一般分为接触式和非接触式两大类。

接触式温度传感器有热电偶、热敏电阻以及铂电阻等，利用其产生的热电动势或电阻随温度变化的特性来测量物体的温度，被广泛用于家用电器、汽车、船舶、控制设备、工业测量、通信设备等.另外，还有一些新开发研制的传感器，例如，有利用半导体 PN 结电流/电压特性随温度变化的半导体集成传感器；有利用光纤传播特性随温度变化或半导体透光随温度变化的光纤传感器；有利用弹性表面波及振子的振荡频率随温度变化的传感器；有利用核四重共振的振荡频率随温度变化的 NQR 传感器；有利用在居里温度附近磁性急剧变化的磁性温度传感器以及利用液晶或涂料颜色随温度变化的传感器等。

非接触方式是通过检测光传感器中红外线来测量物体的温度，有利用半导体吸收光而使电子迁移的量子型与吸收光而引起温度变化的热型传感器.非接触传感器广泛用于接触温度传感器、辐射温度计、报警装置、来客告知器、火灾报警器、自动门、气体分析仪、分光光度计、资源探测等。

1.2.5.3　湿度传感器

湿敏元件是最简单的湿度传感器。湿敏元件主要有电阻式、电容式两大类（喻晓莉等，2009）。

湿敏电阻的特点是在基片上覆盖一层用感湿材料制成的膜，当空气中的水蒸气吸附在感湿膜上时，元件的电阻率和电阻值都发生变化，利用这一特性即可测量湿度。

电子式湿敏传感器的准确度可达 2%～3%RH，这比干湿球测湿精度高。

湿敏元件的线性度及抗污染性差，在检测环境湿度时，湿敏元件要长期暴露在待测环境中，很容易被污染而影响其测量精度及长期稳定性。在这方面就没有干湿球测湿方法好。

湿敏电容一般是用高分子薄膜电容制成的，常用的高分子材料有聚苯乙烯、聚酰亚胺、酪酸醋酸纤维等。当环境湿度发生改变时，湿敏电容的介电常数发生变化，使其电容量也发生变化，其电容变化量与相对湿度成正比。湿敏电容的主要优点是灵敏度高、产品互换性好、响应速度快、湿度的滞后量小、便于制造、容易实现小型化和集成化，其精度一般比湿敏电阻要低一些。国外生产湿敏电容的主要厂家有 Humirel 公司、Philips 公司、Siemens 公司等。以 Humirel 公司生产的 SH1100 型湿敏电容为例，其测量范围是 1%～99%RH，在 55%RH 时的电容量为 180pF(典型值)。当相对湿度从 0 变化到 100%时，电容量的变化范围是 163～202pF。温度系数为 0.04pF/℃，湿度滞后量为±1.5%，响应时间为 5s。

除电阻式、电容式湿敏元件之外，还有电解质离子型湿敏元件、重量型湿敏元件(利用感湿膜重量的变化来改变振荡频率)、光强型湿敏元件、声表面波湿敏元件等。湿敏元件的线性度及抗污染性差，在检测环境湿度时，湿敏元件要长期暴露在待测环境中，很容易被污染而影响其测量精度及长期稳定性。

1.2.5.4 风传感器

风速是指空气相对于地球某一固定地点的运动速率，风速的常用单位是米/秒(m/s)，1m/s=3.6km/h。风速没有等级，风力才有等级，风速是风力等级划分的依据。一般来讲，风速越大，风力等级越高，风的破坏性越大。

风既有大小，又有方向，因此，风的预报包括风速和风向两项。风速的大小常用风级来表示。风的级别是根据风对地面物体的影响程度而确定的。在气象上，一般按风力大小划分为 17 个等级。

在天气预报中，常听到如“北风 4 到 5 级”之类的用语，此时所指的风力是平均风力；如听到“阵风 7 级”之类的用语，其阵风是指风速忽大忽小的风，此时的风力是指最大时的风力。

其实，在自然界，风力有时是会超过 12 级的。像强台风中心的风力，或龙卷风的风力，都可能比 12 级大得多，只是 12 级以上的大风比较少见，一般就不具体规定级数了。

风传感器就是通过传感器把风速大小和风向量化，并通过电信号输出该量化信号。目前国内普遍使用的风传感器为杯式风速传感器和风向标传感器，同时，超声探测风速风向作为一种新兴的探测手段，技术上已经非常成熟(程海洋等，2005)。

1.2.5.5 气压传感器

气压传感器用于测量气体的绝对压强。

高精度气压传感器一般是利用 MEMS 技术在单晶硅片上加工出真空腔体和惠斯登电桥，惠斯登电桥桥臂两端的输出电压与施加的压力成正比，经过温度补偿和校准后具有体积小，精度高，响应速度快，不受温度变化影响的特点(孙嫣等，2007)。输出方式一般为模拟电压输出和数字信号输出两种，其中数字信号输出方式由于和单片机连接方便，是市场上的主流。

1.2.5.6 雨量传感器

雨量传感器通常采用 0.1 mm、0.5mm 分辨率，是用来测量降水量、降水强度、降水起止时间的传感器(郭剑鹰，2007)。适用于气象台(站)、水文站、农林、国防等有关部门以及防洪、供水调试、电站水库水情管理为目的的水文自动测报系统、自动野外测报站。

翻斗雨量筒是由承水口、过滤网、上筒、连接螺钉、磁钢、干式舌簧管、下筒、翻斗、限位螺钉、锁紧螺母、底座、水准泡、调平螺钉等主要部件所组成的承水口收集的雨水，经过上筒(漏斗)过滤网，注入计量翻斗—翻斗是用工程塑料注射成型的用中间隔板分成两个等容积的三角斗室。它是一个机械双稳态结构，当一斗室接水时，另一斗室处于等待状态。当所接水容积达到预定值(6.28mL、15.7mL)时，由于重力作用使自己翻倒，处于等待状态，另一斗室处于工作状态。当其接水量达到预定值时，又自己翻倒，处于等待状态。在翻斗侧壁上装有磁钢，它随翻斗翻倒时从干式舌簧管旁扫描，使两个干式舌簧管轮流通断。即翻斗每翻倒一次，干式舌簧管便送出一个开关信号（脉冲信号）。这样翻斗翻动次数用磁钢扫描干式舌簧管通断送出脉冲信号计数，每记录一个脉冲信号，便代表 0.1mm、0.5mm 降水，实现降水遥测的目的。

1.2.5.7 石英晶体温度传感器

石英晶体是弹性体，它存在固有振动频率（阎学津等，1995）。当强迫振动频率等于它的固有振动频率时，就会产生谐振。利用这一特性人们将它做成振荡器、压电传感器等元件。通常，用于这些方面的石英晶体，它的温度稳定性是衡量其品质的一项重要指标。由于石英晶体的固有振动频率与温度密切相关，因此，可以利用这一特点做成高精度的温度一频率传感器。

当温度超过 573℃时，石英转变为高温的同素异形体，压电性能消失。此外，石英属于三方晶系结晶，具有 X 轴（电轴）、Y 轴（机械轴）和 Z 轴（光轴）三个结晶轴。由于各向异性，在实际使用中石英晶片（圆形、长方形等）都是从晶体上以一定角度切割截取薄片的，从而得到不同性能的石英晶片。如果在晶片的两个对应表面上用喷涂金属的方法装上一对金属极板以及支架等，就组成石英晶体温度传感元件。若在电极两端加一交变电压，由于压电效应，石英晶片被激励振荡，如同机械振荡系统一样，它具有固定的谐振频率，该谐振频率与温度以及晶体的角度、尺寸、振动形式等有关。LC 切型的石英晶片，是具有 α,β,γ 三个角度的二次旋转型，它只有一次系数，其二次、三次系数是零，所以线性度、精度非常好。

1.2.5.8 能见度传感器

能见度，是反映大气透明度的一个指标，航空界定义为具有正常视力的人在当时的天气条件下还能够看清楚目标轮廓的最大距离。能见度和当时的天气情况密切相关。当出现降雨、雾、霾、沙尘暴等天气过程时，大气透明度较低，因此能见度较差。测量大气能见度一般可用目测的方法，也可以使用大气透射仪、激光能见度自动测量仪等测量仪器测试。

在气象学中，能见度用气象光学视程表示（苑跃，1999）。气象光学视程是指白炽灯发出色温为 2700K 的平行光束的光通量，在大气中削弱至初始值的 5%所通过的路径长度。白天能见度是指视力正常（对比感阈为 0.05）的人，在当时天气条件下，能够从天空背景中看到和辨认的目标物（黑色、大小适度）的最大水平距离。实际上也是气象光学视程。夜间能见度是指：

（1）假定总体照明增加到正常白天水平，适当大小的黑色目标物能被看到和辨认出的最大水平距离。

（2）中等强度的发光体能被看到和识别的最大水平距离。

所谓“能见”，在白天是指能看到和辨认出目标物的轮廓和形体；在夜间是指能清楚地看到目标灯的发光点。凡是看不清目标物的轮廓，认不清其形体，或者所见目标灯的发光点模糊，灯光散乱，都不能算“能见”。

1.2.5.9 地面电场传感器

电场传感器是一种具有良好的抗电磁干扰能力和快速响应速度的传感器。它能够测量高电压电力系统中的瞬变电场，可广泛用于电场强度的探测（柴瑞等，2009）。为气象保障提供可靠的手段和依据，避免了强电场的破坏作用，对发射器升空具有重大的意义。

1.2.5.10 光纤传感器

光纤传感器主要有传感型和传光型两大类，两类传感器在传感原理上均可分为光强调制、相位调制、偏振态调制及波长调制等不同形式，由此构成不同的传感器（丁小平等，2006）。迄今业已证实，被光纤传感器敏感的物理量有 70 多种，与传统的传感器相比，光纤传感器有灵敏度高、重量轻和体积小、多用途、对介质影响小、抗电磁干扰和耐腐蚀且本质安全、易于组网等特点，使其近年来在航天航空、国防、能源电力、医疗和环保、石油化工、食品加工、土木工程等领域的应用得到了迅速发展。表 1.1 为光纤传感器对参数测定的原理及主要方式。

表 1.1 光纤传感器对参数测定的原理及主要方式

被测量	测量方式	光学原理	被测量	测量方式	光学原理
		法拉第效应		相位	干涉现象
电流	偏振	Pockels 效应	位移		Sagnac 效应
电压	相位	磁致伸缩	速度	光强	反/折射损耗
电参量		电致伸缩	运动参数	频率	多普勒效应
	相位	干涉现象	振动	相位	干涉现象
温度	偏振	双折射变化	压力	频率	多普勒效应
		红外辐射	力学参数	光强	微弯/散射
	光强	荧光辐射	辐射	光强	吸收损耗

第 2 章　物联网技术的发展和应用

2.1　物联网技术简介

物联网的概念最早是由麻省理工学院(Massachusetts Institute of Technology, MIT)的Ashton 教授在研究传感器网时于 1999 年提出来的。物联网(internet of things,IOT),是一种通过射频识别(radio frequency identification,RFID)、红外摄像机、激光扫描仪等传感器设备和全球定位系统、无线通信系统等,按约定的协议,把物品(如设备、设施、各种商品,甚至人与动物等)与互联网连接起来,使人与物、物与物之间进行信息交换或通信,以实现对物体的智能化识别、定位、跟踪、监控和管理的网络(李坡等,2011)。

物联网就是物物相连的互联网,我们现在说的互联网是以人为中心的网络,实现的是人与人之间的信息交换,而物联网是以设备为中心的网络,让设备更加智能化,物联网是互联网的延伸和扩展,延伸到了任何设备和设备之间,实现智能化设备之间的信息交换和通信。目前物联网应用领域非常广泛,遍及智能交通、环境保护、平安家居、智能家电、智能消防、个人健康、食品溯源等多个领域。物联网被称为继计算机、互联网之后世界信息产业发展的第三次浪潮。

物联网架构可分为三层:感知层、网络层和应用层。感知层物联网识别物体、采集信息的来源,由各种传感器构成,包括温湿度传感器、二维码标签、RFID 标签和读写器、摄像头、GPS(Global Positioning System,全球定位系统)等感知终端(刘珊,2013)。网络层由各种网络,包括互联网、广电网、网络管理系统和云计算平台等组成,负责传递和处理感知层获取的信息。应用层是物联网和用户的接口,它与行业需求结合,借助各种各样的智能设备和终端实现物联网的智能应用。

(1)传感器技术,这也是计算机应用中的关键技术。到目前为止绝大部分计算机处理的都是数字信号。自从有计算机以来就需要传感器把模拟信号转换成数字信号计算机才能处理。

(2)RFID 标签也是一种传感器技术,RFID 技术是融合了无线射频技术和嵌入式技术为一体的综合技术,RFID 在自动识别、物品物流管理有着广阔的应用前景。

(3)嵌入式系统技术,是综合了计算机软硬件、传感器技术、集成电路技术、电子应用技术为一体的复杂技术。经过几十年的演变,以嵌入式系统为特征的智能终端产品随处可见;小到人们身边的 MP3,大到航天航空的卫星系统。嵌入式系统正在改变着人们的生活,推动着工业生产以及国防工业的发展。如果用人体做一个简单比喻,传感器相当于人的眼睛、鼻子、皮肤等感官,网络就是神经系统用来传递信息,嵌入式系统则是人的大脑,在接收到信息后要进行分类处理。

2.2 物联网技术的发展

2.2.1 欧美物联网发展情况

2009年1月,IBM公司提出了“智慧地球”的构想,物联网成为其中不可或缺的一部分。2009年初,美国总统奥巴马就职后,对“智慧地球”构想做出了积极回应,并将其提升为国家层级的发展战略,将“新能源”和“物联网”列为振兴经济的两大武器,从而引起全球的广泛关注。欧洲智能系统集成技术平台(EPOSS)在《Internet of Things in 2020》报告中分析预测,未来物联网的发展将经历四个阶段。就目前而言,许多物联网相关技术仍在开发测试阶段,距离不同系统之间融合、物与物之间的普遍连接的远期目标还存在一定的差距。

2.2.2 我国物联网发展情况

2009年8月上旬时任总理温家宝在无锡视察时指出:“要在激烈的国际竞争中,迅速建立中国的传感信息中心或‘感知中国’中心。”此后,物联网的概念便在全国迅速升温。与国外相比,我国物联网发展在最近几年取得了重大进展。目前,我国传感网标准体系已形成初步框架,向国际标准化组织提交的多项标准提案均被采纳,传感网标准化工作已经取得积极进展(刘涛,2014)。

2.3 物联网技术的应用

2.3.1 工业领域

作为物联网三大关键技术之一的RFID技术因为具有识别距离远,快速、不易损坏、容量大等条码无法比拟的优势,所以它正在为供应链领域带来一场巨大的变革,它可以简化繁杂的工作流程,有效地改善供应链的效率和透明度。由于RFID技术的先进性,它同样可以运用在智能运输领域,实现集装箱的智能化管理。

2.3.2 农业领域

物联网可实现远程控制与实时采集功能,这使得物联网技术在农业方面应用十分广泛。利用物联网技术可以通过无线信号收发模块传输数据,可以实现自动开启或者关闭指定设备,调节温、湿度等环境条件,从而实现对大棚温、湿度的远程控制(曹明勤等,2013)。还可实时采集温室内温度、湿度信号以及光照、土壤温度、CO_2浓度等环境参数,并对这些信息随时进行处理,为农业综合生态信息自动监测、环境的自动控制和智能化管理提供科学依据。另外在产品出售方面,可以运用成熟的物联网传感技术,在生态农业基地与消费者之间搭建一个网络销售平台。这样消费者便可以通过实时的网络视频了解农副产品的种植全过程,对产品更具有信心。快速、低成本、可靠感知过程信息是物联网农业应用的基础。

2.3.3 交通运输领域

将先进物联网技术运用到整个陆路、海上、航空、管道交通管理系统,从而建立一种在大范围内、全方位发挥作用的高效、便捷、安全、环保、舒适、实时、准确的综合交通运输管理系统。

2.3.4　水产养殖领域

在养殖场中实施物联网建设，可以实现对一些养殖动物的养殖水质的在线监测与调控、增氧设施的自动控制等。在水温、pH 值、溶解氧、氨氮、硫化氢、亚硝酸盐等几个关键指标上，通过各监测点数据的实时测量、无线传输，实现自动控制或传送图文视频信息，管理者在电脑屏幕与手机上进行实时监测和手动控制，使得水产养殖业的发展变得更加顺风顺水。

2.3.5　智能化家电领域

物联网智能家电产品融合了自动化控制系统、计算机网络系统和网络通信技术，将各种家庭设备通过物联网实现自动化，通过中国电信的宽带、固话和 3G 网络等可以实现对家庭设备的远程操控。物联网空调是可以按照约定的协议，通过传感设备，直接对空调终端进行信息交换和通信，以实现智能化识别、跟踪、监控和管理的一种网络空调。物联网热水器利用射频自动识别技术，搭建了由用户、智能手机、无线路由、热水器设备、云服务器组成的物联网平台，让用户可以通过智能手机了解热水器的工作状态，并可以对其进行操作。

2.3.6　物联网技术在智能气象站中的应用

物联网是互联网的延伸和扩展，延伸到了任何设备和设备之间，实现智能化设备之间的信息交换和通信。目前国内业务运行的地面观测站技术水平落后，设备稳定性、扩展性差；并且布站过程需要向观测场拉入大量的电源线和通信线，而地面观测站一般布置远离市区的地段，这加大了布站成本和设备运行可靠性。把物联网技术引入气象站，使新型智能气象站技术上具有先进性和创新性，同时，物联网技术的引入整体提高了业务台站的技术水平。采用 ZigBee（基于 IEEE802.15.4 标准的低功耗局域网协议）无线组网技术进行通信和数据传输，节约传统布线成本，并使布站更为简单（龚高超等，2014）。采用太阳能供电，既清洁环保，又可以保证台站数据不因停电而缺失，增强系统稳定性和可靠性。

图 2.1 为新型智能气象站系统整体结构图，该系统在目前业务运行站的基础上，引入 ZigBee 组网技术，并采用智能化和分离元素的解决方案，实现了一套完整的新型智能气象站方案。

2.4　大数据

2.4.1　大数据的定义与特征

自 2011 年 5 月，EMC 公司和 IDC（Internet Data Center，互联网数据中心）在合作研究“数字宇宙”五年之后提出“大数据”概念。如今，“大数据经济”的影响力愈发显著，谷歌、Facebook 竞相超过微软，曾经的“软件为王”让位于“数据为王”。大数据的特征可以概括为 4V（volume，variety，velocity，value），即规模大、种类多、数据增速快、价值高但密度低。大数据是基于多源异构、跨域关联的海量数据分析所产生的决策流程、商业模式、科学范式、生活方式和观念形态的颠覆性变化的总和（韩晶，2013）。

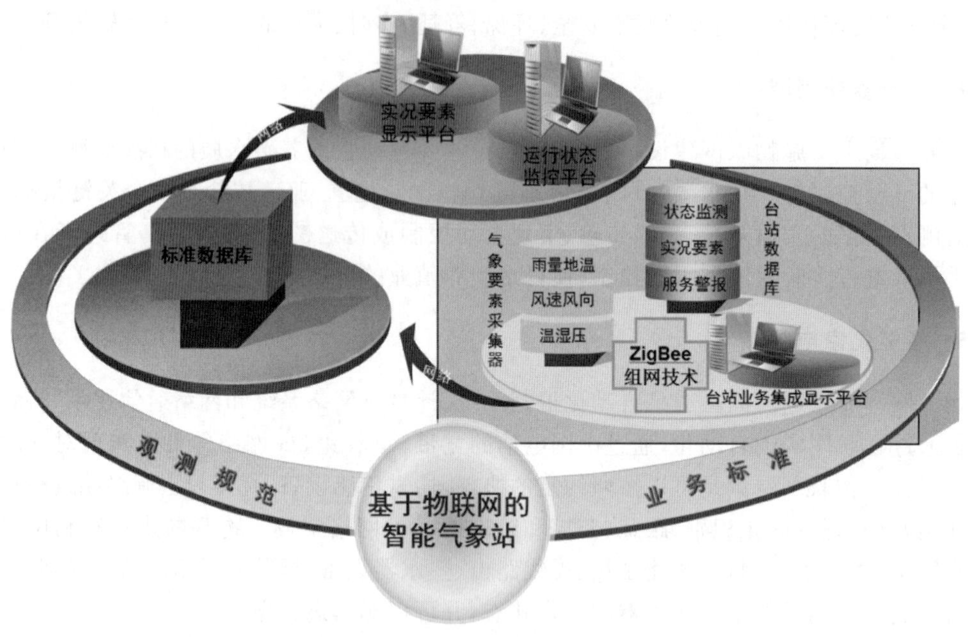

图 2.1 新型智能气象站系统整体结构图

2.4.2 研究目标与技术

预测是大数据最核心的科学问题。目前学术界主要关心两类预测问题，一是趋势预测，二是缺失信息预测，核心技术与关键产品：数据分析技术、知识计算技术、非结构化数据处理技术、新型数据库管理技术、数据安全共享技术、可视化技术等(图 2.2)(韩晶，2013)。

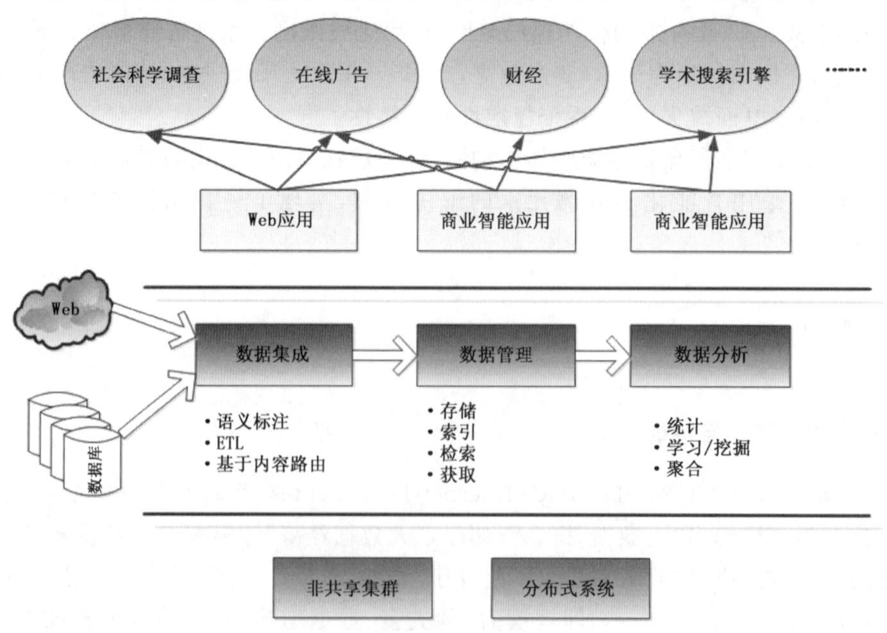

图 2.2 大数据核心技术和关键产品

2.4.3　大数据处理框架现状

2.4.3.1　大数据处理模式

大数据的应用类型有很多，主要的处理模式可以分为流处理(stream processing)(图 2.3)和批处理(batch processing)(图 2.4)两种。批处理是先存储后处理(store-then-process)，而流处理则是直接处理(straight-through processing)。

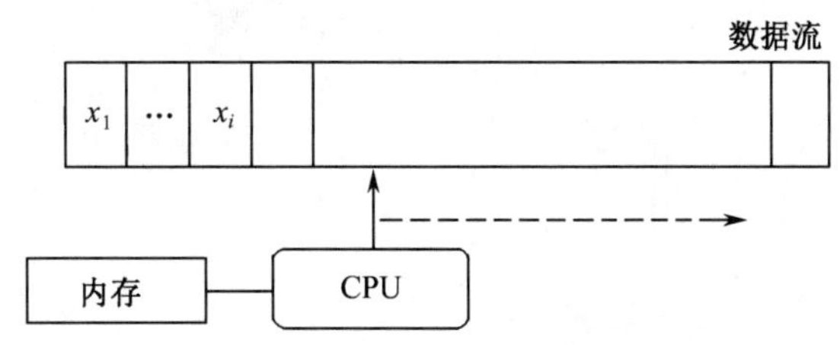

图 2.3　大数据处理的基本流程

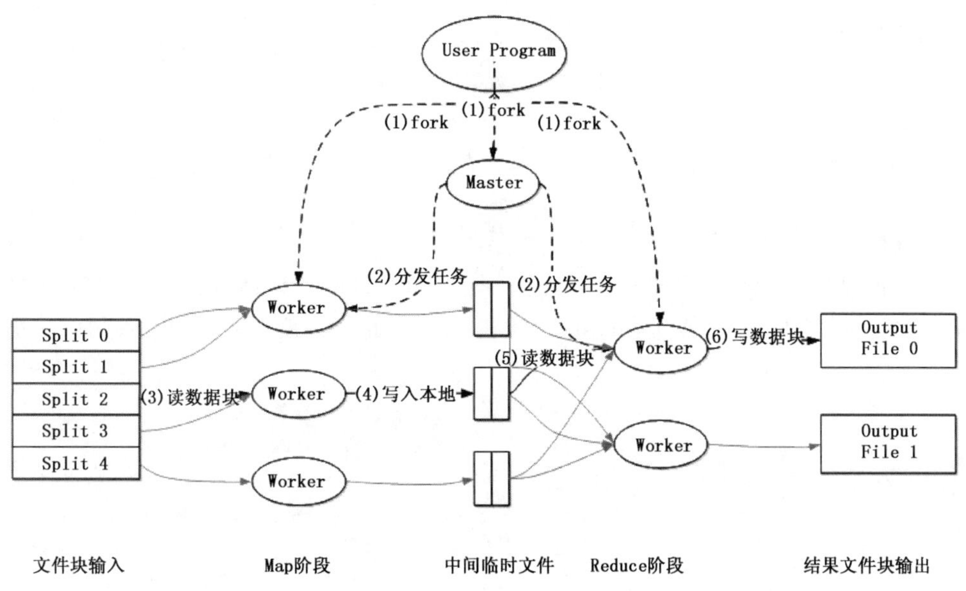

图 2.4　批处理流程

批处理过程的处理思想是：

(1)问题分而治之；

(2)计算推动到数据而不是数据推动到计算，有效地避免数据传输过程中产生的通信开销。

2.4.3.2　大数据处理的基本流程

大数据的数据来源广泛，应用需求和数据类型都不尽相同，但是最基本的处理流程一致。

图 2.5 为大数据的基本流程图，采用了.NET Framework3.5 和 SQL Server2008 编写与存储。分为用户端、数据处理端、数据分析端、存储端和源数据端。

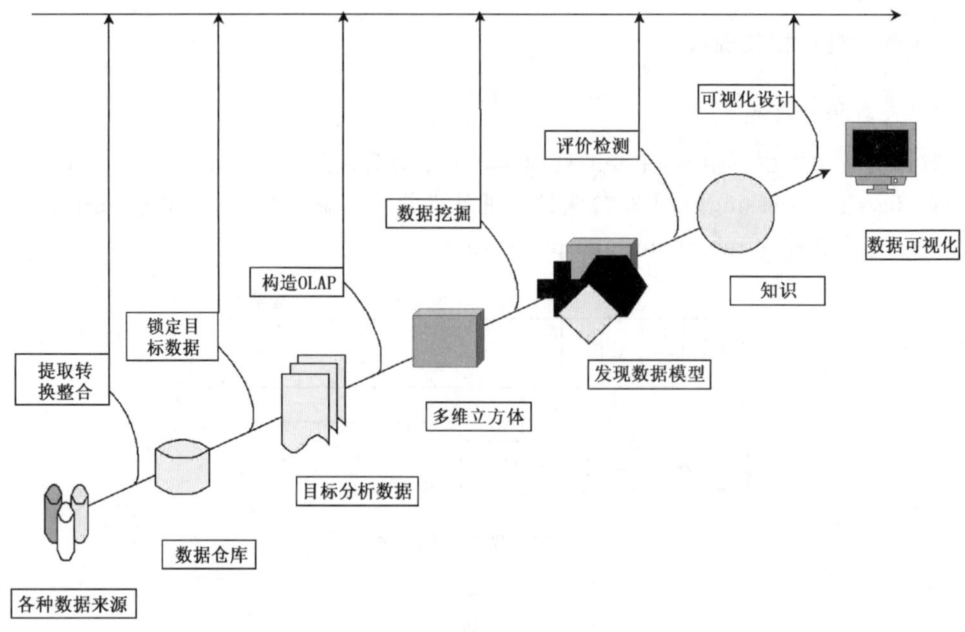

图 2.5 大数据的基本流程

2.4.4 关键技术

2.4.4.1 云计算:大数据的基础平台与支撑技术

大数据的基础平台与支撑技术是云计算(图 2.6)。目前的云计算服务有:AWS(Amazon web service)、GAE(Google App engine)、Hadoop 生态圈、百度开发者中心、淘宝云开发中心等。

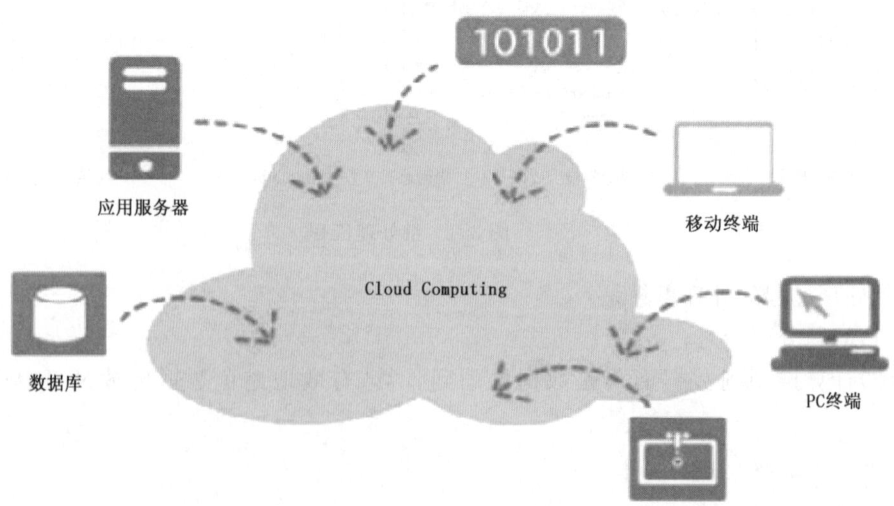

图 2.6 大数据关键技术

2.4.4.2　数据库技术

海量数据挑战着传统数据库曾经非常成功的“一种架构支持多类应用”的模式。在互联网和大数据应用的冲击下，世界数据库格局正在发生革命性的变化，由通用数据库(OldSQL)一统天下变成了 OldSQL、NewSQL、NoSQL 共同支撑多类应用的局面(图 2.7)。

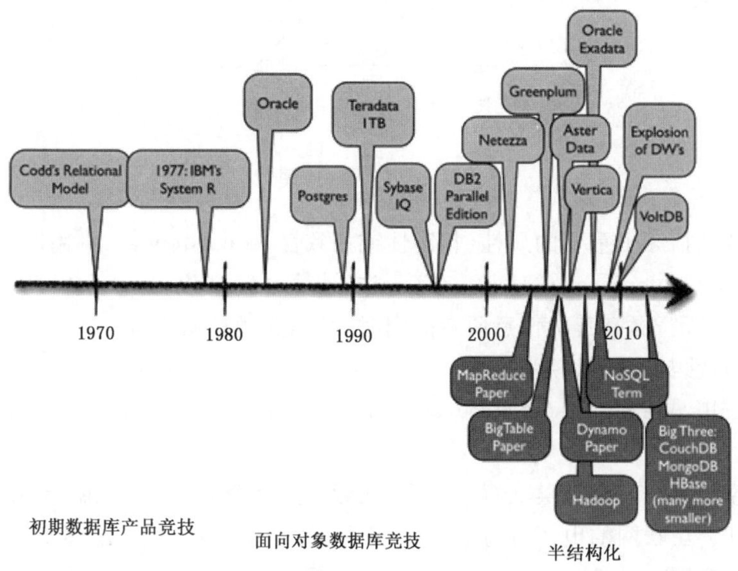

图 2.7　数据库技术

(1)ACID

ACID 是数据库事务正确执行的 4 个基本要素的缩写，分别为：原子性(atomic)、一致性(consistency)、隔离性(isolation)、持久性(durability)。

一个支持事务(transaction)的数据库系统，必须同时具有这 4 种特性，才能保证数据的正确性，否则极有可能达不到交易方的要求。

atomic：事务中所有操作，要么全部完成，要么全部都不完成，不可停滞在中间某个环节。事务执行过程发生错误，会被回滚(rollback)到初始状态。

consistency：事务开始之前和结束以后，数据库完整性约束没有遭到破坏。

isolation：隔离状态执行事务，使它们好像是系统在给定时间内执行的唯一操作。如果有两个事务，运行在相同的时间内，执行相同的功能，事务的隔离性将确保每一事务在系统中认为只有该事务在使用系统。这种属性有时称为串行化，为了防止事务操作间的混淆，必须串行化或序列化请求，使得在同一时间仅有一个请求用于同一数据。

durability：在事务完成以后，该事务所对数据库所做的更改便持久地保存在数据库之中，不会被回滚。

由于一项操作通常会包含许多子操作，而这些子操作可能会因为硬件的损坏或其他因素产生问题，要正确实现 ACID 并不容易。关系型数据系统会因为支持 ACID 事务性消耗大量的计算机性能。

(2)CAP 原理

CAP 原理是分布式计算理论(principle of distributed computing，PODC)中的一个原理

(图 2.8)。

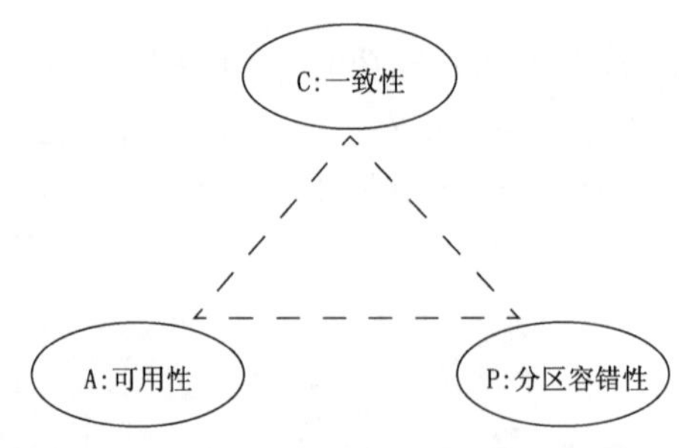

图 2.8 CAP 原理

分布式服务包括 3 个重要的属性:相容性或一致性(consistency),可用性(availability),分区容忍性(partition tolerance)。对于一个分布式计算系统来说,这 3 个属性非常重要。CAP 永远不可能同时满足,提高其中任意两者的同时,必然要牺牲第三者。

(3)最终一致性与 BASE 模型

二者(basically available,soft-state,eventual consistency)是分布式数据的理论基础与设计思想。

从 ACID 模型完全相反从英文意义来看,两者也是相反词,base 是碱,acid 是酸。

BASE 来自于互联网的电子商务领域的实践,它是基于 CAP 理论逐步演化而来,核心思想是即便不能达到强一致性(strong consistency),但可以根据应用特点采用适当的方式来达到最终一致性(eventual consistency)的效果。是对 CAP 中 C&A 的延伸。含义如下:

1)basically available:基本可用;

2)soft-state:软状态/柔性事务,即状态可以有一段时间的不同步;

3)eventual consistency:最终一致性;

BASE 完全不同于 ACID 模型,牺牲强一致性,获得基本可用性和柔性可靠性并要求达到最终一致性。CAP、BASE 理论是当前在互联网领域非常流行的 NoSQL 的理论基础。

(4)NoSQL

现在的 NoSQL 运动丰富扩展了 BASE 思想,可按照具体情况定制特别方案。NoSQL 解决方案提供了 shared-nothing、容错和可扩展的分布式架构等特性,同时也放弃了关系型数据库的强数据一致性。

2.4.5 核心价值

各行业内部的交易信息、物联网世界中的商品物流信息,互联网世界中的交互及其附属信息等,其数量将远远超越现有企业 IT 架构和基础设施的承载能力,实时性要求也将大大超越现有的计算能力。盘活这些数据资产,使其为国家治理、企业决策乃至个人生活服务,是大数据的核心议题。

大数据时代生产者和消费者的界限正在消弭,企业疆界变得模糊,数据成为核心的资产并将深刻影响行业的业务模式,甚至重构其文化和组织。大数据对国家治理模式、对行业的发展方向、对企业的决策、组织和业务流程,对个人生活方式将产生巨大的影响。

2.5 基于物联网技术的云处理平台

2.5.1 台站集成技术的应用

通过结构化的综合布线系统和计算机网络技术，将各个分离的设备、功能和信息等集成到相互关联的、统一和协调的系统之中，使资源达到充分共享，实现集中、高效、便利的管理（杨正洪等，2011）。

PC104 工控主板集成度高，功能强大，并可以具备目前所有主流接口。目前，基于 X86 构架 CPU 的 PC104 工控主板已经可以流程运行 Windows 系统，这为开发和移植应用程序提供了极大的便利。

智能气象站采用的分要素单模块采集的方式，这种方式的优点是大大提高维护效率，减小维修成本（Kyriazisa 等，2013）。同时这种形式台站集成难度比一体化自动气象站更大，成功地采用 ZigBee 组网技术，把数据通过 ZigBee 传输至工控电脑端，进行数据存储、入库和业务显示。这样就实现了整体系统的集成，相比于传统业务台站集成度高，运行更稳定，维护维修成本低。

2.5.2 物联网和云计算相结合

2.5.2.1 云计算

狭义云计算（cloud computing）是指 IT 基础设施的交付和使用模式，通过网络以按需、易扩展的方式获得所需的资源（硬件、平台、软件）。提供资源的网络被称为“云”。“云”中的资源在使用者看来是可以无限扩展的，并且可以随时获取，按需使用，随时扩展，按使用付费。这种特性经常被称为像水电一样地使用 IT 基础设施。

广义云计算是指服务的交付和使用模式，通过网络以按需、易扩展的方式获得所需的服务。这种服务可以是 IT 和软件、互联网相关的，也可以是任意其他的服务。

云计算由位于网络上的一组服务器把其计算、存储、数据等资源以服务的形式提供给请求者以完成信息处理任务的方法和过程。在此过程中被服务者只是提供需求并获取服务结果，对于需求被服务的过程并不知情。同时服务者以最优利用的方式动态地把资源分配给众多的服务请求者，以求达到最大效益。

据《中国云计算产业发展前景与投资战略分析报告前瞻》数据显示，到“十二五”末期，在云计算的重大设备、核心软件、支撑平台等方面突破一批关键技术，形成自主可控的云计算系统解决方案、技术体系和标准规范，在若干重点区域、行业中开展典型应用示范，实现云计算产品与服务的产业化，积极推动服务模式创新，培养创新型科技人才，构建技术创新体系，引领云计算产业的深入发展，使我国云计算技术与应用达到国际先进水平。预计随着国家的扶持以及企业投入力度的进一步加大，中国云计算从概念到大规模应用将指日可待。

2.5.2.2 物联网和云计算的关系

云计算是物联网发展的基石，并且从两个方面促进物联网的实现（张桂宁，2014）。

首先，云计算是实现物联网的核心，运用云计算模式使物联网中以兆计算的各类物品的实时动态管理和智能分析变得可能。物联网通过将射频识别技术、传感技术、纳米技术等新技术充分运用在各行业之中,将各种物体充分连接,并通过无线网络将采集到的各种实时动态信息送达计算机处理中心进行汇总、分析和处理。建设物联网的三大基石包括:

(1)传感器等电子元器件;

(2)传输的通道,比如电信网;

(3)高效的、动态的、可以大规模扩展的技术资源处理能力。

其中第三个基石:"高效的、动态的、可以大规模扩展的技术资源处理能力",正是通过云计算模式帮助实现。

其次,云计算促进物联网和互联网的智能融合,从而构建智慧地球。物联网和互联网的融合,需要更高层次的整合,需要"更透彻的感知,更安全的互联互通,更深入的智能化"。这同样也需要依靠高效的、动态的、可以大规模扩展的技术资源处理能力,而这正是云计算模式所擅长的。同时,云计算的创新型服务交付模式,简化服务的交付,加强物联网和互联网之间及其内部的互联互通,可以实现新商业模式的快速创新,促进物联网和互联网的智能融合。

把物联网和云计算放在一起,实在是因为物联网和云计算的关系非常密切。物联网的四大组成部分:感应识别、网络传输、管理服务和综合应用,其中中间两个部分就会利用到云计算,特别是"管理服务"这一项。因为这里有海量的数据存储和计算的要求,使用云计算可能是最省钱的一种方式

物联网是今后云计算平台的一个典型应用,物联网和云计算之间是应用与平台的关系。物联网的发展依赖于云计算系统的完善,从而为海量物联信息的处理和整合提供可能的平台条件,云计算的集中数据处理和管理能力将有效地解决海量物联信息存储和处理问题(Miorandia 等,2013)。没有云计算平台支持的物联网其实价值并不大,因为小范围传感器信息的处理和数据整合是早就有了的技术,如工控领域的大量系统都是这样的模式,没有被广泛整合的传感器系统是不能被准确地称为是物联网的。所以云计算技术对物联网技术的发展有着决定性的作用,没有统一数据管理的物联网系统将丧失其真正的优势,物物相联的范围是十分广阔的,可能是高速运动的列车、汽车甚至是飞机,当然也可能是家中静止的电视、空调、茶杯,任何小范围的物物相联都不能被称为真正的物联网。

所以对于物联网技术来说它需要解决的核心问题是:云计算平台的成熟和传感器技术的发展。对于一些行业性的业务应用,使用物联网技术,既能满足现在的需要也能为今后的全面数据整合提供有益的经验。

在智能气象站系统,把云计算和物联网相结合,对各个气象要素进行查询和动态监控。物联网技术应用使得业务台站数据信息化,可以实时有效地反映当前监控结果,并具有远程管理控制能力。

2.5.2.3 云计算与物联网的结合及前景

云计算与物联网各自具备很多优势,如果把云计算与物联网结合起来,可以看出,云计算其实就相当于一个人的大脑,而物联网就是其眼睛、鼻子、耳朵和四肢等。云计算与物联网的结合方式可以分为以下几种:

一是单中心,多终端。此类模式中,分布范围的较小各物联网终端(传感器、摄像头或 3G 手机等),把云中心或部分云中心作为数据/处理中心,终端所获得信息、数据统一由云中心处理及存储,云中心提供统一界面给使用者操作或者查看。这类应用非常多,如小区及家庭的监

控、对某一高速路段的监测、幼儿园小朋友的监管以及某些公共设施的保护等都可以用此类信息。这类主要应用的云中心,可提供海量存储和统一界面、分级管理等功能,对日常生活提供较好的帮助。一般此类云中心为私有云居多。

二是多中心,大量终端。对于很多区域跨度加大的企业、单位而言,多中心、大量终端的模式较适合。譬如,一个跨多地区或者多国家的企业,因其分公司或分厂较多,要对其各公司或工厂的生产流程进行监控、对相关的产品进行质量跟踪等等。当然同理,有些数据或者信息需要及时甚至实时共享给各个终端的使用者也可采取这种方式。举个简单的例子,如果北京地震中心探测到某地和某地 10 分钟后会有地震,只需要通过这种途径,仅仅十几秒就能将探测情况的告知信息发出,可尽量避免不必要的损失。中国联通的"互联云"思想就是基于此思路提出的。这个的模式的前提是云中心必须包含公共云和私有云,并且他们之间的互联没有障碍。这样,对于有些机密的事情,比如企业机密等可较好地保密而又不影响信息的传递与传播。

三是信息、应用分层处理,海量终端。这种模式可以针对用户的范围广、信息及数据种类多、安全性要求高等特征来打造。当前,客户对各种海量数据的处理需求越来越多,针对此情况,可以根据客户需求及云中心的分布进行合理的分配。对需要大量数据传送,但是安全性要求不高的,如视频数据、游戏数据等,可以采取本地云中心处理或存储。对于计算要求高,数据量不大的,可以放在专门负责高端运算的云中心里。而对于数据安全要求非常高的信息和数据,可以放在具有灾备中心的云中心里。此模式是具体根据应用模式和场景,对各种信息、数据进行分类处理,然后选择相关的途径给相应的终端。

总之,物联网是指"把所有物品通过射频识别等信息传感设备与互联网连接起来,实现智能化识别和管理","云计算"是指"利用互联网的分布性等特点来进行计算和存储"。前者是对互联网的极大拓展,而后者则是一种网络应用模式,两者存在着较大的区别。但是,对于物联网来说,本身需要进行大量而快速的运算,云计算带来的高效率的运算模式正好可以为其提供良好的应用基础。没有云计算的发展,物联网也就不能顺利实现,而物联网的发展又推动了云计算技术的进步,两者又缺一不可。云计算与物联网的结合是互联网络发展的必然趋势,它将引导互联网和通信产业的发展。与物联网结合后,云计算才算是真正意义上的从概念走向应用,进入产业发展的"蓝海"。

2.5.3　云平台下大数据的使用

21 世纪是数据信息大发展的时代,移动互联、社交网络、电子商务等极大地拓展了互联网的边界和应用范围,各种数据正在迅速膨胀并变大(王元卓等,2013)。

维基百科对大数据的定义为:大数据是由数量巨大、结构复杂、类型众多数据构成的数据集合,是基于云计算的数据处理与应用模式,通过数据的整合共享,交叉复用形成的智力资源和知识服务能力。

云计算是以虚拟化技术为基础、以网络为载体、提供基础架构平台软件等服务为形式,整合大规模可扩展的计算存储数据应用等分布式计算资源进行协同工作的超级计算模式。作为一种全新的互联网应用模式,云计算将成为未来人们获取服务和信息的主导方式,针对当前云计算概念混杂的现状,提出了一个较综合的参考性定义,并分析了云计算与分布式计算、网格计算、并行计算、效用计算等相关计算形式的联系与区别。

气象业务应用广泛，目前国内县级以上气象局都具有数个运行站点，每天产生的数据量非常庞大。目前这些数据主要用于气象预报，没有发挥大数据本身具有的分析和研究价值。在业务运行中引入云平台，既可以大大加强数据管理，实现精细化和快速化预报和预警，也可以通过对数据分析研究，探讨区域天气现象变化规律，乃至于研究全球气候变化。

第 3 章　智能气象站的设计

3.1　智能气象站整体结构

3.1.1　概述

智能传感器基于现代总线技术和嵌入式系统技术构建，采用了国际标准并遵循标准、开放的技术路线进行设计，它由传感器和数据采集单元两大部分组成(图 3.1)。传感器主要包括风向风速传感器、温湿度传感器、气压传感器、雨量传感器、地温传感器、能见度传感器和地面电场传感器；数据采集单元是由硬件和软件组成的嵌入式数据采集板。各种前端传感器信号传入后端的数据采集单元，根据特定的算法、输出格式等将测量数据通过 RS232、ZigBee 等方式输出。

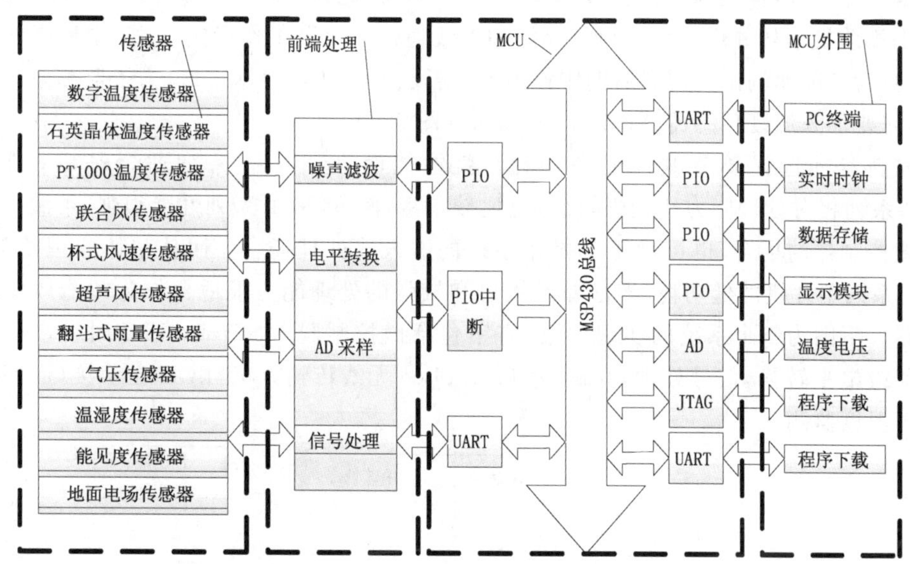

图 3.1　智能气象站整体结构

智能传感器能够满足在高低温、高湿、高盐雾、风沙以及高海拔等各种恶劣自然环境下稳定可靠运行。

在结构设计方面，要全面提高在防冰冻、防风沙、防盐雾以及抗电磁干扰等方面的防护设计等级，以提高在高寒、高温高湿、高海拔以及海岛等恶劣环境下的适应能力，并且能够适应无人值守的适应使用环境。

3.1.2　嵌入式采集板

嵌入式数据采集板是智能传感器的核心，由硬件和嵌入式软件组成(Huddleston，2006)。

硬件包含高性能的嵌入式处理器、高精度的 A/D 电路、高精度的实时时钟电路、程序存储器、数据存储器、传感器接口、通信接口(RS232、ZigBee)、监测电路、指示灯等。

嵌入式采集板的选取应还应满足下列要求：

(1)应综合考虑速度、功耗、环境要求，能支持嵌入式实时操作系统的运行并具有内置的 Watchdog(看门狗)功能，采用当前市场主流的 16/32 位处理器；

(2)应选择 16bit 以上的 A/D 转换电路，以满足传感器的测量要求；

(3)程序存储器应为非易失性的，容量应满足嵌入式软件的容量要求，并具有 50%的余量；

(4)数据存储器应为非易失性的，容量应满足数据存储的要求，并具有 50%的余量；

嵌入式采集板包含多种通信总线接口，至少包括 1 路 RS232/RS485，同时支持网络通信接口 RJ45 或者 ZigBee。

嵌入式采集器的主要功能：完成基本观测要素的采集、数据计算处理、数据质量控制、数据记录存储、数据通信传输。

3.1.3 整体方案

根据设计要求，智能风传感器主要分为主控制器、电源管理、实时时钟(real-time clock，RTC)、采集前端信号处理、串口通行、存储和无线通信。为了工作稳定，还需要具有外部复位和看门狗；为了前期调试方便和后期维修方便，需要加入 LCD 显示接口；为了监测系统工作环境温度，需要加入温度传感器(Sparks 等，1984)(图 3.2)。

主控制器的选择要兼顾性能和功耗。就性能而言：80C51 系列适合基础控制应用；MSP430 系列相对处理能力比较强，接口也比较丰富；而 STM32 系列性能很强，可满足绝大部分需要微控制器的场合，也可用于带操作系统的嵌入式处理场合。而从整体实现角度考虑，MSP430 系列单片机的低功耗、丰富外设接口和较强的处理能力很适合作为智能风传感器的微控制器。下图为整个系统的实现方案，方案包括微控制器 MSP430，RTC 时钟，电源管理，传感器前级电平转换，信号处理，存储，串口，ZigBee 无线传输方案，LCD 显示接口，外部看门狗和环境温度监测。

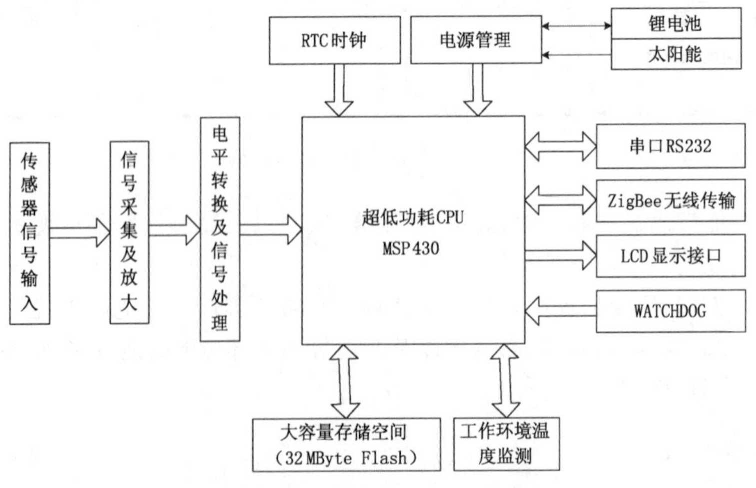

图 3.2 智能气象站系统方案

3.2 数据格式与测控命令

3.2.1 数据格式

智能传感器包含两种数据格式，一种是数据帧数据格式，一种是状态帧数据格式。帧格式中，除了终端回车(0DH)和可选择的换行符(0AH)外，不包含任何的控制字符。帧长度不定长，帧头使用两个字节：EBH、90H；帧尾用两个字节：0DH、0AH(回车换行符)。

数据帧每分钟(或根据设置的传输间隔时间)发送一次。

状态帧每小时(或根据设置的传输间隔时间)发送一次。

3.2.1.1 温湿度智能传感器数据帧格式(表3.1)

表3.1 温湿度智能传感器数据帧格式

序号	数据名称	数据内容	数据类型	字节数
1	FrameStart ID1	帧起始标志第一字节(EBH)	Byte	1
2	FrameStart ID2	帧起始标志第二字节(90H)	Byte	1
3	StaionTag	ID号	Word	2
4	FrameTag1	传感器类型	Word	2
5	FrameTag2	厂家信息	Byte	1
6	FrameTag3	帧种类(非0表示数据帧)	Byte	1
7	Year	数据的年份值(0—99)	Byte	1
8	Month	数据的月份值(1—12)	Byte	1
9	Day	数据的日期值(1—31)	Byte	1
10	Hour	数据的小时值(0—23)	Byte	1
11	Minute	数据的分钟值(0—59)	Byte	1
12	Temp	温度分钟平均值	Word	2
13	Rh	湿度分钟平均值	Word	1
14	TempQc	温度质量控制标识	Byte	1
15	RhQc	湿度质量控制标识	Byte	1
16	CheckSum	帧校验和	Byte	1
17	FrameEnd ID1	帧结束标志第一字节(0DH)	Byte	1
18	FrameEnd ID1	帧结束标志第一字节(0AH)	Byte	1
帧长度	21字节			
备注	1. 温度数据扩大10倍取整上传，补码方式； 2. 湿度数据取整上传； 3. Word类型数据中，低位在前。			

3.2.1.2 温湿度智能传感器状态帧格式(表 3.2)

表 3.2 温湿度智能传感器状态帧格式

序号	数据名称	数据内容	数据类型	字节数
1	FrameStart ID1	帧起始标志第一字节(EBH)	Byte	1
2	FrameStart ID2	帧起始标志第二字节(90H)	Byte	1
3	StationTag	ID 站号	Word	2
4	FrameTag1	传感器类型	Word	2
5	FrameTag2	厂家信息	Byte	1
6	FrameTag3	帧种类(0 表示状态帧)	Byte	1
7	Year	年份值	Byte	1
8	Month	月份值	Byte	1
9	Day	日期值	Byte	1
10	Hour	小时值	Byte	1
11	Temp1	温度极大值	Word	2
12	Temp1T	温度极大值时间(分钟)	Byte	1
13	Temp2	温度极小值	Word	2
14	Temp2T	温度极小值时间(分钟)	Byte	1
15	Rh1	湿度极大值	Byte	1
16	Rh1T	湿度极大值时间(分钟)	Byte	1
17	Rh2	湿度极小值	Byte	1
18	Rh2T	湿度极小值时间(分钟)	Byte	1
19	BoardTemp	主板温度	Byte	1
20	VoltageTag	供电电压	Byte	1
21	FrameEnd ID1	帧结束标志第一字节(0DH)	Byte	1
22	FrameEnd ID1	帧结束标志第一字节(0AH)	Byte	1
帧长度	26 字节			
备注	1. 温度数据扩大 10 倍取整上传,补码方式; 2. 湿度数据取整上传; 3. 主板温度取整上传; 4. 电池电压扩大 10 倍取整上传; 5. Word 类型数据中,低位在前。			

3.2.1.3 风向风速智能传感器数据帧格式(表 3.3)

表 3.3 风向风速智能传感器数据帧格式

序号	数据名称	数据内容	数据类型	字节数
1	FrameStart ID1	帧起始标志第一字节(EBH)	Byte	1
2	FrameStart ID2	帧起始标志第二字节(90H)	Byte	1
3	StaionTag	ID 号	Word	2

续表

序号	数据名称	数据内容	数据类型	字节数
4	FrameTag1	传感器类型	Word	2
5	FrameTag2	厂家信息	Byte	1
6	FrameTag2	帧种类(非 0 表示数据帧)	Byte	1
7	Year	数据的年份值(0—99)	Byte	1
8	Month	数据的月份值(1—12)	Byte	1
9	Day	数据的日期值(1—31)	Byte	1
10	Hour	数据的小时值(0—23)	Byte	1
11	Minute	数据的分钟值(0—59)	Byte	1
12	Ws1_2min	强风计 2min 风速	Word	2
13	Wd1_2min	强风计 2min 风向	Word	2
14	Ws2_2min	风杯 2min 风速	Word	2
15	Ws3_2min	超声风 2min 风速	Word	2
16	Wd3_2min	超声风 2min 风向	Word	2
17	Ws1_10min	强风计 10min 风速	Word	2
18	Wd1_10min	强风计 10min 风向	Word	2
19	Ws2_10min	风杯 10min 风速	Word	2
20	Ws3_10min	超声风 10min 风速	Word	2
21	Wd3_10min	超声风 10min 风向	Word	2
22	Ws2Qc1	强风计 2min 风速质量控制标识	Byte	1
23	Ws2Qc2	风杯 2min 风速质量控制标识	Byte	1
24	Ws2Qc3	超声风 2min 风质量控制标识	Byte	1
25	Ws3Qc1	强风计 10min 风速质量控制标识	Byte	1
26	Ws3Qc2	风杯 10min 风速质量控制标识	Byte	1
27	Ws3Qc3	超声风 10min 风质量控制标识	Byte	1
28	CheckSum	帧校验和	Byte	1
29	FrameEnd ID1	帧结束标志第一字节(0DH)	Byte	1
30	FrameEnd ID1	帧结束标志第一字节(0AH)	Byte	1
帧长度	42 字节			
备注	1. 风速数据扩大 10 倍取整上传,补码方式; 2. 风向数据取整上传; 3. Word 类型数据中,低位在前。			

3.2.1.4　风向风速智能传感器状态帧格式(表 3.4)

表 3.4　风向风速智能传感器状态帧格式

序号	数据名称	数据内容	数据类型	字节数
1	FrameStart ID1	帧起始标志第一字节(EBH)	Byte	1
2	FrameStart ID2	帧起始标志第二字节(90H)	Byte	1

续表

序号	数据名称	数据内容	数据类型	字节数
3	StaionTag	ID 号	Word	2
4	FrameTag1	传感器类型	Word	2
5	FrameTag2	厂家信息	Byte	1
6	FrameTag2	帧种类(0 表示状态帧)	Byte	1
7	Year	数据的年份值(0—99)	Byte	1
8	Month	数据的月份值(1—12)	Byte	1
9	Day	数据的日期值(1—31)	Byte	1
10	Hour	数据的小时值(0—23)	Byte	1
11	Ws1_Max	强风计最大风速	Word	2
12	Wd1_Max	强风计最大风速对应风向	Word	2
13	Wd1_Time	最大风速对应时间	Byte	1
14	Ws1_Min	强风计最小风速	Word	2
15	Wd1_Min	强风计最小风速对应风向	Word	2
16	Wd1_minTime	最小风速对应时间	Byte	1
17	Ws2_Max	风杯最大风速	Word	2
18	Wd2_Time	风杯最大风速对应时间	Btye	1
19	Ws2_Min	风杯最小风速	Word	2
20	Wd2_minTime	风杯最小风速对应时间	Btye	1
21	Ws3_Max	超声风最大风速	Word	2
22	Wd3_Max	超声风最大风速对应风向	Word	2
23	Wd3_Time	最大风速对应时间	Byte	1
24	Ws3_Min	超声风最小风速	Word	2
25	Wd3_Min	超声风最小风速对应风向	Word	2
26	Wd3_minTime	最小风速对应时间	Byte	1
27	SystemTag	传感器工作状态	Byte	1
28	BoardTemp	主板温度	Byte	1
29	VoltageTag	供电电压	Byte	1
30	FrameEnd ID1	帧结束标志第一字节(0DH)	Byte	1
31	FrameEnd ID1	帧结束标志第一字节(0AH)	Byte	1
帧长度	43 字节			
备注	1. 风速数据扩大 10 倍取整上传,补码方式; 2. 风向数据取整上传; 3. 主板温度取整上传; 4. 电池电压扩大 10 倍取整上传; 5. Word 类型数据中,低位在前。			

3.2.1.5 气压智能传感器数据帧格式(表3.5)

表3.5 气压智能传感器状态帧格式

序号	数据名称	数据内容	数据类型	字节数
1	FrameStart ID1	帧起始标志第一字节(EBH)	Byte	1
2	FrameStart ID2	帧起始标志第二字节(90H)	Byte	1
3	StaionTag	ID号	Word	2
4	FrameTag1	传感器类型	Word	2
5	FrameTag2	厂家信息	Byte	1
6	FrameTag3	帧种类(非0表示数据帧)	Byte	1
7	Year	数据的年份值(0—99)	Byte	1
8	Month	数据的月份值(1—12)	Byte	1
9	Day	数据的日期值(1—31)	Byte	1
10	Hour	数据的小时值(0—23)	Byte	1
11	Minute	数据的分钟值(0—59)	Byte	1
12	Pa	气压分钟平均值	Word	2
13	PaQc	气压质量控制标识	Byte	1
14	CheckSum	帧校验和	Byte	1
15	FrameEnd ID1	帧结束标志第一字节(0DH)	Byte	1
16	FrameEnd ID1	帧结束标志第一字节(0AH)	Byte	1
帧长	19字节			
备注	1. 气压数据扩大10倍取整上传,补码方式; 2. Word类型数据中,低位在前。			

3.2.1.6 气压智能传感器状态帧格式(表3.6)

表3.6 气压智能传感器状态帧格式

序号	数据名称	数据内容	数据类型	字节数
1	FrameStart ID1	帧起始标志第一字节(EBH)	Byte	1
2	FrameStart ID2	帧起始标志第二字节(90H)	Byte	1
3	StationTag	ID站号	Word	2
4	FrameTag1	传感器类型	Word	2
5	FrameTag2	厂家信息	Byte	1
6	FrameTag3	帧种类(0表示状态帧)	Byte	1
7	Year	年份值	Byte	1
8	Month	月份值	Byte	1
9	Day	日期值	Byte	1
10	Hour	小时值	Byte	1
11	Pa1	气压小时最大值	Word	2

续表

序号	数据名称	数据内容	数据类型	字节数
12	Pa1T	气压小时最大值时间	Byte	1
13	Pa2	气压小时最小值	Word	2
14	Pa2T	气压小时最小值时间	Byte	1
15	SystemTag	传感器工作状态	Byte	1
16	BoardTemp	主板温度	Byte	1
17	VoltageTag	供电电压	Byte	1
18	FrameEnd ID1	帧结束标志第一字节(0DH)	Byte	1
19	FrameEnd ID1	帧结束标志第一字节(0AH)	Byte	1
帧长度	23 字节			
备注	1. 气压数据扩大 10 倍取整上传,补码方式; 2. 主板温度取整上传; 3. 电池电压扩大 10 倍取整上传; 4. Word 类型数据中,低位在前。			

3.2.1.7 雨量智能传感器数据帧格式(表 3.7)

表 3.7 雨量智能传感器数据帧格式

序号	数据名称	数据内容	数据类型	字节数
1	FrameStart ID1	帧起始标志第一字节(EBH)	Byte	1
2	FrameStart ID2	帧起始标志第二字节(90H)	Byte	1
3	StaionTag	ID 号	Word	2
4	FrameTag1	传感器类型	Word	2
5	FrameTag2	厂家信息	Byte	1
6	FrameTag3	帧种类(非 0 表示数据帧)	Byte	1
7	Year	数据的年份值(0—99)	Byte	1
8	Month	数据的月份值(1—12)	Byte	1
9	Day	数据的日期值(1—31)	Byte	1
10	Hour	数据的小时值(0—23)	Byte	1
11	Minute	数据的分钟值(0—59)	Byte	1
12	Rainfall1	0.1 翻斗分钟雨量	Byte	1
13	Rainfall2	0.5 翻斗分钟雨量	Byte	1
14	Rf1Qc	0.1 质量控制标识	Byte	1
15	Rf2Qc	0.5 质量控制标识	Byte	1
16	CheckSum	帧校验和	Byte	1
17	FrameEnd ID1	帧结束标志第一字节(0DH)	Byte	1
18	FrameEnd ID1	帧结束标志第一字节(0AH)	Byte	1
帧长度	20 字节			
备注	1. 雨量数据扩大 10 倍取整上传,补码方式; 2. Word 类型数据中,低位在前。			

3.2.1.8　雨量智能传感器状态帧格式(表 3.8)

表 3.8　雨量智能传感器状态帧格式

序号	数据名称	数据内容	数据类型	字节数
1	FrameStart ID1	帧起始标志第一字节(EBH)	Byte	1
2	FrameStart ID2	帧起始标志第二字节(90H)	Byte	1
3	StationTag	ID 站号	Word	2
4	FrameTag1	传感器类型	Word	2
5	FrameTag2	厂家信息	Byte	1
6	FrameTag3	帧种类(0 表示状态帧)	Byte	1
7	Year	年份值	Byte	1
8	Month	月份值	Byte	1
9	Day	日期值	Byte	1
10	Hour	小时值	Byte	1
11	Rf1	0.1 翻斗小时雨量	Byte	1
12	Rf2	0.5 翻斗小时雨量	Byte	1
13	SystemTag	传感器工作状态	Byte	1
14	BoardTemp	主板温度	Byte	1
15	VoltageTag	供电电压	Byte	1
16	FrameEnd ID1	帧结束标志第一字节(0DH)	Byte	1
17	FrameEnd ID1	帧结束标志第一字节(0AH)	Byte	1
帧长度	19 字节			
备注	1. 雨量数据扩大 10 倍取整上传,补码方式; 2. 主板温度取整上传; 3. 电池电压扩大 10 倍取整上传; 4. Word 类型数据中,低位在前。			

3.2.1.9　地温智能传感器数据帧格式(表 3.9)

表 3.9　地温智能传感器数据帧格式

序号	数据名称	数据内容	数据类型	字节数
1	FrameStart ID1	帧起始标志第一字节(EBH)	Byte	1
2	FrameStart ID2	帧起始标志第二字节(90H)	Byte	1
3	StaionTag	ID 号	Word	2
4	FrameTag1	传感器类型	Word	2
5	FrameTag2	厂家信息	Byte	1
6	FrameTag3	帧种类(非 0 表示数据帧)	Byte	1
7	Year	气压数据的年份值(0—99)	Byte	1
8	Month	气压数据的月份值(1—12)	Byte	1

续表

序号	数据名称	数据内容	数据类型	字节数
9	Day	气压数据的日期值(1—31)	Byte	1
10	Hour	气压数据的小时值(0—23)	Byte	1
11	Minute	气压数据的分钟值(0—59)	Byte	1
12	T1	地温 1,分钟平均值	Word	2
13	T2	地温 2,分钟平均值	Word	2
14	T3	地温 3,分钟平均值	Word	2
15	T4	地温 4,分钟平均值	Word	2
16	T5	地温 5,分钟平均值	Word	2
17	T6	地温 6,分钟平均值	Word	2
18	T7	地温 7,分钟平均值	Word	2
19	T8	地温 8,分钟平均值	Word	2
20	T1Qc	地温 1 质量控制标识	Byte	1
21	T2Qc	地温 2 质量控制标识	Byte	1
22	T3Qc	地温 3 质量控制标识	Byte	1
23	T4Qc	地温 4 质量控制标识	Byte	1
24	T5Qc	地温 5 质量控制标识	Byte	1
25	T6Qc	地温 6 质量控制标识	Byte	1
26	T7Qc	地温 7 质量控制标识	Byte	1
27	T8Qc	地温 8 质量控制标识	Byte	1
28	CheckSum	帧校验和	Byte	1
29	FrameEnd ID1	帧结束标志第一字节(0DH)	Byte	1
30	FrameEnd ID1	帧结束标志第一字节(0AH)	Byte	1
帧长度	40 字节			
备注	1. 地温数据扩大 10 倍取整上传,补码方式; 2. 不同深度的地温数据在数据帧的排列顺序为地温 1 数据为浅层地温数据,以此类推,地温 8 为深层地温数据; 3. Word 类型数据中,低位在前。			

3.2.1.10 地温智能传感器状态帧格式(表 3.10)

表 3.10 地温智能传感器状态帧格式

序号	数据名称	数据内容	数据类型	字节数
1	FrameStart ID1	帧起始标志第一字节(EBH)	Byte	1
2	FrameStart ID2	帧起始标志第二字节(90H)	Byte	1
3	StationTag	ID 站号	Word	2
4	FrameTag1	传感器类型	Word	2
5	FrameTag2	厂家信息	Byte	1

续表

序号	数据名称	数据内容	数据类型	字节数
6	FrameTag3	帧种类(0 表示状态帧)	Byte	1
7	Year	年份值	Byte	1
8	Month	月份值	Byte	1
9	Day	日期值	Byte	1
10	Hour	小时值	Byte	1
11	MAX1	地温 1 最大值	Word	2
12	MAXT1	最大值时间	Byte	1
13	MIN1	地温 1 最小值	Word	2
14	MINT1	最小值时间	Byte	1
15	MAX2	地温 2 最大值	Word	2
16	MAXT2	最大值时间	Byte	1
17	MIN2	地温 2 最小值	Word	2
18	MINT2	最小值时间	Byte	1
19	MAX3	地温 3 最大值	Word	2
20	MAXT3	最大值时间	Byte	1
21	MIN3	地温 3 最小值	Word	2
22	MINT3	最小值时间	Byte	1
23	MAX4	地温 4 最大值	Word	2
24	MAXT4	最大值时间	Byte	1
25	MIN4	地温 4 最小值	Word	2
26	MINT4	最小值时间	Byte	1
27	MAX5	地温 5 最大值	Word	2
28	MAXT5	最大值时间	Byte	1
29	MIN5	地温 5 最小值	Word	2
30	MINT5	最小值时间	Byte	1
31	MAX6	地温 6 最大值	Word	2
32	MAXT6	最大值时间	Byte	1
33	MIN6	地温 6 最小值	Word	2
34	MINT6	最小值时间	Byte	1
35	MAX7	地温 7 最大值	Word	2
36	MAXT7	最大值时间	Byte	1
37	MIN7	地温 7 最小值	Word	2
38	MINT7	最小值时间	Byte	1
39	MAX8	地温 8 最大值	Word	2
40	MAXT8	最大值时间	Byte	1
41	MIN8	地温 8 最小值	Word	2

续表

序号	数据名称	数据内容	数据类型	字节数
42	MINT8	最小值时间	Byte	1
43	SystemTag	传感器工作状态	Byte	1
44	BoardTemp	主板温度	BYTE	1
45	VoltageTag	供电电压	Byte	1
46	FrameEnd ID1	帧结束标志第一字节(0DH)	Byte	1
47	FrameEnd ID1	帧结束标志第一字节(0AH)	Byte	1
帧长度	65 字节			
备注	1. 地温数据扩大 10 倍取整上传,补码方式; 2. 不同深度的地温数据在数据帧的排列顺序为地温 1 数据为浅层地温数据,以此类推,地温 4 为深层地温数据; 3. 主板温度取整上传; 4. 电池电压扩大 10 倍取整上传; 5. Word 类型数据中,低位在前。			

3.2.1.11 PT1000 温度计传感器数据帧格式(表 3.11)

表 3.11 PT1000 温度计传感器数据帧格式

序号	数据名称	数据内容	数据类型	字节数
1	FrameStart ID1	帧起始标志第一字节(EBH)	Byte	1
2	FrameStart ID2	帧起始标志第二字节(90H)	Byte	1
3	StaionTag	ID 号	Word	2
4	FrameTag1	传感器类型	Word	2
5	FrameTag2	厂家信息	Byte	1
6	FrameTag3	帧种类(非 0 表示数据帧)	Byte	1
7	Year	数据的年份值(0—99)	Byte	1
8	Month	数据的月份值(1—12)	Byte	1
9	Day	数据的日期值(1—31)	Byte	1
10	Hour	数据的小时值(0—23)	Byte	1
11	Minute	数据的分钟值(0—59)	Byte	1
12	Temp	温度分钟平均值	Word	2
13	TempQc	温度质量控制标识	Byte	1
14	CheckSum	帧校验和	Byte	1
15	FrameEnd ID1	帧结束标志第一字节(0DH)	Byte	1
16	FrameEnd ID1	帧结束标志第一字节(0AH)	Byte	1
帧长度	19 字节			
备注	1. 温度数据扩大 10 倍取整上传,补码方式; 2. Word 类型数据中,低位在前。			

3.2.1.12　PT1000 温度计传感器状态帧格式(表 3.12)

表 3.12　PT1000 温度计传感器状态帧格式

序号	数据名称	数据内容	数据类型	字节数
1	FrameStart ID1	帧起始标志第一字节(EBH)	Byte	1
2	FrameStart ID2	帧起始标志第二字节(90H)	Byte	1
3	StationTag	ID 站号	Word	2
4	FrameTag1	传感器类型	Word	2
5	FrameTag2	厂家信息	Byte	1
6	FrameTag3	帧种类(0 表示状态帧)	Byte	1
7	Year	年份值	Byte	1
8	Month	月份值	Byte	1
9	Day	日期值	Byte	1
10	Hour	小时值	Byte	1
11	Temp1	温度极大值	Word	2
12	Temp1T	温度极大值时间(分钟)	Byte	1
13	Temp2	温度极小值	Word	2
14	Temp2T	温度极小值时间(分钟)	Byte	1
15	BoardTemp	主板温度	Byte	1
16	VoltageTag	供电电压	Byte	1
17	FrameEnd ID1	帧结束标志第一字节(0DH)	Byte	1
18	FrameEnd ID1	帧结束标志第一字节(0AH)	Byte	1
帧长度	22 字节			
备注	1. 温度数据扩大 10 倍取整上传,补码方式; 2. 主板温度取整上传; 3. 电池电压扩大 10 倍取整上传; 4. Word 类型数据中,低位在前。			

3.2.1.13　石英晶体温度计传感器数据帧格式(表 3.13)

表 3.13　石英晶体温度计传感器数据帧格式

序号	数据名称	数据内容	数据类型	字节数
1	FrameStart ID1	帧起始标志第一字节(EBH)	Byte	1
2	FrameStart ID2	帧起始标志第二字节(90H)	Byte	1
3	StaionTag	ID 号	Word	2
4	FrameTag1	传感器类型	Word	2
5	FrameTag2	厂家信息	Byte	1
6	FrameTag3	帧种类(非 0 表示数据帧)	Byte	1
7	Year	数据的年份值(0—99)	Byte	1

续表

序号	数据名称	数据内容	数据类型	字节数
8	Month	数据的月份值(1—12)	Byte	1
9	Day	数据的日期值(1—31)	Byte	1
10	Hour	数据的小时值(0—23)	Byte	1
11	Minute	数据的分钟值(0—59)	Byte	1
12	Temp	温度分钟平均值	Word	2
13	TempQc	温度质量控制标识	Byte	1
14	CheckSum	帧校验和	Byte	1
15	FrameEnd ID1	帧结束标志第一字节(0DH)	Byte	1
16	FrameEnd ID1	帧结束标志第一字节(0AH)	Byte	1
帧长度	19 字节			
备注	1. 温度数据扩大 100 倍取整上传,补码方式; 2. Word 类型数据中,低位在前。			

3.2.1.14 石英晶体温度计传感器状态帧格式(表 3.14)

表 3.14 石英晶体温度计传感器状态帧格式

序号	数据名称	数据内容	数据类型	字节数
1	FrameStart ID1	帧起始标志第一字节(EBH)	Byte	1
2	FrameStart ID2	帧起始标志第二字节(90H)	Byte	1
3	StationTag	ID 站号	Word	2
4	FrameTag1	传感器类型	Word	2
5	FrameTag2	厂家信息	Byte	1
6	FrameTag3	帧种类(0 表示状态帧)	Byte	1
7	Year	年份值	Byte	1
8	Month	月份值	Byte	1
9	Day	日期值	Byte	1
10	Hour	小时值	Byte	1
11	Temp1	温度极大值	Word	2
12	Temp1T	温度极大值时间(分钟)	Byte	1
13	Temp2	温度极小值	Word	2
14	Temp2T	温度极小值时间(分钟)	Byte	1
15	BoardTemp	主板温度	Byte	1
16	VoltageTag	供电电压	Byte	1
17	FrameEnd ID1	帧结束标志第一字节(0DH)	Byte	1
18	FrameEnd ID1	帧结束标志第一字节(0AH)	Byte	1
帧长度	22 字节			
备注	1. 温度数据扩大 100 倍取整上传,补码方式; 2. 主板温度取整上传; 3. 电池电压扩大 10 倍取整上传; 4. Word 类型数据中,低位在前。			

3.2.1.15　地面电场仪传感器数据帧格式(表3.15)

表3.15　地面电场仪传感器数据帧格式

序号	数据名称	数据内容	数据类型	字节数
1	FrameStart ID1	帧起始标志第一字节(EBH)	Byte	1
2	FrameStart ID2	帧起始标志第二字节(90H)	Byte	1
3	StaionTag	ID号	Word	2
4	FrameTag1	传感器类型	Word	2
5	FrameTag2	厂家信息	Byte	1
6	FrameTag3	帧种类(非0表示数据帧)	Byte	1
7	Year	数据的年份值(0—99)	Byte	1
8	Month	数据的月份值(1—12)	Byte	1
9	Day	数据的日期值(1—31)	Byte	1
10	Hour	数据的小时值(0—23)	Byte	1
11	Minute	数据的分钟值(0—59)	Byte	1
12	MinData	本分钟最低秒电场值	Word	2
13	MaxData	本分钟最高秒电场值	Word	2
14	AvgData	本分钟平均电场值	Word	2
15	Rps	转速	Word	2
16	Qc	设备运行状况	Byte	1
17	BoardTemp	主板温度	Byte	1
18	VoltageTag	工作电压	Byte	1
19	FrameEnd ID1	帧结束标志第一字节(0DH)	Byte	1
20	FrameEnd ID1	帧结束标志第一字节(0AH)	Byte	1
帧长度	26字节			
备注	1. 电场值数据单位10V/m,取整上传,补码方式; 2. Word类型数据中,低位在前; 3. 主板温度取整上传,补码;电压乘10取整。			

3.2.1.16　能见度仪传感器数据帧格式(表3.16)

表3.16　能见度仪传感器数据帧格式

序号	数据名称	数据内容	数据类型	字节数
1	FrameStart ID1	帧起始标志第一字节(EBH)	Byte	1
2	FrameStart ID2	帧起始标志第二字节(90H)	Byte	1
3	StaionTag	ID号	Word	2
4	FrameTag1	传感器类型	Word	2
5	FrameTag2	厂家信息	Byte	1
6	FrameTag3	帧种类(非0表示数据帧)	Byte	1

续表

序号	数据名称	数据内容	数据类型	字节数
7	Year	数据的年份值(0—99)	Byte	1
8	Month	数据的月份值(1—12)	Byte	1
9	Day	数据的日期值(1—31)	Byte	1
10	Hour	数据的小时值(0—23)	Byte	1
11	Minute	数据的分钟值(0—59)	Byte	1
12	AvgMinute1	1min 平均值	Dword	4
13	AvgMinute10	10min 平均值	Dword	4
14	Flag	工作状态	Byte	1
15	FrameEnd ID1	帧结束标志第一字节(0DH)	Byte	1
16	FrameEnd ID1	帧结束标志第一字节(0AH)	Byte	1
帧长度	24 字节			
备注	1. Word,Dword 类型数据中,低位在前; 2. 工作状态 0 表示正常,其他表示不正常。			

3.2.1.17 能见度仪传感器状态帧格式(表 3.17)

表 3.17 能见度仪传感器状态帧格式

序号	数据名称	数据内容	数据类型	字节数
1	FrameStart ID1	帧起始标志第一字节(EBH)	Byte	1
2	FrameStart ID2	帧起始标志第二字节(90H)	Byte	1
3	StationTag	ID 站号	Word	2
4	FrameTag1	传感器类型	Word	2
5	FrameTag2	厂家信息	Byte	1
6	FrameTag3	帧种类(0 表示状态帧)	Byte	1
7	Year	年份值	Byte	1
8	Month	月份值	Byte	1
9	Day	日期值	Byte	1
10	Hour	小时值	Byte	1
11	10Max	10 分钟最大能见度值	Dword	4
12	10MaxTime	最大能见度值出现时间	Byte	1
13	10Min	10 分钟最小能见度值	Dword	4
14	10MinTime	最小能见度值出现时间	Byte	1
15	BoardTemp	主板温度	Byte	1
16	VoltageTag	供电电压	Byte	1
17	FrameEnd ID1	帧结束标志第一字节(0DH)	Byte	1
18	FrameEnd ID1	帧结束标志第一字节(0AH)	Byte	1
帧长度	26 字节			
备注	1. 主板温度取整上传; 2. 电池电压扩大 10 倍取整上传; 3. Word,Dword 类型数据中,低位在前。			

3.2.2　终端操作命令

3.2.2.1　ASCII 操作命令

ASCII 操作命令为终端电脑与传感器的调试命令，用来设置参数、读取数据等。至少具备以下终端操作命令，列于表 3.18。

表 3.18　终端操作命令

命令编号	命令字	参数个数	功能简述
1	STTIME	1	设置时钟芯片时间
2	RDTIME	0	读出当前时间数据
3	STATUS	0	读取当前工作状态信息
4	RDSTATUS	1	按时间读取历史工作状态信息
5	DATA	0	读出当前分钟观测数据
6	RDDATA	1	按时间读取历史观测数据
7	CLEAR	0	清除 E2PROM 存储、复位硬件
8	VERSION	0	显示现行的软件版本
9	ID	1	设置站号
10	AUTOSEND	2	设置自动发送模式
11	RDCALI	1	读取标定系数
12	STCALI	N	设置标定系数
13	CLCALI	0	删除标定参数

命令格式说明：

以 CTRL A+ * 为命令引导符，命令及参数为 ASCII 码，以回车换行(↙)结尾；返回信息用 ASCII 码输出，回车换行(↙)结尾。

3.2.2.2　设置时间命令

命令符：STTIME

参数：YYYY MM DD hh mm ss

YYYY 为年，MM 为月，DD 为日，hh 为小时，mm 为分，ss 为秒。

示例：若对雨量计设置时间，如 2011 年 1 月 24 日 16 点 53 分 12 秒，键入命令为：

STTIME　2011 01 24 16 53 12↙

返回值：<F>表示设置失败，<T>表示设置成功。

3.2.2.3　读取时间命令

命令符：RDTIME

返回格式：YYYY MM DD hh mm ss

YYYY 为年，MM 为月，DD 为日，hh 为小时，mm 为分，ss 为秒。

示例：若对雨量计读取时间，键入命令为：

RDTIME

返回值：2011 01 24 16 53 12↙

3.2.2.4 读取当前状态信息

命令符:STATUS

返回格式:请参考第七章的状态帧数据格式

示例:直接键入命令:

STATUS↙

返回值:直接返回智能传感器的状态帧数据。

3.2.2.5 读取指定时间状态信息

命令符:RDSTATUS

参数为:日期时间(小时)

返回格式:请参考第七章的状态帧数据格式

示例:若读取智能传感器2011年1月24日17点所存储的状态信息,则键入命令:

RDSTATUS 2011 01 24 17↙

返回值:直接返回2011年1月24日17点的状态帧数据。

3.2.2.6 读取当前数据命令

命令符:DATA

返回:请参考第七章数据帧格式。

示例:直接键入命令

DATA↙

返回值:直接返回智能传感器的数据帧数据。

3.2.2.7 按时间读取历史数据命令

命令符:RDDATA

参数为:日期时间(时分)。

示例:若读取智能传感器2011年1月24日17点20分所存储的数据信息,则键入命令:

RDDATA 2011 01 24 17 20↙

返回值:直接返回智能传感器2011年1月24日17点20的数据帧数据。

3.2.2.8 清除数据命令

命令符:CLEAR

清除保存的所有数据帧和状态帧数据。

示例:直接键入命令:

CLEAR↙

返回值:<F>表示清除失败,<T>表示清除成功。

3.2.2.9 版本信息

命令符:VERSION

返回格式:软件名称 软件版本号

示例:直接键入命令:

VERSION↙

返回值:由各厂家自己设置

3.2.2.10　读取/设置台站号

命令符:ID

参数:台站号

台站号由 5 位数字构成,最大的台站号为 65535。

示例:若要设置智能传感器的区站号为 57494,则键入命令:

ID 57494 ↙

返回值:<F>表示设置失败,<T>表示设置成功。

若雨量计中的区站号为 45890,直接键入命令:

ID ↙

正确返回值为:<45890>。

3.2.2.11　读取/设置自动发送模式

命令符:AUTOSEND

参数:数据帧发送间隔 状态帧发送间隔

示例:若要配置数据帧 1 分钟发送间隔,状态帧 1 小时发送间隔,键入:

AUTOSEND 1 60 ↙

返回值:<F>表示设置失败,<T>表示设置成功。

3.2.2.12　读取温度传感器标定系数

命令符:RDCALI

参数:温度传感器标识

示例:若读取当前智能传感器的第一支温度计的标定系数,则键入命令:

RDCALI 1 ↙

返回值格式:区间下限　区间上限　区间内修正值

返回值:

－45.00　－25.00　－0.01 ↙
－24.99　－15.00　－0.02 ↙
－14.99　－5.00　－0.01 ↙
－4.99　5.00　－0.01 ↙
5.01　15.00　0 ↙
15.01　25.00　－0.01 ↙
25.01　35.00　－0.01 ↙
35.01　45.00　0.01 ↙
45.01　80.00　－0.01 ↙

注:地温传感器有多只传感器,用序号 1、2、3、4 分别代表不同深度的传感器。

3.2.2.13　设置温度传感器标定系数

命令符:STCALI

参数:温度传感器标识

示例:若设置当前智能传感器的第一支温度计的标定系数,在－45～－25℃区间内的修正参数为 0.01℃,则键入命令:

STCALI 1 －45.00 25.00 0.01 ↙

返回值：＜F＞表示设置失败，＜T＞表示设置成功。

注：地温传感器有多只传感器，用序号1、2、3、4分别代表不同深度的传感器。

3.2.2.14　删除标定系数

命令符：CLCALI

示例：若删除当前智能传感器的所有标定系数，则键入命令：

CLCALI ↙

返回值：＜F＞表示设置失败，＜T＞表示设置成功。

3.2.3　二进制操作命令

二进制操作命令见表3.19。

表3.19　二进制操作命令

序号	数据名称	数据内容	数据类型	字节数
1	FrameStart ID1	帧起始标志第一字节(EBH)	Byte	1
2	FrameStart ID2	帧起始标志第二字节(90H)	Byte	1
3	StationTag	ID站号	Word	2
4	FrameTag1	传感器类型	Word	2
5	FrameTag2	指令类型	Byte	1
6	Month	月	Byte	1
7	Day	日	Byte	1
8	Hour	时	Byte	1
9	Minute	分	Byte	1
10	FrameTag3	传输状态	Byte	1
11	FrameEnd ID1	帧结束标志第一字节(0DH)	Byte	1
12	FrameEnd ID1	帧结束标志第一字节(0AH)	Byte	1
帧长度	14字节			
备注	1. 默认波特率：38400－8－n－1。 2. 时间为BCD编码方式便于确认(如：50分发送0x50)。 3. 指令类型支持(0x08—数据帧补传，0x09—状态帧补传；此时传输状态应为0x88当前命令才有效)。 4. 若本地数据查询失败无法补传，则上传此次命令，其中传输状态为(0xFF)。 5. 补传命令最好在下一分钟的30秒左右发出，确保数据确实未上传再要求补发。 6. 可补传历史数据(0x18—数据帧补传，0x19—状态帧补传；传输状态—0x88)其他指令支持(波特率设置：0x50—传输状态01－9600，02—19200，03—38400，04—115200；协调器复位0x00—传输状态0x88；)，返回指令中：传输状态：0xff—失败，0x00—成功；上一分钟所有数据帧补发0x20—传输状态0x88，失败无返回；上一小时所有状态帧补发0x21—传输状态0x88，失败无返回。			

第二编　技术实现部分

第 4 章　智能传感器的控制核心

4.1　MSP430 简介

MSP430 系列单片机是美国德州仪器 1996 年开始推向市场的一种 16bit 超低功耗、具有精简指令集的混合信号处理器。从 1996 年到 2000 年初，先后推出了 31x、32x、33x 等几个系列，这些系列具有 LCD 驱动模块，对提高系统的集成度较有利。每一系列有 ROM 型(C)、OTP 型(P)和 EPROM 型(E)等芯片。EPROM 型的价格昂贵，运行环境温度范围窄，主要用于样机开发。这也表明了这几个系列的开发模式，即：用户可以用 EPROM 型开发样机；用 OTP 型进行小批量生产；而 ROM 型适应大批量生产的产品(沈建华等，2008)。

2000 年德州仪器推出了 11x/11x1 系列。这个系列采用 20 脚封装，内存容量、片上功能和 I/O 引脚数比较少，但是价格比较低廉。

这个时期的 MSP430 已经显露出了它的特低功耗等的一系列技术特点，但也有不尽如人意之处。它的许多重要特性如：片内串行通信接口、硬件乘法器、足够的 I/O 引脚等，只有 33x 系列才具备。33x 系列价格较高，比较适合于较为复杂的应用系统。当用户设计需要更多考虑成本时，33x 并不一定是最适合的。而片内高精度 A/D 转换器又只有 32x 系列才有。

2000 年 7 月德州仪器推出了 F13x/F14x 系列，在 2001 年 7 月到 2002 年又相继推出 F41x、F43x、F44x。这些全部是 Flash 型单片机。

F41x 系列单片机有 48 个 I/O 口，96 段 LCD 驱动。F43x、F44x 系列是在 13x、14x 的基础上，增加了液晶驱动器，将驱动 LCD 的段数由 3xx 系列的最多 120 段增加到 160 段。并且相应地调整了显示存储器在存储区内的地址，为以后的发展拓展了空间。

MSP430 系列的部分产品具有 Flash 存储器，在系统设计、开发调试及实际应用上都表现出较明显的优点。TI 公司推出具有 Flash 型存储器及 JTAG 边界扫描技术的廉价开发工具 MSP－FET430X110，将国际上先进的 JTAG 技术和 Flash 在线编程技术引入 MSP430。这种以 Flash 技术与 FET 开发工具组合的开发方式，具有方便、廉价、实用等优点，给用户提供了一个较为理想的样机开发方式。

2001 年德州仪器又公布了 BOOTSTRAP LOADER 技术，利用它可在烧断熔丝以后只要几根线就可更改并运行内部的程序。这为系统软件的升级提供了又一方便的手段。BOOTSTRAP 具有很高的保密性，口令可达到 32 个字节的长度。

德州仪器在 2002 年底和 2003 年期间又陆续推出了 F15x 和 F16x 系列的产品。在这一新的系列中，有了两个方面的发展。一是从存储器方面来说，将 RAM 容量大大增加，如 F1611 的 RAM 容量增加到了 10KB。二是从外围模块来说，增加了 I2C、DMA、DAC12 和 SVS 等模块。

4.2 MSP430 在智能传感器应用中的优势

4.2.1 处理能力强

MSP430 系列单片机是一个 16bit 的单片机，采用了精简指令集(RISC)结构，具有丰富的寻址方式(7 种源操作数寻址、4 种目的操作数寻址)、简洁的 27 条内核指令以及大量的模拟指令；大量的寄存器以及片内数据存储器都可参加多种运算；还有高效的查表处理指令。这些特点保证了可编制出高效率的源程序。

4.2.2 运算速度快

MSP430 系列单片机能在 8MHz 晶体的驱动下，实现 125ns 的指令周期。16bit 的数据宽度、125ns 的指令周期以及多功能的硬件乘法器(能实现乘加运算)相配合，能实现数字信号处理的某些算法(如 FFT 等)。

4.2.3 超低功耗

MSP430 系列单片机的电源电压采用的是 1.8～3.6V 电压。因而可使其在 1MHz 的时钟条件下运行时，芯片的电流最低会在 165μA 左右，RAM 保持模式下的最低功耗只有 0.1μA。

在 MSP430 系列中有两个不同的时钟系统：基本时钟系统、锁频环(FLL 和 FLL+)时钟系统和 DCO 数字振荡器时钟系统。可以只使用一个晶体振荡器(32.768kHz)，也可以使用两个晶体振荡器。由系统时钟系统产生 CPU 和各功能所需的时钟。并且这些时钟可以在指令的控制下，打开和关闭，从而实现对总体功耗的控制。

由于系统运行时开启的功能模块不同，即采用不同的工作模式，芯片的功耗有着显著的不同。在系统中共有一种活动模式(AM)和 5 种低功耗模式(LPM0—LPM4)。在实时时钟模式下，可达 2.5μA，在 RAM 保持模式下，最低可达 0.1μA。

超低功耗使得 MSP430 在手提式设备或其他电池供电设备中具有突出优势。

4.2.4 片内资源丰富

MSP430 系列单片机的各系列都集成了较丰富的片内外设。它们分别是看门狗(WDT)、模拟比较器 A、定时器 A0(Timer_A0)、定时器 A1(Timer_A1)、定时器 B0(Timer_B0)、UART、SPI、I2C、硬件乘法器、液晶驱动器、10 位/12 位 ADC、16bitΣ－ΔADC、DMA、I/O 端口、基本定时器(basic timer)、实时时钟(RTC)和 USB 控制器等若干外围模块的不同组合。其中，看门狗可以使程序失控时迅速复位；模拟比较器进行模拟电压的比较，配合定时器，可设计出 A/D 转换器；16bit 定时器(Timer_A 和 Timer_B)具有捕获/比较功能，大量的捕获/比较寄存器，可用于事件计数、时序发生、PWM 等；有的器件更具有可实现异步、同步及多址访问串行通信接口可方便地实现多机通信等应用；具有较多的 I/O 端口，P0、P1、P2 端口能够接收外部上升沿或下降沿的中断输入；10/12 位硬件 A/D 转换器有较高的转换速率，最高可达 200kbps，能够满足大多数数据采集应用；能直接驱动液晶多达 160 段；实现两路的 12 位 D/A

转换；硬件 I2C 串行总线接口实现存储器串行扩展；以及为了增加数据传输速度，而采用的 DMA 模块。MSP430 系列单片机的这些片内外设为系统的单片解决方案提供了极大的方便。

另外，MSP430 系列单片机的中断源较多，并且可以任意嵌套，使用时灵活方便。当系统处于省电的低功耗状态时，中断唤醒只需 5μs。

4.2.5 方便高效的开发环境

MSP430 系列有 OTP 型、FLASH 型和 ROM 型三种类型的器件，这些器件的开发手段不同。对于 OTP 型和 ROM 型的器件是使用仿真器开发成功之后烧写或掩膜芯片；对于 FLASH 型则有十分方便的开发调试环境，因为器件片内有 JTAG 调试接口，还有可电擦写的 FLASH 存储器，因此采用先下载程序到 FLASH 内，再在器件内通过软件控制程序的运行，由 JTAG 接口读取片内信息供设计者调试使用的方法进行开发。这种方式只需要一台 PC 机和一个 JTAG 调试器，而不需要仿真器和编程器。开发语言有汇编语言和 C 语言以及 C++ 语言。

4.3 MSP430 时钟模块

MSP430F149 时钟模块由高速晶体振荡器、低速晶体振荡器和数字控制振荡器 DCO 构成。并通过不同的基础模块最终产生 3 种不同的频率时钟 ACLK（辅助时钟）、MCLK（主系统时钟）和 SMCLK（子系统时钟），送给各种不同需求的模块。

小电流的实时应用中有两个互相矛盾的要求：满足节能要求的低频系统时钟和为了快速响应事件请求的高速时钟。这个相互抵触的基本要求是很难直接实现的，MSP430 的折中办法是用一个低频晶体振荡器，并将其倍频至标称的工作频率范围，即

$$f_{\text{system}} = N \times f_{\text{crtstal}} \tag{4.1}$$

4.3.1 低速晶体振荡器

MSP430 的每种器件必须含有低速晶体振荡器（LFXT1），低速晶体振荡器满足系统低功耗和 32.768kHz 晶振要求。因此可以采用使用广泛而且廉价的手表晶振，晶振只需要通过 XIN 和 XOUT 连接，其他保证工作稳定的外部器件集成在芯片中。

LFXT1 振荡器在发生有效 PUC 信号后开始工作，一次有效 PUC 可将 SR 寄存器 OscOff 复位，即允许 LFXT1 工作。LFXT1 默认 32.768kHz 低频工作，但也可以通过外接 450kHz～8MHz 高速晶体振荡器，当然，可以软件置位 OscOff 禁止 LFXT1 工作。

4.3.2 高速晶体振荡器

高速晶体振荡器产生时钟信号 XT2CLK，它的工作特性与 LFXT1 振荡器工作在高频模式时类似。如果 XT2CLK 信号没有用作 MCLK 和 SMCLK 时钟信号，可控制 XT2OFF 关闭 XT2。

4.3.3 DCO 振荡器

DCO 振荡器是一个可数字控制的 RC 振荡器，它的频率随供电电压、环境温度变化而具

有一定的不稳定性。当外部振荡器失效时,DCO 振荡器会自动选作 MCLK 的时钟源,由振荡器失效引起的 NMI 中断请求可以得到响应,甚至在 CPU 关闭的情况也能处理。

4.4 MSP430 基本资源介绍

4.4.1 中断介绍及存储器段介绍

中断在 MSP430 中得以广泛的应用,它可以快速进入中断程序,之后返回中断前的状态,其时序为:PC 执行程序→中断允许置位→SR 中的 GIE→置位 EINT(中断开)中断到→中断标志位(IFG)置位→从中断向量表中读取中断程序的入口地址,进入中断程序执行中断程序→中断允许位复位 RETI 中断返回→回到原来地址。具体应用将会在应用程序中得到应用。

对存储器的访问可以用间接寻址,这对于查表处理很方便,在此举一例子:是对存储段 200H 的 100 个数的读取和操作。

```
……
MAINMOV #0200H,R6 /*  从 200H 地址开始读出数据到 R5 中,可以加许多对 R5
(即数据段的内容)进行操作的 程序 */
MOV #100,R4 /*  设取 100 个地址单元 */
LOOP1 MOV.W 0(R6),R5 /*  间接寻址模式 */
ADD #2,R6/ *  是字操作 */
;....... / *  可以加对取出的数的操作 */
MOV.W R5,0(R6) / *  操作完后再放回原地址 */
SUB.B #1,R4 /*  循环 100 次 */
CMP #0,R4
JNZ LOOP1
……
```

4.4.2 硬件乘法器

硬件乘法器不集成在 CPU 内,是独立于 CPU 运行的,运算时只需将两个操作数放进相应的地址中,就可以直接在结果寄存器中取数据,CPU 可以工作在低功耗模式,如果用间接寻址模式,可以超低工耗的乘法计算大量的表数据。这儿列举一个例子,其他的几种情况类似于此:下面为有符号数(由第一个乘数决定类型)的乘法程序的部分。

```
……
MOV #138H,R4 /*  乘数 2 的地址为 138H,这儿用间接寻址方式 */
MOV #-45H,&MPYS /*  装第一个有符号乘数的数值入地址,第一个乘数 MPYS
决定了 */
MOV #35H,0(R4) /*  装第二个有乘数的数值入地址 */
MOV RESLO,R5 /*  结果低字送入 R5 中取出 */
MOV RESHI,R6 /*  结果高字送入 R6 中 */
MOV SUMEXT,R7 /*  结果扩展送入 R7 中 */
```

……

4.4.3 IO 口

MSP430F149 有 6 个 8 位的 P 口，其中 P1、P2 口占两个中断向量，共可以接 16 个中断源，还可以直接利用 P 口的输入输出寄存器，直接对外进行通信。因为所有的 P 口都是和其他外设复用的，因此在用端口之前都要用功能选择寄存器选定所用的功能是外设还是 P 口，选定之后还要在方向寄存器中确定是输出还是输入，实验了一个程序，前部分是实现中断功能的程序，后部分为中断程序是实现直接用 P 口对外提供一个短脉冲的程序，在设计的开发板中，专门利用了 P 口的输入输出功能对外存 24WCXX 和实时时钟芯片 8563 的数据通过的存取 I2C 总线的读取和写入。还利用了 P 口向电池充电的开启电路。下面是个例子：

例：利用 P 口的中断功能实验：

```
……
MAIN MOV #SFE(CSTACK),SP /*  初始化堆栈指针 */
MOV #(WDTHOLD+WDTPW),&WDTCTL/*  停看门狗定时器 */
LOOP2 BIS #GIE,SR /*  普通中断允许 */
EINT /*  开中断 */
MOV.B #000H,&P1DIR /*  定义 P1 口为输入方向 */
MOV.B #000H,&P1SEL /*  定义 P1 口为 P 端口功能 */
MOV.B #002H,&P1IE /*  P1.1 口为中断允许 */
MOV.B #000H,&P1IES /*  定义 P1.1 口为上升沿产生中断 */
JMP LOOP2 /*  循环等待中断 */
/*  下面为中断程序 */
LOOP1 MOV.B #001H,&P1DIR /*  定义 P1.0 口为输出口 */
MOV.B #001H,&P1OUT /*  定义 P1.0 口输出的为高电平，发光二极管灯亮 */
MOV.B #000H,&P1IE /*  返回中断前的 PC 及其他状态 */
MOV.B #000H,&P1OUT /*  将 P1.0 口置低，发光二极管灯灭 */
RETI /*  中断返回 */
COMMON INTVEC /*  列中断向量表 */
ORG PORT1_VECTOR
DW LOOP1 /*  中断向量的入口地址为 LOOP1 */
END
……
```

4.4.4 定时器及数模转换

MSP430 中有两个 16bit 定时器，还可以利用看门狗定时器。由于定时器的是 16bit 的，则可以在秒数量级上定时，且具有 2 个中断向量，便于处理各种定时中断。定时器的应用在 F149 中具有举足轻重的作用，可以利用 MSP430F149 中的定时器的比较模式产生 PWM(数字脉冲调制)波形，再经过低通滤波器产生任意函数的波形，也就是说，可以通过定时器的比较模式实现数模转换功能。另外，定时器还具有捕获模式，可以通过定时器的捕获功能实现各种测量，比如脉冲宽度测量，如果和比较器结合，还可以测量电阻、电容、电压、电流、温度等，可以这样说，只要能通过传感转换为时间长度的，都可以通过定时器的捕获定时功能实现值的测量。在开发板中，利用定时器，设计了一个 PWM 滤波输出的函数发生器。另外，还利用定时器的捕获功能和比较器的比较功能测电阻和电容。

```
……
Reset
MOV #SFE(CSTACK),SP /*  初始化堆栈指针 */
MOV #(WDTHOLD+WDTPW),&WDTCTL/*  停看门狗定时器 */
MOV #GIE,SR /*  一般中断允许 */
MOV.B #004H,&P1SEL /*  定义定时器A的A1作捕获输入 */
MOV.B #000H,&P1DIR /*  定义端口方向为输入型 */
MOV #0FFFFH,&CCR0 /*  规定定时器的最大计数值为FFFFH */
MOV #000H,&CCR1 /*  给捕获初始值为0 */
MOV.B #004H,&P2DIR /*  比较器的两个比较口为输入,输出口为输出型 */
MOV.B #01CH,&P2SEL /*  定义了端口为比较器功能 */
MOV.B #0FFH,&P3DIR /*  定义P3口输出一个高电平给电容充电 */
MOV.B #000H,&P3SEL /*  选择P口的功能 */
MOV.B #0FFH,&P3OUT /*  输出给电容充电 */
EINT /*  开中断 */
LOOP1
MOV.B #00CH,CACTL1 /*  确定比较器的输入0口为外参考电压,这实验中为电容上的电压 */
MOV.B #00FH,CACTL2 /*  确定比较器的输入1口为外参考电压,这实验中为捕获时刻电压,由外电源提供,可变的,根据电阻和电容而定 */
MOV#08930H,&CCTL1 /*  定时器A的A1口的CCR1为捕获寄存器 */
MOV#002D2H,&TACTL /*  写控制寄存器,定时器开始计数 */
MOV.B #000H,&P3DIR /*  电容放电,等待放电电容上的电压降到捕获电压发生中断,此时的CCR1中值为放电时间比例值 */
JMP LOOP1
CCR BIC #0FF0FH,&TACTL /*  停定时器 */
MOV &CCR1,R5 /*  从R5中看定时器的值,还可以送到I/O口上 */
JMP CCR /*  程序结束 */
COMMON INTVEC
ORG TIMERA1_VECTOR
DW CCR /*  捕获中断向量 */
ORG RESET_VECTOR
DW Reset
END
……
```

电容必须选择得当，若太大可能定时器溢出中断而不是捕获中断，太小，则会为各电容的放电时间差不多，误差太大。捕获电压也必须得当，太大，可能定时时间太小，误差太大；太小，放电时间太长，可能溢出中断而不是捕获中断。这实际是一个使用范围的问题，由于 DCO 的频率太高，定时器的计数太快，如果定时器的频率低，采用大电容，则使用范围会更大一些，精度更高一些。

另外，比较器和定时器的捕获可以用同样的原理测电容及其他的可以转换为时间的传感问题，这在实际应用中有更广泛的用途。利用定时器的比较模式和输出的 PWM 形式，可以做出数模转换的模型和程序，这样经过低通滤波可以产生各种函数发生。为此，通过一个 PWM 波的实验进行验证。

原理为：利用输出模式的翻转特性和连续模式的 PWM 波形输出，通过 CCR0 加数据存储器 RAM 的中相互交叉“0”电平和“1”的时间间隔，成对的两个寄存器定义了占空比，而各对的和（小周期）是定值。当计数器的计数值到达 CCR0 翻转，且产生中断，转入中断程序，在中断程序中，给 CCR0 加上下次翻转的时间，即下次翻转时的计数长度从数据存储器中取出加到上次翻转时刻的计数值中，当返回中断后，计数器继续计数，到下次翻转和中断时，又循环继续进行。这样，就输出了占空比不断变化而又呈一种趋势的变化，经过低通滤波，即电容的充放电形成一种阶梯状的变化趋势，当计数小周期很小时，就可以得到近似的一条模拟曲线，从而实现了数模转换或函数发生器，由于小周期是任意的但必须大于 2 倍中断程序时间，则可以实现任意占空比的小周期和任意的小周期长度，又由于有多少个小周期组成一个大周期也是自由的，完全由实际需要来定，则给用户带来了很大的灵活性。

程序为：

```
#include "msp430x14x.h"
RSEG UDATA0
DW450,50,350,150,250,250,150,350,50,450/*  间隔数据表，开始地址为 200H，数据又需要定*/
RSEG CSTACK
DS 0
RSEG CODE
DS 0
Rese MOV #SFE(CSTACK),SP /*  初始化堆栈指针*/
MOV #(WDTHOLD+WDTPW),&WDTCTL /*  停看门狗定时器*/
MOV.B #0FFh,&P1SEL /*  选择外部定时器功能*/
MOV.B #0FFH,&P1DIR /*  确定方向为输出*/
MOV #030H,&CCR0 /*  给 CCR0 一个初始值，不小于两个指令周期的计数值*/
BIS #GIE,SR /*  开一般中断允许位*/
MOV#0200H,R6 /*  将 R6 定义到数据表段开始地址*/
MOV#10,R4 /*  取 10 个地址单元，即 9 个小周期*/
MOV#0090H,&CCTL0 /*  选 CCR0 作为比较寄存器，定义输出模式为 4，且中断允许*/
MOV#002E0H,&TACTL /*  写控制寄存器，参数为一分频，比较模式，连续计数方
```

式,不溢出中断,开始计数 * /

```
TA0 EINT / *   开中断 * /
JMP TA0 / *   等待翻转时刻到和等待中断到,即 TAR=CCR0 * /
CMPS BIC #0FFCFH,&TACTL / *   中断程序到,停计数值,处理中断 * /
ADD 0(R6),&CCR0 / *   加下一个翻转到来的时间值,间接寻址方式 * /
ADD #2,R6/ *   是字操作,加 2 是将 R6 指向下一个地址 * /
SUB.B #1,R4 / *   小周期数量减一 * /
JNZ LOOP1 / *   大周期没完,循环 * /
MOV#0200H,R6 / *   大周期完,重新开始一个大周期 * /
MOV#10,R4
LOOP1 MOV#002E0H,&TACTL / *   重新开始计数 * /
RETI / *   中断返回 * /
COMMON INTVEC
ORG TIMERA0_VECTOR / *   定时器 A 的 0 中断向量表 * /
DW CMPS
ORG RESET_VECTOR
DW Reset
END
```

下面是程序中需要说明的几点问题:

(1)在中断程序中,不能在没回中断之前就用转移指令将程序跳出中断,否则,堆栈占用的空间会越来越大,数据段会出错。主要是程序段的 LOOP1 必须在中断程序里。即 CMPS …… 中断程序开始。

```
SUB.B #1,R4 / *   小周期数量减一 * /
JNZ LOOP1 / *   大周期没完,循环 * /
MOV#0200H,R6 / *   大周期完,重新开始一个大周期 * /
MOV#10,R4
LOOP1 MOV#002E0H,&TACTL / *   重新开始计数 * /
……
RETI
```

(2)在程序中,只用 CCR0 而不用 CCR1 和 CCR2 的原因是 CCR0 的中断优先级高,且返回时不需软件将中断标志位清除掉,而是自动复位的,而 CCR1 和 CCR2 的中断标志需软件复位,否则中断变得不定。

(3)由于不需要在计数到 0 时中断,因此将溢出中断禁止,而将 CCR0 的中断允许。

(4)数据段的数据个数一般要达到 256 个才能通过 8 路 AD 转换,由于篇幅有限,只列出了 10 个,这由实际需要而定。如果需要的滤波形是对称的,则数据段的数据为对称就可以了。

(5)定时器 A 有两个中断向量,如果要同时用 CCR0 和 CCR1 或 CCR2,需要写不同的中断程序,这一点尤其应注意。

4.4.5 USART 通信模块

通用串行同步异步通信模块是为了使 MSP430F149 多机通信用的，通过 USART 口连接 RS202 和 RS485 的驱动芯片可以实现单片机与计算机及其他的工作电平的匹配串行通信，由于 MSP430F149 具有两个通信口，因此可以分别用于 RS202 和 RS485 的串行通信。MSP430 有同步和异步两种方式，每一种方式都有独立的帧格式和控制寄存器，只需要按照需要和帧格式写入相应的寄存器就可以实现多机通信。由于 MSP430 的波特率产生比较自由，因此异步通信模式用得比较多，因此只考虑异步通信模式，在异步通信模式中，MSP430 的波特率的产生有很独特的方式，可以实现多种波特率的产生，可以克服其他单片机的波特率受限的缺点。另外，在异步模式中，又根据需要分为线路空闲多机模式和地址位多机模式，如果只是两机通信，线路空闲比较多，用线路空闲多机模式比较好，在开发板中有一个测试程序是实现通过 RS202 与计算机超级终端串行口相连的测试程序，在此，不用多说，由于 MSP430 的波特率发生器比较特别，在此，着重讨论一下波特率发生器。波特率发生器是用波特率选择寄存器和调整控制寄存器来产生串行数据位定。波特率＝BRCLK/（UBR＋（M7＋M6＋M5＋M4＋M3＋M2＋M1＋M0）），其中 BRCLK 为晶振频率，UBR 为分频因子的整数，即晶振频率除以波特率的整数部分，而 M7，M6，M5，M4，M3，M2，M1，M0 分别为调整位，是分别写在 UMCTL 中的，如果置位，则对应的时序时间只能波特率分频器的输入时钟扩展一个时钟周期，每接收或发送一位，在调整控制寄存器的下一位被用来决定当前位的定时时间。协议的第一位的定时由 URB 加上 M0 决定，下一位由 UBR 加上 M1 决定，以后类推。而调整位取“0”还是“1”，取决于当前的分频因子与需要的分频因子的差距。

4.4.6 比较器模块

比较器的应用在 MSP430 中很广，可以作为可转换为电压的量的测量，如果加上定时器的捕获功能，比较器的用途会更广，在此不再赘述，但有几点必须说明。

（1）比较器属于硬件型的，虽然很准确，但由于有软件的控制，造成的时间误差可能很大。因此存在一段时间的振荡，这造成测量的误差大，不能很精确。

（2）比较器的参考电平很方便，可以都自由加，但不能超过片子的最高电压 3.3V，否则不能正常工作。

4.4.7 模数转换模块

MSP430F149 单片机中集成了 14 路 12 位 A/D 转换，其中 8 路属于外部的信号转换，3 路是对内部参考电压的检测转换，1 路是接温控的传感电压转换，每一路转换都有一个可控制的转换存储器，而且，参考电平和时钟源都是可选择的，可以外部提供的。这给使用上带来了很大的灵活性。

A/D 转换的时序有几点必须注意的地方：

（1）由于 MSP430F149 是采用加载信号到电容上充电的采样，因此必须给一定的采样时间以能到达一定的精度和时间的不溢出，否则会出现时间溢出的中断。据测定其采样开始之后需要 13 个 ADC12CLK 周期延时。在实验时是采用的单步才能比较精确地测量，在全速时需要延时才能测量，否则采样结果为 0。

(2)在采样结束和转换的开始需要一个控制过程，这就是将 ADC12CTL0 的 ENC 和 ADC12SC 同时置"1"，则表明采样结束和转换开始，在实际的测试中，是将 ADC12CTL0 的控制位重复了一次以达到开始转换。

(3)用外部参考电压时，转换公式为 $NADC=4095\times(V_{in}-V_{r-})/(V_{r+}-V_{r-})$。

(4)由于低三位是电阻性的，因此精度上需要多次测量取平均值。

(5)如果采用外参考电压，则不能认为悬空为 0V，而必须加一个电压，即使是 0V 也必须加，否则不能转换。具体的 A/D 采样程序和结果在 PCB 测试中有比较详细的结果。

4.5 MSP430 软件开发环境

4.5.1 编译环境 IAR FOR MSP430

IAR 系统嵌入式 Workbench 是一种用于开发应用各种不同的目标处理器的灵活的集成环境。它提供一个方便的窗口界面用于迅速地开发和调试。嵌入式 Workbench 支持各种不同的目标处理器，用户用不同的目标处理器开发的工程可以在工程的基础上逐个规定目标工程。

IAR 提供一套 MSP430 系列单片机所使用的应用 C 语言集成开发环境和调试器(简称 C430)。IAR C430 编译器除了提供 C 语言的标准特性，还增加许多专门给 MSP430 设计的扩展功能。

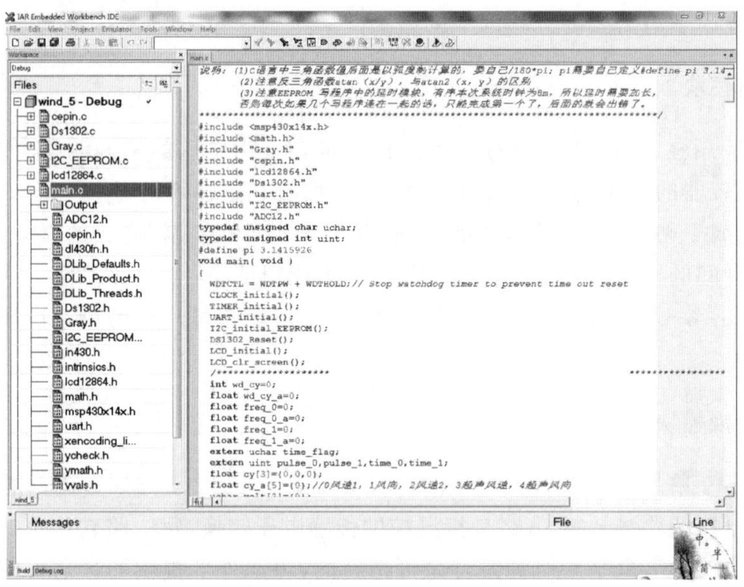

图 4.1　IAR for MSP430

图 4.1 为 IAR for MSP430 编译器操作界面，MSP430 系列单片机可以利用 IAR 公司的 Workbench 和 C－Spy 编译，直接下载程序至片内 Flash，脱机运行。整个用户界面友好，调试过程中可以在上层软件中看到各寄存器的内容并在线修改，支持单步运行，在线观察定义的各个变量的实时值。采用把所有相关文件放入一个项目的组织方式，编译运行时软件会自动将

文件按内在联系自动结合在一起。这些都大大缩短了开发周期，降低开发难度。

4.5.2　智能传感器软件结构

图 4.2 为智能风传感器的软件流程图。系统在上电复位后，先进行时钟、串口等一系列初始化过程；初始化完成后开启中断；然后程序进入 While 循环。While 循环是整个程序的核心，首先对传感器数据读取并暂存于数组；然后开启实时显示，测温度，AD 测电压；完成后进行条件查询，当为每分钟末(59 秒)时对分钟数据(数据帧)进行处理，并存储于 Flash 中，然后通过串口送入 ZigBee 中进行无线传输；当为每小时末(59 分 59 秒)时，先处理分钟数据，然后处理小时数据(状态帧)，同样进行存储和无线发送；完成后重新进入 While 循环。

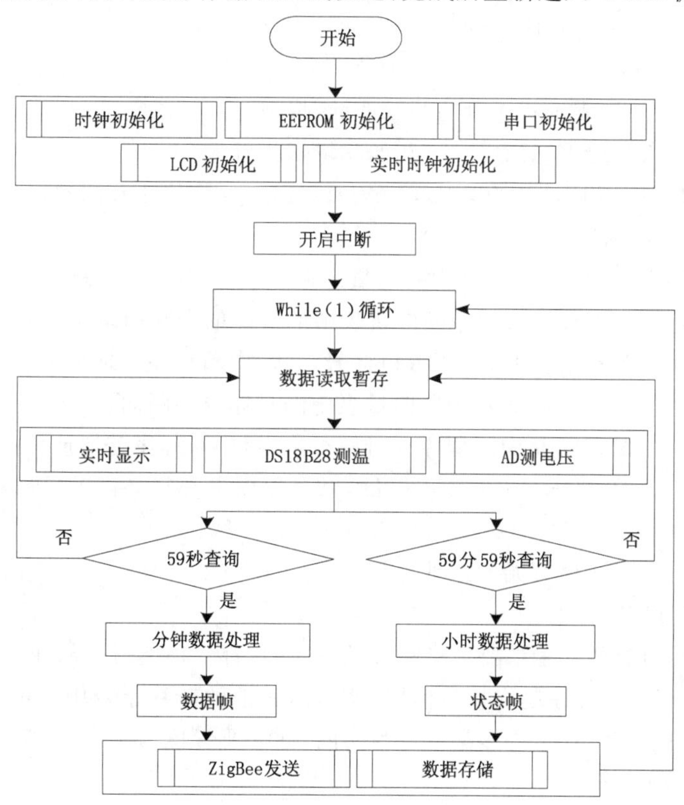

图 4.2　智能风传感器系统软件流程图

4.5.3　部分指令介绍

MSP430 有自身语言，汇编语言也不同于其他类型的单片机，伪指令很重要。

(1)“#include”不能大写。

(2)程序段前的伪指令可以套用下列模板，在以后的几章中的程序都采用此模板，只是中间的主程序变化而已。

#include “MSP430x14x.h”/*　把库文件包括进来，这个库文件是必需的，其他的库文件视需要而定 */

RSEG UDATA0/*　定义数据段一般默认数据段段地址是从 0200H 开始的也可以自己

定义数据段开始地址，但必须在 0200H 到 09FFH * /

DS 0 / *　表示数据段从默认的段开始，偏移地址为 0，若为 DS N，表示数据段的偏移地址从 N 开始，此时的物理地址为(0200＋N)H * /

ADINPUTEQU00200H/ *　将 0200H 地址命名为 ADINPUT，此后程序中的地址 0200H 可以用 ADINPUT 表示，便于程序的可读性，注意：标号必须顶格写 * /

A DW 5H / *　定义 A 字变量的值为 5H，此时将会将 5H 写到数据段的当前偏移地址上，便于后面使用，变量也得顶格写 * /

RSEG CSTACK / *　定义堆栈段 * /

DS 0 / *　段偏移值为 0H，物理地址为默认开始地址值 * /

RSEG CODE / *　定义代码段 1 * /

DS 0 / *　代码段 1 * /

RESET / *　标号，表示程序段的开始地址，将被写入复位向量中 * /

MOV ＃SFE(CSTACK)，SP / *　初始化堆栈指针 * /

MOV ＃(WDTHOLD＋WDTPW)，&WDTCTL / *　停止看门狗定时器 * /

……　(程序段的内容)

COMMON INTVEC / *　表示中断向量定义 * / / * 下面的伪指令都不顶格 * /

ORG XXX 1/ *　XXX1 表示中断向量表中的具体的中断向量 1 * /

DW YYY1/ *　YYY 是中断程序入口标号，表示中断程序首地址 * /

ORG XXX2/ *　XXX2　表示中断向量表中的具体的中断向量 2/

DW YYY2/ *　YYY2 是中断程序入口标号，表示中断程序首地址 * /

ORG RESET_VECTOR / *　复位向量，每个程序中都是必需的，可以放在段开始前的伪指令中 * /

DW RESET / *　程序开始的地址标号 * /

END / *　程序结束 * /

(3)几个规定：所有的标号都要顶格写，所有的变量都要顶格写，所有的伪指令和指令都不能顶格写，CALL 调用子程序是在标号前用“＃”，而其他的转移指令中的标号前不用“＃”，对外设的寄存器，当程序开始时，许多是复位为零的，如果要置位为 1，可以直接将每一位的名称作立即数写入，例如：指令

MOV ＃(WDTHOLD＋WDTPW)，&WDTCTL

就是将 WDTCTL 寄存器中的 WDTHOLD 和 WDTPW 位置位为高，很容易读程序内容。

(4)关于几类定义的区别：EQU、＝、SET、VAR、ASSIGN 都是给标号变量定义地址值的伪指令，都可以出现在程序中的任何位置，但用法不一样，＝、EQU 是定义一个永久地址标号变量，一旦定义，在程序中的这个标号将固定在定义的地址上，不能改动。而 SET、VAR、ASSIGN 是暂时的地址标号变量，可以在程序中改动，一旦定义了一个标号地址，就可以对这个标号作地址访问，但必须是在数据段。另外，DB、DW 是定义变量在数据段当前的偏移位置，是作为数据定义的，不是作为地址定义的，例如：

AA DB 2H / *　此时在数据段的当前位置写入了 2H 到存储器，以后用 AA 时就是用数据 2H。注：AA 顶格写 * /可以在以后的程序中看到这些区别。

第 5 章　供电电路设计

5.1　太阳能供电

5.1.1　太阳能及太阳能电池

太阳能是由太阳内部氢原子发生氢氦聚变释放出巨大核能而产生的能，来自太阳的辐射能量。

人类所需能量的绝大部分都直接或间接地来自太阳。植物通过光合作用释放氧气、吸收二氧化碳，并把太阳能转变成化学能在植物体内贮存下来。煤炭、石油、天然气等化石燃料也是由古代埋在地下的动植物经过漫长的地质年代演变形成的一次能源。地球本身蕴藏的能量通常指与地球内部的热能有关的能源和与原子核反应有关的能源。

太阳能(solar energy)：太阳是一个巨大的能源，它以光辐射的形式每秒钟向太空发射约 3.8×10^{20} MW 的能量，约有 22 亿分之一投射到地球上。太阳光被大气层反射、吸收之后，还有 70%透射到地面。尽管如此，地球上一年中接收到的太阳能仍然高达 1.8×10^{18} kW・h。

自地球形成生物就主要以太阳提供的热和光生存，而自古人类也懂得以阳光晒干物件，并作为保存食物的方法，如制盐和晒咸鱼等。但在化石燃料减少下，才有意把太阳能进一步发展。太阳能的利用有被动式利用(光热转换)和光电转换两种方式。太阳能发电一种新兴的可再生能源。广义上的太阳能是地球上许多能量的来源，如风能，化学能，水的势能等等。

太阳能电池是指利用太阳光的能量发电的电池种类。相对于普通电池和可循环充电电池来说，太阳能电池属于更节能环保的绿色产品。太阳能电池板是太阳能发电系统中的核心部分，太阳能电池板的作用是将太阳的光能转化为电能后，输出直流电存入蓄电池中。太阳能电池板是太阳能发电系统中最重要的部件之一，其转换率和使用寿命是决定太阳电池是否具有使用价值的重要因素。

5.1.2　太阳能电池分类

5.1.2.1　单晶硅太阳能电池

单晶硅太阳能电池的光电转换效率为 15%左右，最高的达到 24%，这是所有种类的太阳能电池中光电转换效率最高的，但制作成本很大，以至于它还不能被普遍地使用。由于单晶硅一般采用钢化玻璃以及防水树脂进行封装，因此其坚固耐用，使用寿命一般可达 15 年，最高可达 25 年(许开芳等，2000)。

为了降低生产成本，地面应用的太阳能电池等采用太阳能级的单晶硅棒，材料性能指标有所放宽。有的也可使用半导体器件加工的头尾料和废次单晶硅材料，经过复拉制成太阳能电池专用的单晶硅棒。将单晶硅棒切成片，一般片厚约 0.3mm。硅片经过抛磨、清洗等工序，制成待加工的原料硅片。加工太阳能电池片，首先要在硅片上掺杂和扩散，一般掺杂物为微量的硼、磷、锑等。扩散是在石英管制成的高温扩散炉中进行。这样就硅片上形成PN结。然后采用丝网印刷法，精配好的银浆印在硅片上做成栅线，经过烧结，同时制成背电极，并在有栅线的面涂覆减反射源，以防大量的光子被光滑的硅片表面反射掉。因此，单晶硅太阳能电池的单体片就制成了。单体片经过抽查检验，即可按所需要的规格组装成太阳能电池组件（太阳能电池板），用串联和并联的方法构成一定的输出电压和电流。最后用框架和材料进行封装。用户根据系统设计，可将太阳能电池组件组成各种大小不同的太阳能电池方阵，亦称太阳能电池阵列。

5.1.2.2 多晶硅太阳能电池

多晶硅太阳能电池兼具单晶硅电池的高转换效率和长寿命以及非晶硅薄膜电池的材料制备工艺相对简化等优点的新一代电池，其转换效率一般为12%左右，稍低于单晶硅太阳电池，没有明显效率衰退问题，并且有可能在廉价衬底材料上制备，其成本远低于单晶硅电池，而效率高于非晶硅薄膜电池（刘祖明等，2000）。

多晶硅太阳能电池的制作工艺与单晶硅太阳电池差不多，但是多晶硅太阳能电池的光电转换效率则要降低不少，其光电转换效率约12%左右（2004年7月1日日本夏普上市效率为14.8%的世界最高效率多晶硅太阳能电池）。从制作成本上来讲，比单晶硅太阳能电池要便宜一些，材料制造简便，节约电耗，总的生产成本较低，因此得到大量发展。此外，多晶硅太阳能电池的使用寿命也要比单晶硅太阳能电池短。

单晶硅太阳能电池的生产需要消耗大量的高纯硅材料，而制造这些材料工艺复杂，电耗很大，在太阳能电池生产总成本中已超过二分之一。加之拉制的单晶硅棒呈圆柱状，切片制作太阳能电池也是圆片，组成太阳能组件平面利用率低。因此，20世纪80年代以来，欧美一些国家转而投入了多晶硅太阳能电池的研制。

5.1.2.3 非晶硅太阳能电池

对于同样功率的太阳电池阵列，非晶硅太阳电池比单晶硅、多晶硅电池发电要多约10%。这已经被美国的Uni-Solar System LLC、Energy Photovoltaic Corp.、日本的Kaneka Corp.、荷兰能源研究所以及其他的光伏界组织和专家证实了（宋红等，2002）。

在阳光充足的月份，也就是说在较高的环境温度下，非晶硅太阳电池组件能表现出更优异的发电性能。

非晶硅太阳能电池具有以下几个特点：

(1)更低的成本；(2)更多的电力；(3)更好的弱光响应；(4)更优异的高温性能。

5.1.2.4 多元化合物太阳电池

多元化合物太阳电池指不是用单一元素半导体材料制成的太阳电池。各国研究的品种繁多，大多数尚未工业化生产，主要有以下几种：(1)硫化镉太阳能电池；(2)砷化镓太阳能电池；(3)铜铟硒太阳能电池（新型多元带隙梯度$Cu(In,Ga)Se_2$薄膜太阳能电池）

$Cu(In,Ga)Se_2$是一种性能优良太阳光吸收材料，具有梯度能带间隙（导带与价带之间的能级差）多元的半导体材料，可以扩大太阳能吸收光谱范围，进而提高光电转化效率（王慧等，2008）。以它为基础可以设计出光电转换效率比硅薄膜太阳能电池明显提高的薄膜太阳能电池。可以达到的光电转化率为18%，而且，此类薄膜太阳能电池到目前为止，未发现有光辐射引致性能衰退效应（SWE），其光电转化效率比商用的薄膜太阳能电池板提高约50%～75%，在薄膜太阳能电池中属于世界的最高水平的光电转化效率。

5.1.3　使用太阳能供电的优势

太阳能光伏发电过程简单，没有机械转动部件，不消耗燃料，不排放包括温室气体在内的任何物质，无噪声、无污染；太阳能资源分布广泛且取之不尽，用之不竭。因此，与风力发电与生物质能发电等新型发电技术相比，太阳能光伏发电是一种具可持续发展理想特征（最丰富的资源和最洁净的发电过程）的可再生能源发电技术，其主要优点有以下几点。

（1）太阳能资源取之不尽，用之不竭，照射到地球上的太阳能要比人类目前消耗的能量大 6000 倍。而且太阳能在地球上分布广泛，只要有光照的地方就可以使用光伏发电系统，不受地域、海拔等因素的限制。

（2）太阳能资源随处可得，可就近供电，不必长距离输送，避免了长距离输电线路所造成的电能损失。

（3）光伏发电的能量转换过程简单，是直接从光子到电子的转换，没有中间过程（如热能转换为机械能，机械能转换为电磁能等）和机械运动，不存在机械磨损。根据热力学分析，光伏发电具有很高的理论发电效率，可达 80%以上，技术开发潜力巨大。

（4）光伏发电本身不使用燃料，不排放包括温室气体和其他废气在内的任何物质，不污染空气，不产生噪声，对环境友好，不会遭受能源危机或燃料市场不稳定而造成的冲击，是真正绿色环保的新型可再生能源。

（5）光伏发电过程不需要冷却水，可以安装在没有水的荒漠戈壁上。光伏发电还可以很方便地与建筑物结合，构成光伏建筑一体化发电系统，不需要单独占地，可节省宝贵的土地资源。

（6）光伏发电无机械传动部件，操作、维护简单，运行稳定可靠。一套光伏发电系统只要有太阳能电池组件就能发电，加之自动控制技术的广泛采用，基本上可实现无人值守，维护成本低。

（7）光伏发电工作性能稳定可靠，使用寿命长（30 年以上）。晶体硅太阳能电池寿命可达 20～35 年。在光伏发电系统中，只要设计合理、造型适当，蓄电池的寿命也可长达 10～15 年。

（8）太阳能电池组件结构简单，体积小，重量轻，便于运输和安装。光伏发电系统建设周期短，而根据用电负荷容量可大可小，方便灵活，极易组合、扩容。

5.2　太阳能充放电管理

随着时代的发展和进步，人类对能源的需求越来越多。而太阳能是取之不尽用之不竭的，太阳能光伏发电是新能源和可再生能源的重要组成部分。在此，根据太阳能光伏电池组件的 $P-V$ 特性曲线，充电器可实现太阳能电池组件最大功率点跟踪，使太阳电池组件输出功率最大（杨永恒等，2011）。

5.2.1　光伏电池 $P-V$ 特性曲线

为了更好地理解光伏电池的特性，根据上面的结论，光伏电池的非线性函数关系绘制出其在日照不同、结温相同和日照相同、结温不同情况下的光伏电池 $I-V$、$P-V$ 特性曲线，如图 5.1、图 5.2 所示。

（1）电池结温不变，日照变化：光照强度不同情况下 $I-V$、$P-V$ 特性曲线

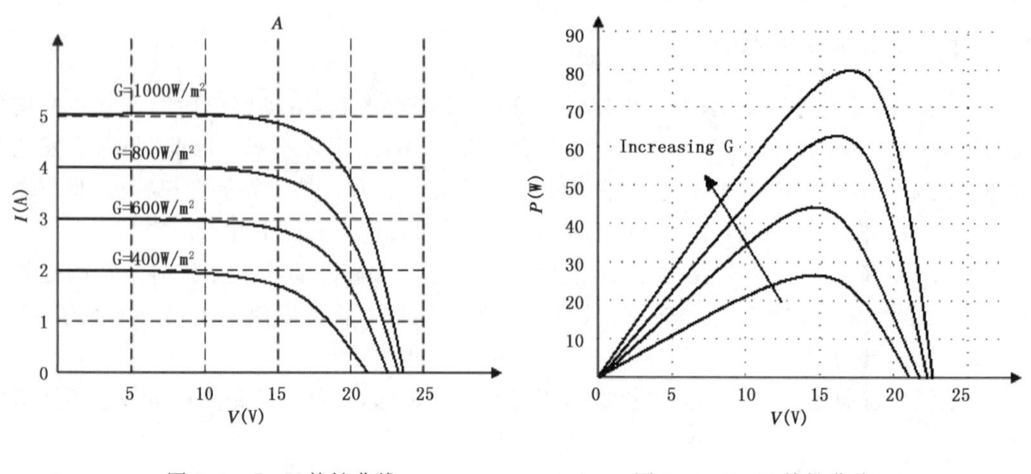

图 5.1 $I-V$ 特性曲线　　图 5.2 $P-V$ 特性曲线

图 5.1 和图 5.2 为光伏电池结温不变、日照强度变化情况下的一组 $I-V$ 和 $P-V$ 特性曲线，从图中可以得出以下结论：

①光伏电池的短路电流随光照强度增强而变大，两者近似为比例关系；光伏电池的开路电压在各种日照条件下变化不大；

②光伏电池的最大输出功率随光照强度增强而变大，且在同一日照环境下有唯一的最大输出功率点。在最大功率点左侧，输出功率随电池端电压上升呈近似线性上升趋势；到达最大功率点后，输出功率开始快速下降，且下降速度远大于上升速度；

③如图 5.1 所示：在虚线 A 的左侧，光伏电池的特性近似为电流源，右侧近似为电压源。虚线 A 对应最大功率点时光伏电池的工作电流，约为电池短路电流的 90%；

④如图 5.2 所示：结温一定的情况下，光伏电池最大功率点对应的输出电压值基本不变。该值约为开路电压的 76%。

(2)电池结温变化，日照不变：光伏器件结温变化情况下 $I-V$、$P-V$ 特性曲线

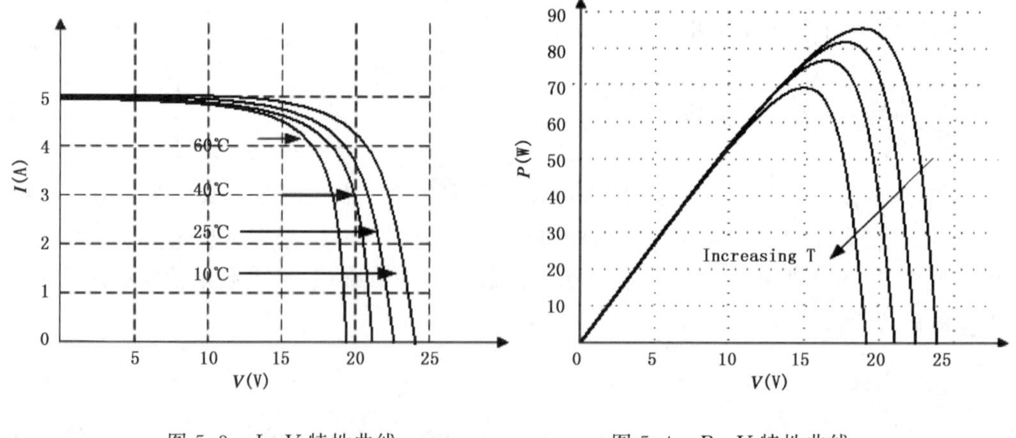

图 5.3 $I-V$ 特性曲线　　图 5.4 $P-V$ 特性曲线

图 5.3 和图 5.4 为光伏电池日照强度不变、结温变化情况下的一组 $I-V$ 和 $P-V$ 特性曲线，从图中可以得出以下结论：

①如图 5.3 所示：光伏电池的结温对光伏电池的短路电流影响不大，随着温度的上升输出短路电流只是略有增加；光伏电池的开路电压随电池结温的上升而下降，且变化范围较大；

②如图 5.4 所示：光伏电池输出功率总的变化趋势与不同日照条件下的功率变化相似。但相同日照情况下其最大输出功率随电池温度的上升而下降，且最大功率点对应的工作电压随温度上升而下降。

综上所述，光伏电池的输出功率与它所受的日照强度、环境温度有密切的关系。在不同外部环境情况下，光伏电池的输出功率会有较大的变化。因此光伏发电系统必须采用相关电路和控制方法对输出功率加以控制使其输出最大功率(李振中，2013)。

5.2.2　光伏充电器

TL494 脉宽调制电路内置一个 5.0V 的基准电压源(图 5.5)，使用外置偏置电路时，可提供高达 10mA 的负载电流，在典型的 0～70℃温度范围 50mV 温漂条件下，该基准电压源能提供±5%的精确度(吴俊娟等，2012)。

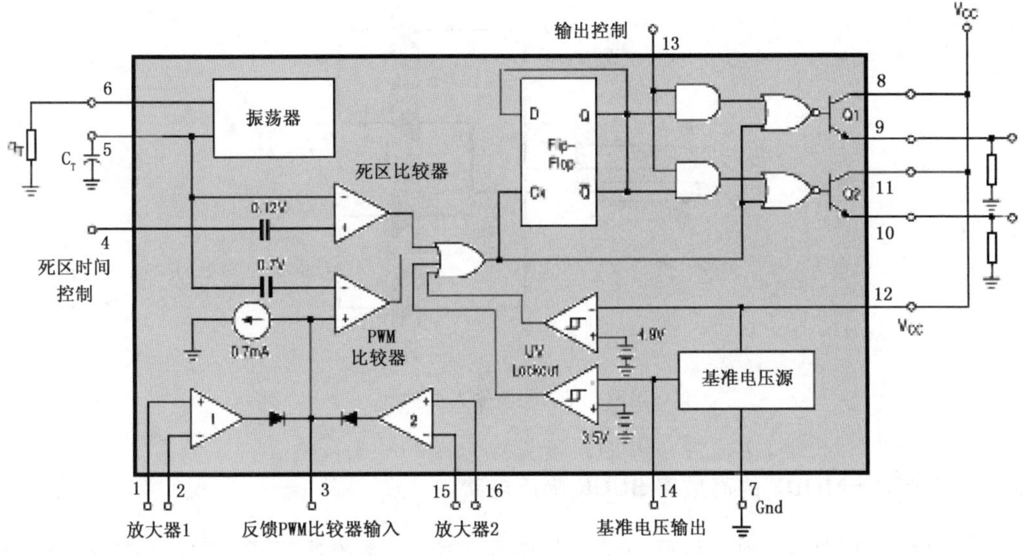

图 5.5　脉宽调制电路

图 5.6 为光伏充电系统原理图，本文设计的光伏充电系统的主电路采用 BUCK 电路拓扑，主要由光伏电池、功率器件、滤波电感、电容、续流二极管、蓄电池组成。

5.3　系统供电管理

5.3.1　电源反接保护电路

电源输入保护如图 5.7 所示，4 根二极管组成的整流桥电路可以使输出正负极固定而与输入电源正负极接法无关，不需要区分外部电源正负极而为系统正常供电。

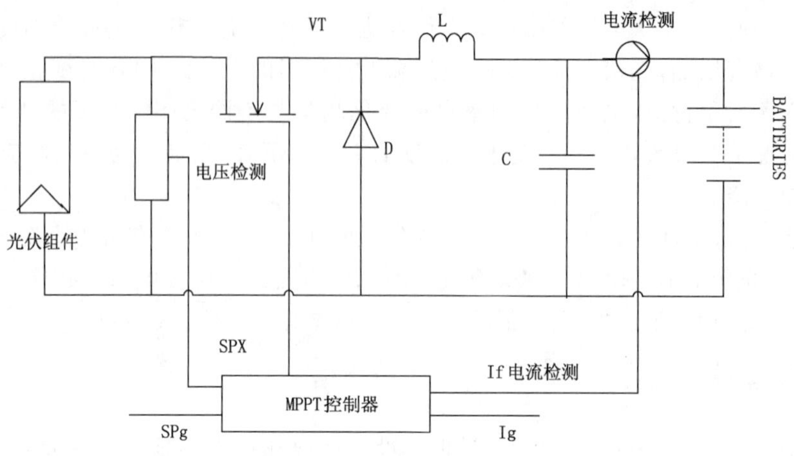

图 5.6 光伏充电原理

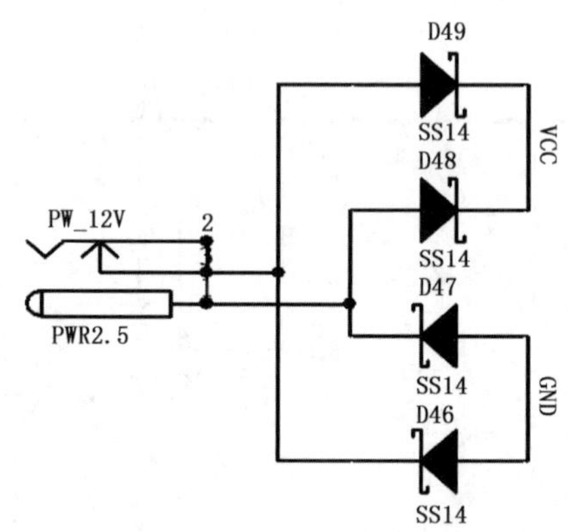

图 5.7 电源输入保护

5.3.2 带 ECO－MODE 的高效率 BUCK 降压电路

带 ECO－MODE 的 BUCK 降压电路如图 5.8 所示，系统选用 TPS54231 把外部电源降到 4.5V 电源，为后级锂电池充电管理和系统供电做前级降压准备。TPS54231D 具有 100mA 的 ECO－MODE，可在轻载时也提供很高的转换效率。TPS54231 采用 BUCK 降压结构，具有 570kHz 的工作开关频率。

图 5.9 所示为 TPS54231 的电路原理图，图 5.9 提供的电路可以实现电压转换并具有较小的电源纹波，又由于其 ECO－MODE 使得轻载电源利用效率远远高于大部分同类型的 DC－DC 变换芯片。且该芯片静态工作电流仅为 110μA，很适合作为对效率要求较高的轻载系统使用。

5.3.3 单节锂电池充电管理

TP4054 是一款完整的单节锂离子电池采用恒定电流/恒定电压线性充电器（图 5.10）。其 SOT 封装与较少的外部元件数目使得 TP4054 成为便携式应用的理想选择。TP4054 可以适合 USB 电源和适配器电源工作。由于采用了内部 PMOSFET 架构，加上防倒充电路，所以

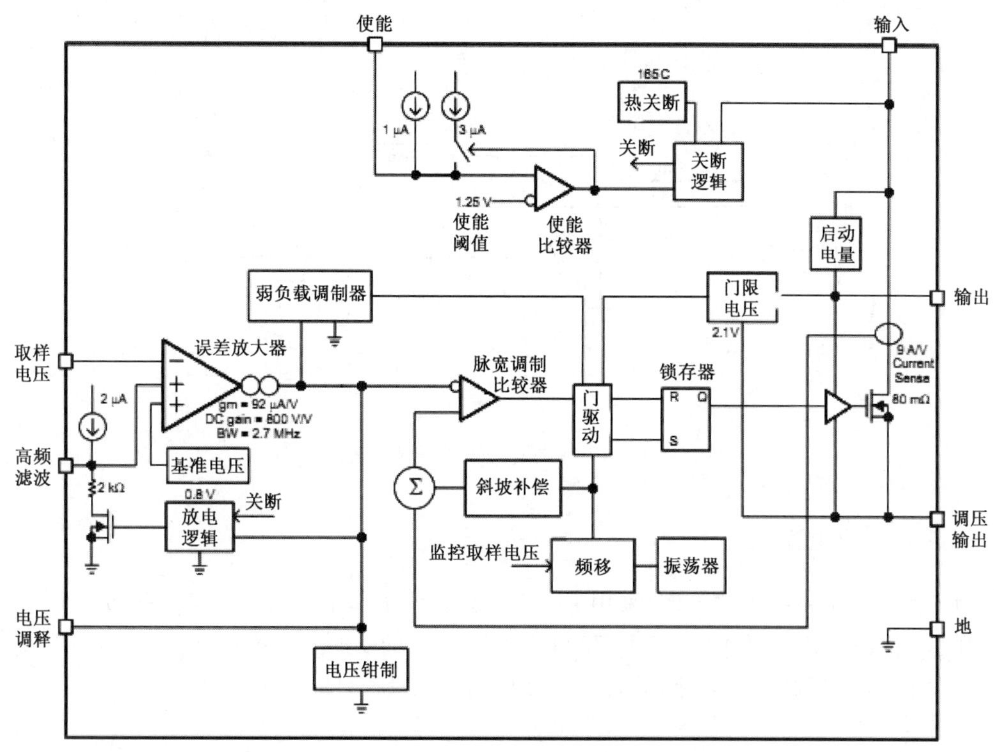

图 5.8　带 ECO－MODE 的 BUCK 降压电路

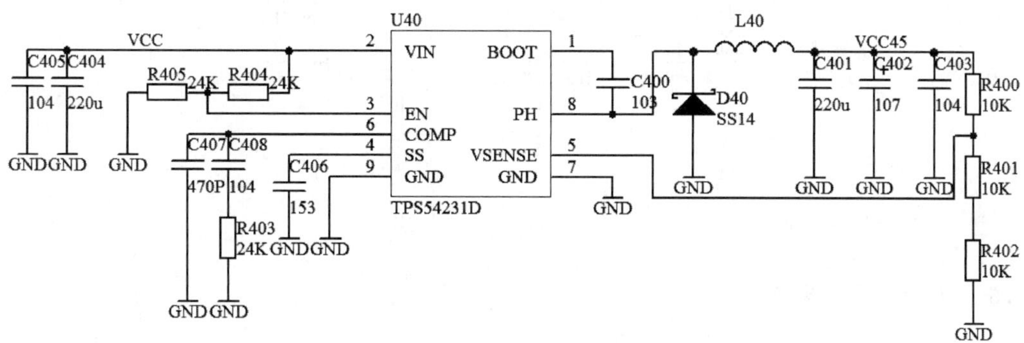

图 5.9　TPS54231 电路原理

不需要外部检测电阻器和隔离二极管。热反馈可对充电电流进行调节，以便在大功率操作或高环境温度条件下对芯片温度加以限制。充电电压固定于 4.2V，而充电电流可通过一个电阻器进行外部设置(李演明等，2013)。

当充电电流在达到最终浮充电压之后降至设定值 1/10 时，TP4054 将自动终止充电循环。当输入电压(交流适配器或 USB 电源)被拿掉时，TP4054 自动进入一个低电流状态，将电池漏电流降至 2μA 以下。也可将 TP4054 置于停机模式，从而将供电电流降至 45μA。TP4054 的其他特点包括充电电流监控器、欠压闭锁、自动再充电和一个用于指示充电结束和输入电压接入的状态引脚。

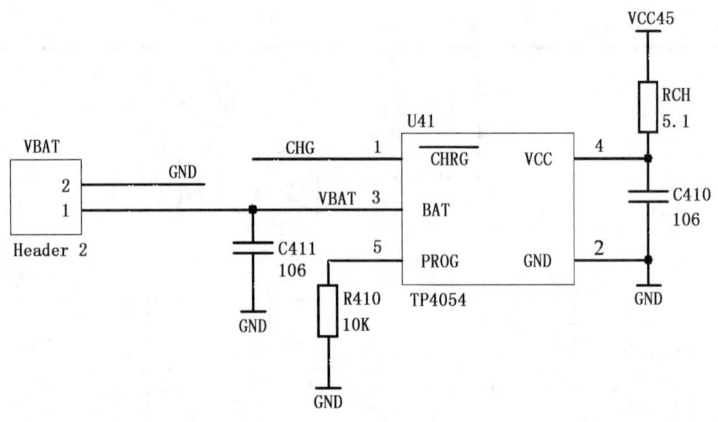

图 5.10 锂电池充电管理电路

5.3.4 系统供电电源

为了保证整个系统正常工作，采用 3.3V 作为系统工作电压，为 MCU，ZigBee，EEPROM 等控制芯片及其外围器件供电。TPS79933 是 200mA 的 LDO，它可在不大于 100mV 压降时提供不大于 200mA 的工作电流，并且具有极低的电源噪声(图 5.11)。

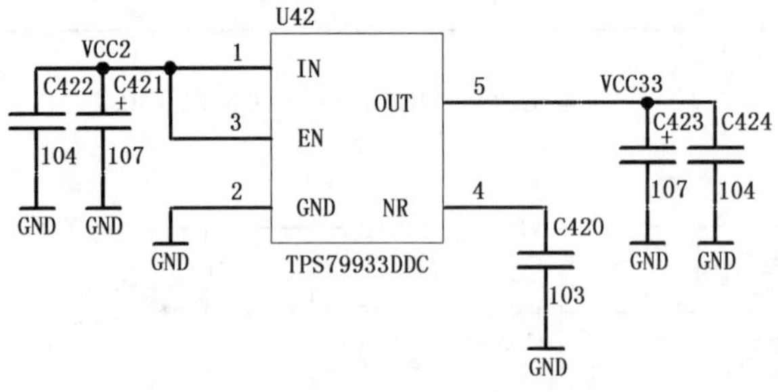

图 5.11 系统电源电路

5.3.5 BOOST 升压电路

针对部分传感器需要 15V 电源电压才能正常工作，采用 TI 公司的集成 DC－DC 芯片 TPS61085 作为 15V 供电解决方案。此电路为 BOOST 升压结构(图 5.12)，可实现最高 18.5V，2A 的电源。

TPS61085(图 5.13)具有不大于 100μA 的超低静态工作电流和很高的电源转换效率，采用 650kHz 和 1.2MHz 两个可选择的开关频率工作范围，这可以较大限度地满足不同应用的需求。

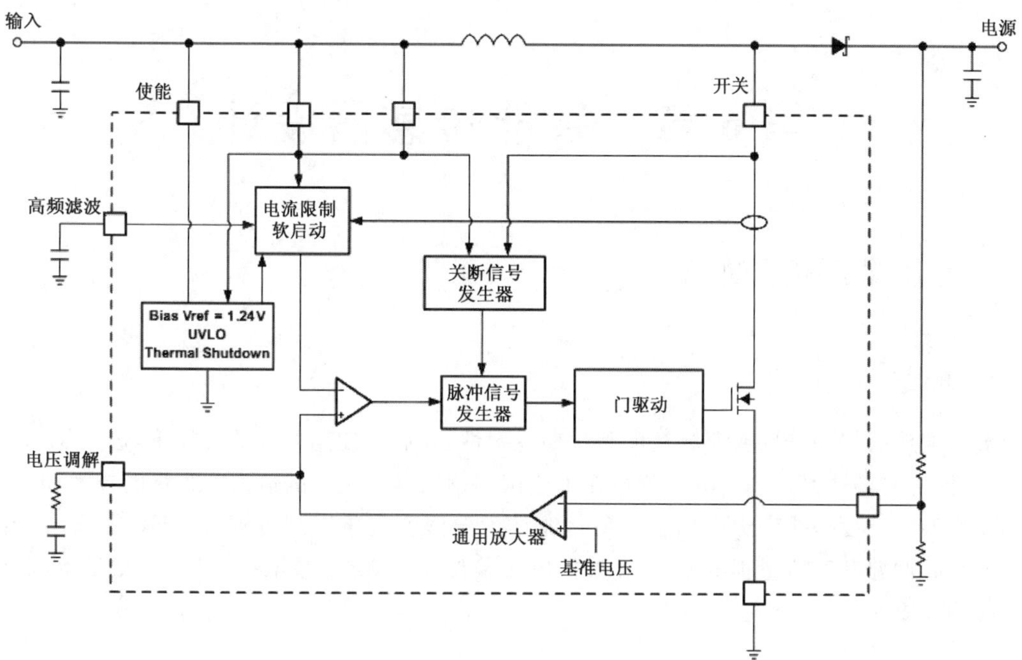

图5.12 BOOST升压电路原理图

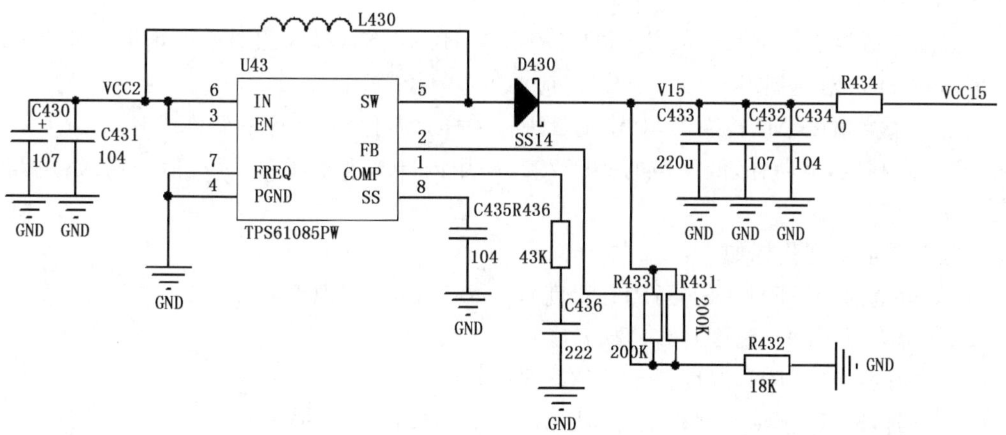

图5.13 15V供电电路

第6章 智能传感器设计

6.1 智能温湿度传感器

6.1.1 概述

温湿度传感器的选取要兼顾精度和长期稳定性，在满足使用要求的前提下，选用长期稳定性高，性能可靠的产品。Rotronic公司在工业探测领域具有很高的造诣和大量的技术积累，该公司生产的温湿度探头广泛应用于气象行业作为温湿度气象探测传感器。HC2－S3温湿度传感器具有两路和对应量程的0～1V模拟电压输出和UART数据输出接口，测量范围满足行业探测要求。

6.1.2 电路设计实现

6.1.2.1 数据采集方式及技术指标

温湿度传感器采用Rotronic生产的气象探头HC2－S3，温度和湿度值均采用模拟输出，输出范围0～1V，对应温度－40～60℃，对应湿度0～100％RH。

使用一个高精度AD转换器，对输出量进行采样，即可得到相应的温度或者湿度值。这里选用16bit高精度，低功耗，低噪声的AD7792，采用内部基准电压1.17V，信号输入范围正好满足条件。

智能温湿度实现指标如下：

(1)测量范围：0％RH～100％RH(湿度)，－40～＋60℃(温度)；

(2)分辨力：1％RH(湿度)，0.1℃(温度)；

(3)准确度：±3％RH(湿度)，±0.5℃(温度)；

(4)数据传输：ZigBee无线传输(默认)，RS232串口传输(可选)；

(5)供电范围：9～21V(太阳能或外部电源，极限供电电压为6～27V，典型供电电压为12V)或单节锂电池(3.7V)；

(6)静态工作电流：2mA；

(7)整机功耗：＜0.35W，常温下典型功耗值为200mW；

(8)采集器工作温度范围：－40～＋85℃。

6.1.2.2 AD采样电路

AD7792为适合高精度测量应用的低功耗、低噪声、完整模拟前端，内置一个低噪声16bitΣ－Δ型ADC，其中含有3个差分模拟输入，还集成了片内低噪声仪表放大器，因而可直接输入小信号(图6.1，图6.2)。当增益设置为64、更新速率为4.17Hz时，均方根(RMS)噪声为40nV。这款器件内置一个精密低噪声、低漂移内部带隙基准电压源，而且也可采用一个外部差分基准电压。其他片内特性包括可编程激励电流源、熔断电流控制和偏置电压产生器。利用偏置电压产生器可将某一通道的共模电压设置为 AVDD/2。可以采用内部时钟或外部时钟工作，输出数据速率可通过软件编程设置，可在 4.17～470Hz 的范围内变化。

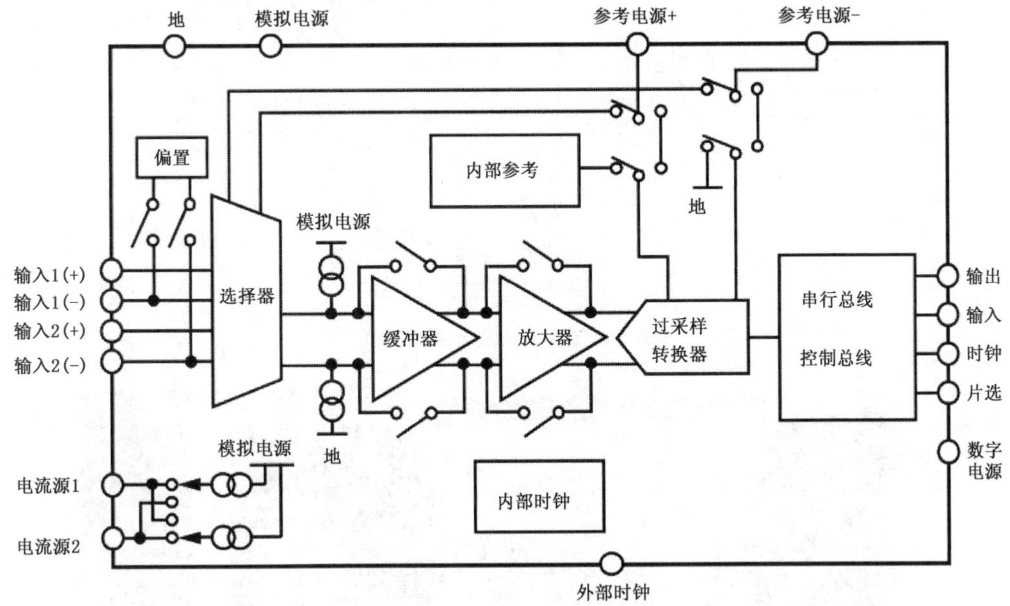

图 6.1 AD7792 结构图

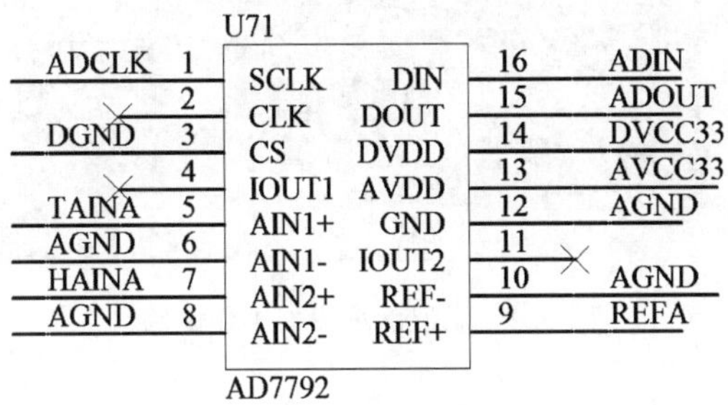

图 6.2 AD7792 连接图

6.1.2.3 整体结构和电路实现

温湿度采集器电路采用 MSP430F149 作为主控电路，承担整个系统的运行和数据处理传输工作。电路硬件框图如图 6.3 所示，该电路具有工频滤波电路，高精度基准电路，从而保证数据采集的精度。

图 6.4 为温湿度采集器工作电路图，一块 128×64 分辨率的显示屏调试系统。从显示屏里面可以看到传感器读数以及系统运行状态，这样大大方便了系统调试运行和故障分析。

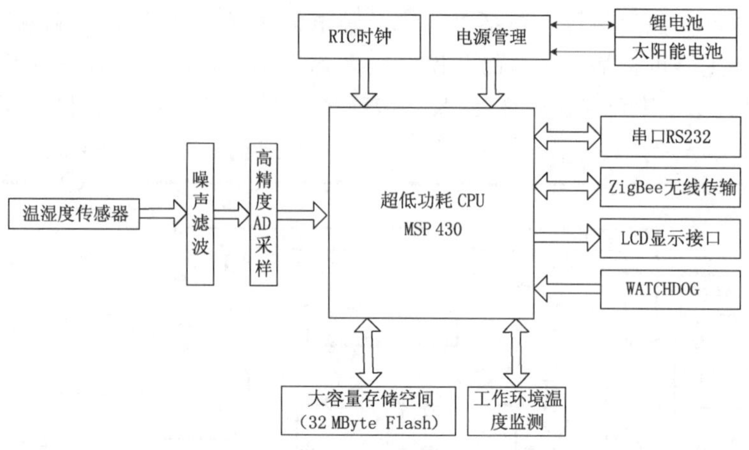

图 6.3　温湿度采集器硬件框图

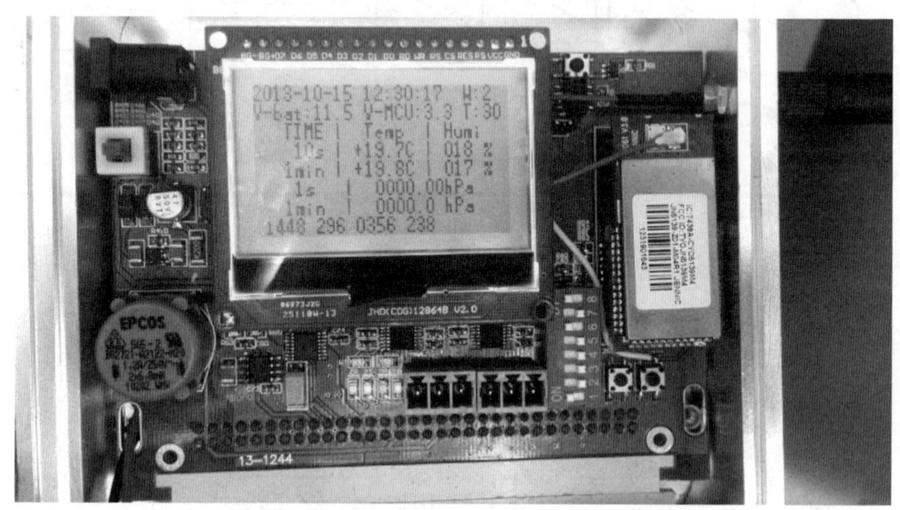

图 6.4　温湿度采集器工作电路

6.1.3　算法和软件设计

6.1.3.1　SPI 时序设计

串行外设接口 (serial peripheral interface,SPI)总线系统是一种同步串行外设接口,它可以使 MCU 与各种外围设备以串行方式进行通信以交换信息。外围设备包括 FLASHRAM、网络控制器、LCD 显示驱动器、A/D 转换器和 MCU 等。SPI 总线系统可直接与各个厂家生产的多种标准外围器件直接接口,该接口一般使用 4 条线:串行时钟线(SCLK)、主机输入/从机输出数据线 MISO、主机输出/从机输入数据线 MOSI 和低电平有效的从机选择线 NSS(有的 SPI 接口芯片带有中断信号线 INT、有的 SPI 接口芯片没有主机输出/从机输入数据线 MOSI)。

典型的 SPI 模块实现如图 6.5 所示。SPI 三个主要的寄存器分别为:控制寄存器 SPCR,状态寄存器 SPSR,数据寄存器 SPDR。符合 SPI 标准的器件与控制器的 SPI 接口相连后,通过对 SPI 接口简单的寄存器配置，就可以通过该总线与器件通信。

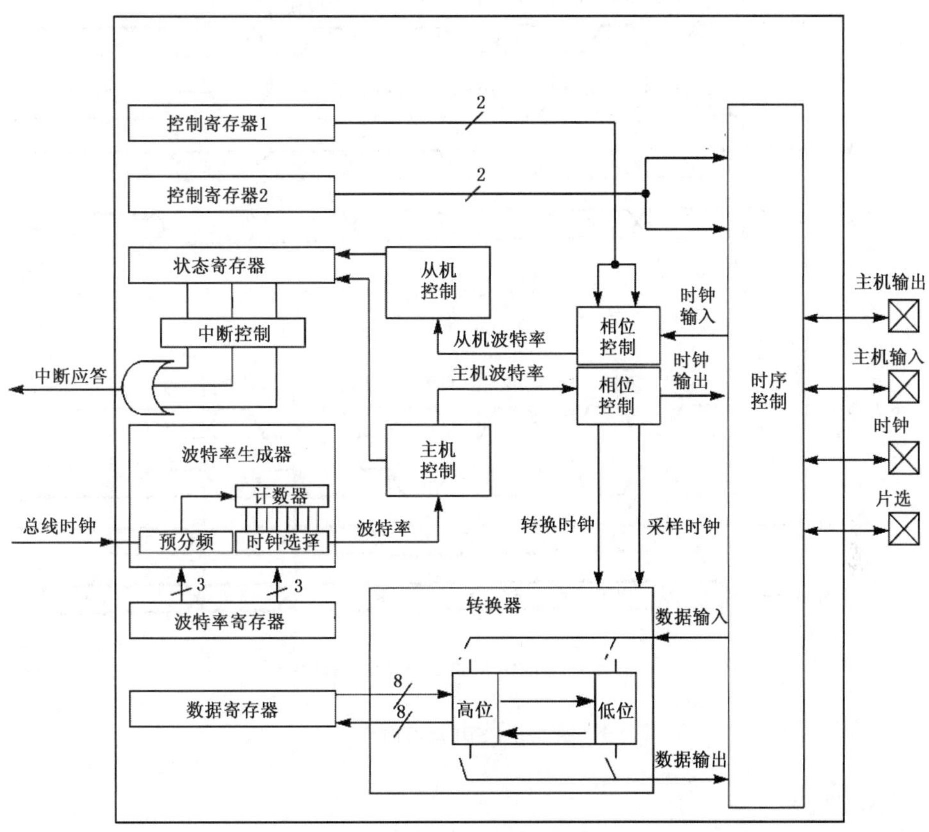

图 6.5　SPI 模块原理

SPI 模块为了和外设进行数据交换，根据外设工作要求，其输出串行同步时钟极性和相位可以进行配置，时钟极性（CPOL）对传输协议没有重大的影响。如果 CPOL=0，串行同步时钟的空闲状态为低电平；如果 CPOL=1，串行同步时钟的空闲状态为高电平。时钟相位（CPHA）能够配置用于选择两种不同的传输协议之一进行数据传输。如果 CPHA=0，在串行同步时钟的第一个跳变沿（上升或下降）数据被采样；如果 CPHA=1，在串行同步时钟的第二个跳变沿（上升或下降）数据被采样。SPI 主模块和与之通信的外设时钟相位和极性应该一致。SPI 总线接口时序如图 6.6 所示。

6.1.3.2　数据处理算法

温湿度 1min 数据处理采用算术平均法，其具体计算公式为

$$\overline{Y} = \frac{\sum_{i=1}^{N} y_i}{m} \tag{6.1}$$

式中，$\overline{Y}$ 为观测时段内温度或者相对湿度的平均值；y_i 为观测时段内第 i 个的温度或者相对湿度采样瞬时值（样本），其中，“错误”、“可疑”等非“正确”的样本应丢弃而不用于计算，即令 $y_i=0$；N 为观测时段内的样本总数，由“采样频率”和“平均值时间区间”决定；m 为观测时段内“正确”的样本数（$m \leqslant N$）。

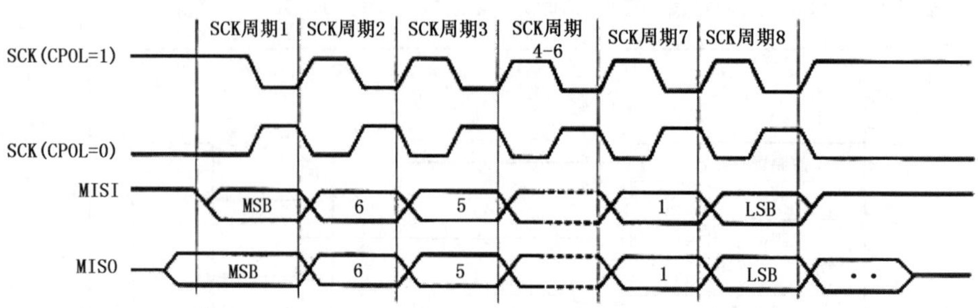

CPHA=0时SPI总线数据传输时序

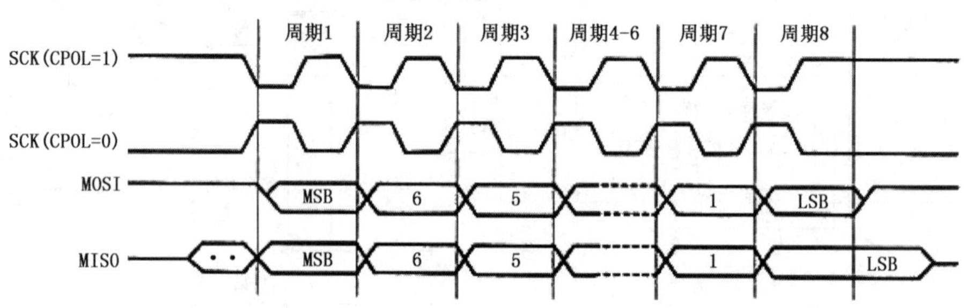

CPHA=1时SPI总线数据传输时序

图 6.6　SPI 总线时序

6.1.3.3　质量控制算法

为保证观测数据质量，应对测量数据进行数据质量控制，在智能传感器的嵌入式软件中完成量级质量控制：对采样瞬时值的质量控制，对瞬时气象值的质量控制。

(1)对采样瞬时值的质量控制

对采样瞬时值变化极限范围的检查；

对采样瞬时值变化速率的检查。

(2)对瞬时气象值的质量控制

1)对瞬时气象值变化极限范围的检查；

2)对瞬时气象值变化速率的检查：

检查瞬时气象值的最大允许变化速率；

检查瞬时气象值的最小应该变化速率；

标准偏差的计算。

3)内部一致性检查。

数据质量控制过程中，需要对采样瞬时值和瞬时气象值是否经过数据质量控制以及质量控制的结果进行标识，这种标识用于定性描述数据置信度。标识的规定见表 6.1。

表 6.1 数据质量控制标识

标识代码值	描述
0x09	“没有检查”:该变量没有经过任何质量控制检查。
0x00	“正确”:数据没有超过给定界限。
0x01	“存疑”:不可信的。
0x02	“错误”:错误数据,已超过给定界限。
0x08	“缺失”:缺失数据。
0x0F	没有配置安装传感器,无数据。

一个“正确”的采样瞬时值,应在传感器的测量范围内,且相邻两个值最大变化值在允许范围内。其判断条件见表 6.2。

表 6.2 “正确”的采样瞬时值的判断条件

气象变量	传感器测量范围下限	传感器测量范围上限	允许最大变化值
温度(℃)	−40	+60	2
湿度(%)	0	100	5

(1)极限范围检查

验证每个采样瞬时值,应在传感器的正常测量范围内。

未超出的,标识“正确”;超出的,标识“错误”。

标识“错误”的,不可用于计算瞬时气象值。

(2)变化速率检查

验证相邻采样瞬时值之间的变化量,检查出不符合实际的跳变。

每次采样后,将当前采样瞬时值与前一个采样瞬时值做比较。若变化量未超出允许的变化速率,标识“正确”;若超出,标识“存疑”。标识“存疑”的,不能用于计算瞬时气象值,但仍用于下一次的变化速率检查(即将下一次的采样瞬时值与该“存疑”值作比较)。该规程的执行结果是,如果发生大的噪声,将有一个或两个连续的采样瞬时值不能用于计算。

应有大于 66%(2/3)的采样瞬时值可用于计算瞬时气象值(平均值)。若不符合这一质量控制规程,则判定当前瞬时气象值计算缺少样本,标识为“缺失”。

(1)“正确”数据的基本条件

一个“正确”的瞬时气象值,不能超出规定的界限,相邻两个值的变化速率应在允许范围内,在一个持续的测量期(60min)内应该有一个最小的变化速率。“正确”数据的判断条件见表 6.3。

表 6.3 “正确”的瞬时气象值的判断条件

气象变量	下限	上限	存疑的变化速率	错误的变化速率	[过去 60min] 最小应该变化的速率
温度(℃)	−40	+60	3	5	0.1
相对湿度(%)	0	100	10	15	1(U<95%)

表 6.3 中“下限”和“上限”的值是可以根据季节和自动气象站安装地的气候条件进行设置

的，可以分三种情况：

根据当地的气候极值作适当放宽，确定每个要素“正确”数据的下限和上限；

以传感器的测量范围定为每个要素“正确”数据的下限和上限；

设置宽范围和通用的值。

(2)极限范围检查

验证瞬时气象值，应在可接受的界限(下限、上限)范围内；

未超出的，标识“正确”；超出的，若下限和上限值由当地气候极值确定，则标识为“存疑”，若下限和上限值按传感器的测量范围或宽范围和通用的值确定，则标识“错误”。

(3)变化速率检查

验证瞬时气象值的变化速率，检查出不符合实际的尖峰信号或跳变值，以及由传感器故障引起的测量死区。

①瞬时气象值的“最大允许变化速率”

当前瞬时气象值与前一个值的差大于表 6.1 中“存疑的变化速率”，则当前瞬时气象值通不过检查，标识为“存疑”。若大于表 6.1 中的“错误的变化速率”，则标识为“错误”。

在极端天气条件下，气象变量可能会发生不同寻常的变化，这种情况下，正确的数据也有可能被标上“存疑”。所以，“存疑”的数据不能被丢弃，而应传输至[终端]微机或中心站，有待作进一步验证。

②瞬时气象值的“[过去 60min]最小应该变化的速率”

由表 6.3 可知，瞬时气象值的示值更新周期都为 1min，也就是说瞬时气象值每分钟都被接受检查。

在过去的 60min 内，规定气象瞬时值的“最小应该变化的速率”，同样能帮助验证该值是正确的还是错误的。

如果这个值未能通过最小应该变化速率的检查，应标记“存疑”。

6.1.3.4 嵌入式软件构架

温湿度软件是整个温湿度测试系统的灵魂，直接决定了温湿度气象分站系统的性能，在设计上充分考虑设计的可移植性、处理速度和可靠性等要求，运用了多中断处理技术、串行顺序处理技术和循环查询处理技术等处理技术，基于 16bit 的超低功耗精简指令集单片机，完成了系统软件的架构设计与实现。

根据智能气象站温湿度分系统的任务需求以及相关的气象行业规范，该软件要实现的基本功能如下：

(1)温湿度要素数据的实时采集和数据处理；

(2)实时时钟的读取和时间要素的增加；

(3)分钟数据和小时数据的存储；

(4)接收 PC 串口命令，并根据命令执行相应工作，返回信息；

(5)实时唤醒 ZigBee，向 ZigBee 发送数据；

(6)定时输出喂狗信号，防止程序跑飞。

温湿度分站软件结构框图如图 6.7 所示，图中主要包括温湿度系统初始化、温湿度数据采集、实时时钟、主系统运行以及通信单元等功能模块。

温湿度系统初始化的主要功能是完成整个温湿度系统的启动和各个功能单元的初始化设

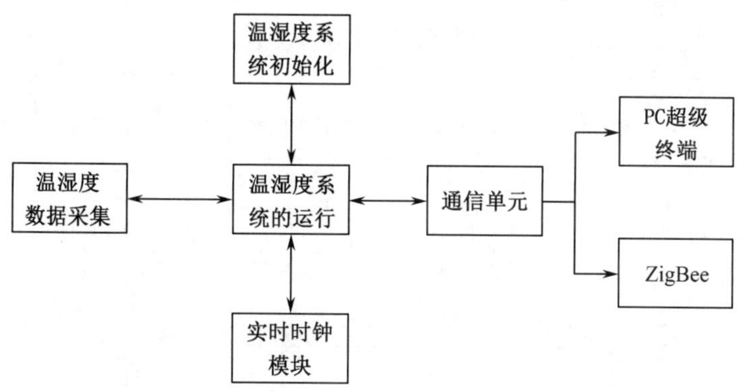

图 6.7　温湿度软件结构框图

定。温湿度系统初始化的结构框图如图 6.8 所示。初始化包括关闭内部看门狗、初始化系统时钟、初始化温湿度采集单元、初始化实时时钟、初始化 EEPROM、初始化串口通信模块、初始化显示模块、从 EEPROM 中读取参数等。

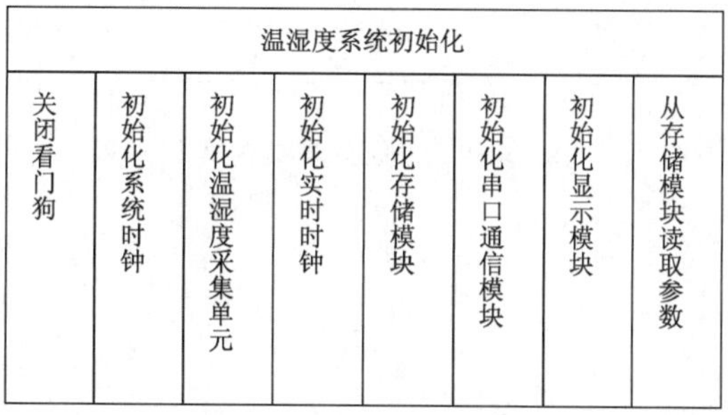

温湿度系统初始化							
关闭看门狗	初始化系统时钟	初始化温湿度采集单元	初始化实时时钟	初始化存储模块	初始化串口通信模块	初始化显示模块	从存储模块读取参数

图 6.8　温湿度系统初始化

温湿度系统的运行作为软件设计的主控制部分，主要完成各个单元的协调和中断的处理，从而起到任务调配的功能。其结构细分如图 6.9 所示。温湿度系统运行包括温湿度数据的采集、PC 端串口命令的中断处理、每分钟数据帧的发送、每小时状态帧的发送、系统运行电压和温度的采集、温湿度数据的处理、ZigBee 的唤醒、喂狗信号的产生等。

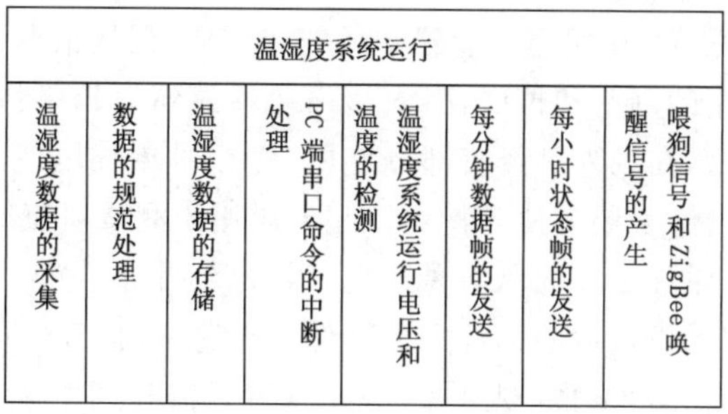

温湿度系统运行							
温湿度数据的采集	数据的规范处理	温湿度数据的存储	PC 端串口命令的中断处理	温湿度系统运行电压和温度的检测	每分钟数据帧的发送	每小时状态帧的发送	喂狗信号和 ZigBee 唤醒信号的产生

图 6.9　温湿度系统运行

温湿度分站整个系统基于 MSP430F149 超低功耗、16bit 单片机，MSP430F149 是 TI 公司开发的一款功能强大、外设丰富的精简指令集单片机。整个系统的处理结构框图如图 6.10 所示，图中系统和 PC 以及 ZigBee 的通信都采用串口协议实现。

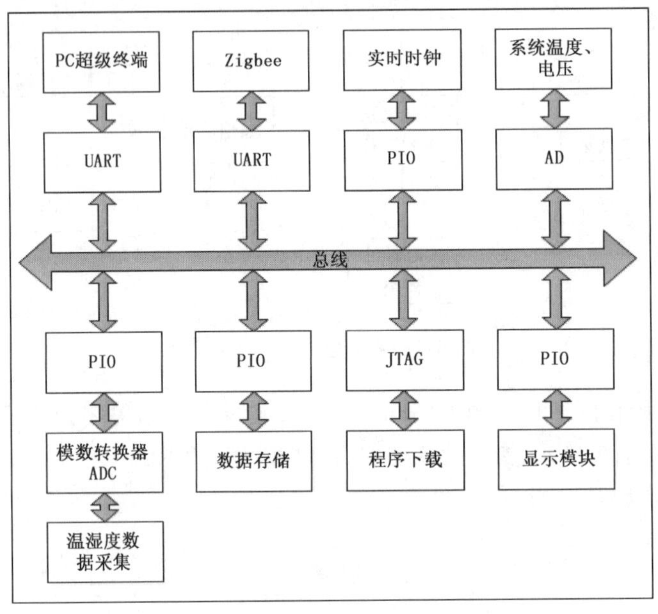

图 6.10 系统处理结构框图

6.2 智能风传感器

6.2.1 概述

目前行业应用的风传感器有两类，一类是风向和风速两要素独立为两个单独传感器，风速测量普遍采用风杯，风向测量则采用风向标传感器；另一类为一体风传感器，该传感器可同时采集风速和风向数据。这两种传感器均需要通过机械运动作为传感器感知来源。这些传感器的优点显而易见，结构相对简单，技术难度低，测量值比较准确。同时，这些传感器也有明显的不足：1. 作为一种必须露天放置的传感器，长期的机械运动会致使器件老化加速，准确性降低；2. 传感器需要一定强度的作用力才能感知风速或风向，低速情况下数据准确性很差。

作为对行业常规应用的创新和扩展，引入超声风传感器。超声传感器作为目前气象行业类一个新型的传感器类型，在国外已经有部分应用，它相对传统风传感器具有无需启动风速，探测精度高，长期稳定性好，安装方便等特点。超声风用于测量风速风向理论研究已经非常完善，并且一些用超声测速原理生产的风向风速传感器已经非常成熟。这些传感器具备微风到超强风同样的测量精度，无机械运动部件大大降低老化速率，提升平均无故障时间以及长期稳定性。作为对比和实验研究，采用常规风杯，一体风传感器和超声风传感器的组合，分别采集三组传感器的数据，作为研究和应用。

中环天仪股份有限公司作为国内主要的气象传感器供应商之一，其生产的风速风向传感器已经普遍应用于业务应用，可以选用其生产的 EL15－1A 型杯式风速传感器和 EL18－1 型一体风传感器。Vaisala 公司是全球著名的工业仪器测量设备制造商，致力于在全球范围内研发、生产、销售环境和工业测量产品，选用 WMT52 型数字式二维超声风传感器（张世昌等，2010）。

EL15 型风速传感器采用脉冲输出方式，通过单位时间内脉冲的数量即可得到当前的风速值。EL18 型一体风传感器，风速同样采用脉冲输出，风向数据采用格雷码输出，故通过脉冲测量的到风速数据，通过格雷码解码得到风向数据。而 WMT52 超声风传感器为智能数字传感器，其数据处理后通过 UART 输出，只需要通过接口读取数据即可。

6.2.2　电路设计实现

6.2.2.1　数据采集方式及技术指标

使用一体风传感器，杯式风传感器和超声风传感器作为风测量数据。其中：一体风传感器提供风速和风向数据，风速数据通过脉冲输出，风向数据通过八位格雷码输出；杯式风速传感器提供风速数据，通过脉冲形式输出；超声风传感器提供风速和风向数据，数据通过数字化后串口输出。

智能风测量站实现指标如下：

(1)风速测量范围：0～90m/s；

(2)风向测量范围：0°～360°；

(3)风速分辨力：0.1m/s；

(4)风向分辨力：1°；

(5)风速准确度：±(0.3+3%)m/s；

(6)启动风速：0.3m/s；

(7)数据传输：ZigBee 无线传输(默认)，RS232 串口传输(可选)；

(8)供电范围：9～21V(太阳能或外部电源，极限供电电压为 6～27V，典型供电电压为 12V)或单节锂电池(3.7V)；

(9)静态工作电流：1.2mA；

(10)整机功耗 1(带 EL－18 型联合风传感器，EL15－1A 杯式风速传感器，WMT52 超声风传感器)：<0.75W，常温下典型功耗值为 583mW；

(11)功耗 2(只带超声风传感器)：<0.35W，常温下典型功耗 272mW；

(12)采集器工作温度范围：－40～＋85℃。

6.2.2.2　传感器前端信号处理

一体风传感器和杯式风传感器均采用 15V 供电，其输出信号幅度为 15V，为了匹配格雷码输入单片机 IO 口和脉冲输出触发器口的电平幅度，采用了一个电阻网络(图 6.11)，通过合适的电阻取值，在不破坏原信号的情况下使传感器信号能适用单片机和触发器输入。

6.2.2.3　多路 RS232 电平转换器

MAX3387 是一款低电压供电，低功耗，三路全双工 RS232 电平转换器(图 6.12)，可以支持高达 250Kbps 的传输速率，输出端口具备±15kV 的 ESD 保护，并具备自动关闭功能，当 30s 内没有数据传输时，芯片通过内部逻辑自动关闭，从而使消耗电流低至 1μA。

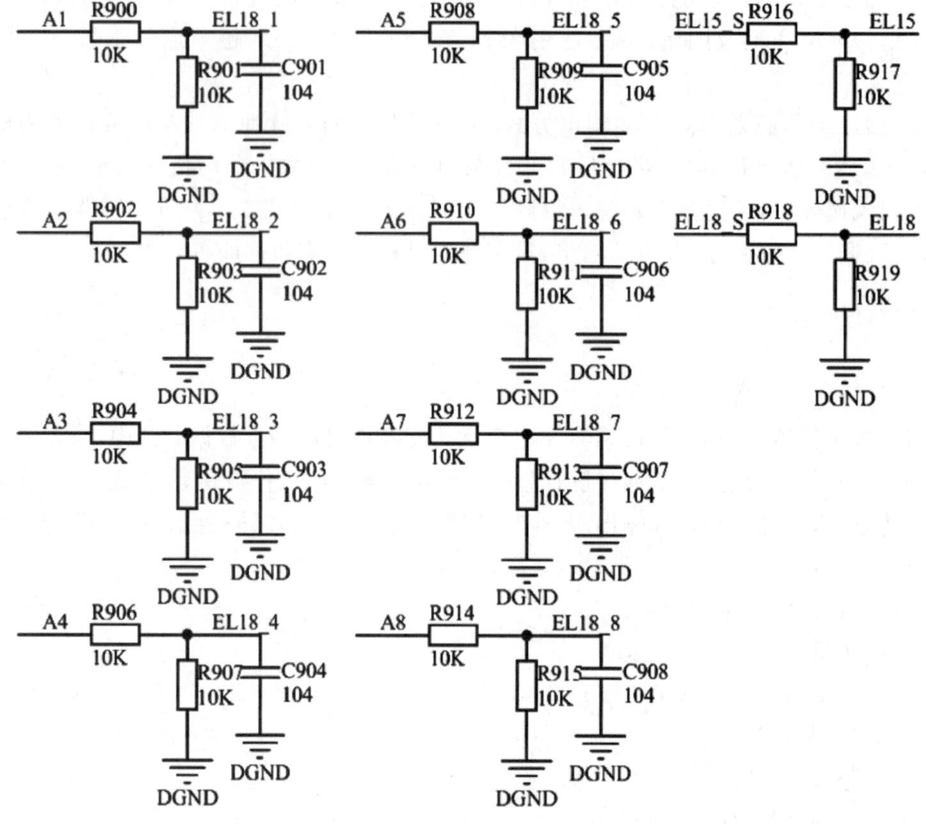

图 6.11 电平变换电阻网络

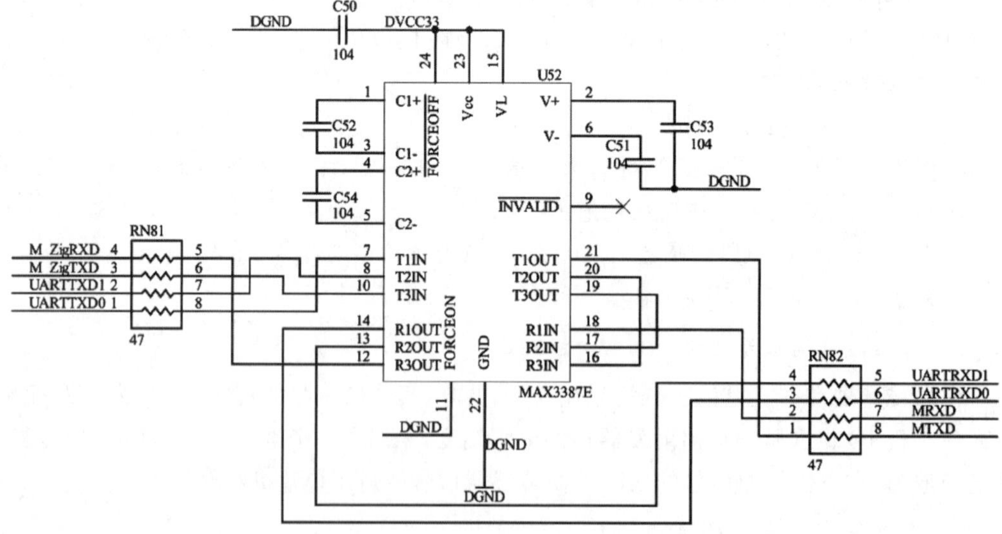

图 6.12 多路 RS232 电路

6.2.2.4　整体结构和电路实现

风速风向传感器可接一个联合风传感器，一个杯式风速传感器两个常规风传感器，并且该电路还支持一路新技术的超声风传感器，这不仅丰富了测量手段，而且通过运用新技术，推动了气象台站测量的水平增长。图6.13为该采集器电路硬件框图，从图6.13中可以看出该电路采用了电平转换电路，信号处理电路作为传感器前端接口，同时，采用稳定的外部看门狗保证整体运行可靠性。

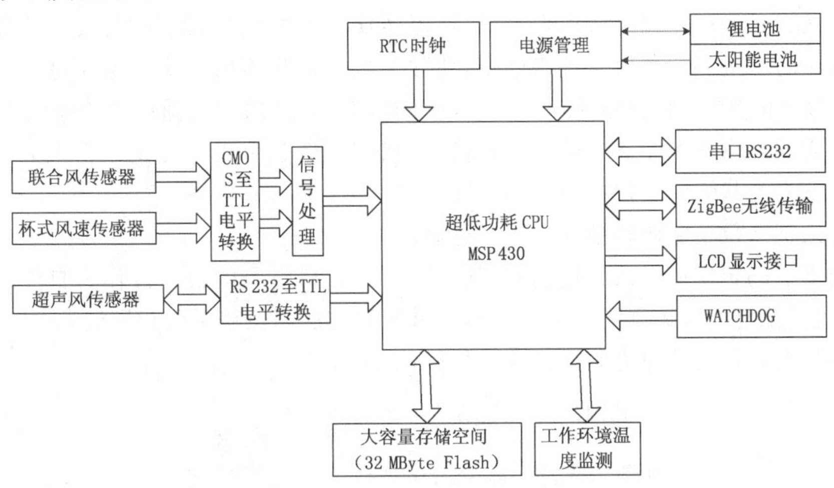

图6.13　风采集器硬件框图

图6.14为风采集器电路图，该电路实现了三种风传感器数据采集，并对每个传感器数据进行相应处理和质控，并最终通过ZigBee无线传输至上位机。

图6.14　风采集器工作电路

6.2.3 算法和软件设计

6.2.3.1 八位格雷码算法

格雷码是一种无权码，采用绝对编码方式，典型格雷码是一种具有反射特性和循环特性的单步自补码，它的循环、单步特性消除了随机取数时出现重大误差的可能，它的反射、自补特性使得求反非常方便(王则林等，2012)。格雷码属于可靠性编码，是一种错误最小化的编码方式，因为，自然二进制码可以直接由数/模转换器转换成模拟信号，但某些情况，例如从十进制的 3 转换成 4 时二进制码的每一位都要变，使数字电路产生很大的尖峰电流脉冲。而格雷码则没有这一缺点，它是一种数字排序系统，其中的所有相邻整数在它们的数字表示中只有一个数字不同。它在任意两个相邻的数之间转换时，只有一个数位发生变化。它大大地减少了由一个状态到下一个状态时逻辑的混淆。

下面讨论把八位格雷码转换成自然二进制码。

二进制格雷码转换成自然二进制码，其法则是保留格雷码的最高位作为自然二进制码的最高位，而次高位自然二进制码为高位自然二进制码与次高位格雷码相异或，而自然二进制码的其余各位与次高位自然二进制码的求法相类似(图 6.15)。

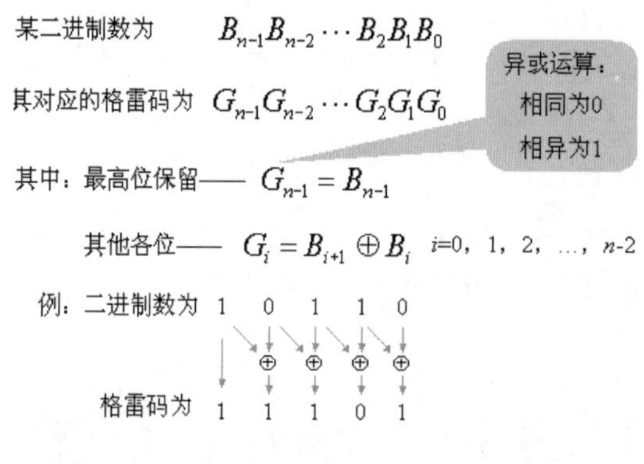

图 6.15 格雷码解码原理

6.2.3.2 脉冲计数原理

一体风和杯式风风速输出均为脉冲信号，只有精确测量脉冲个数才能准确地得到风速值。由于气象数据采样要求每分钟 60 个，采用 1s 作为计数宽度，通过单片机内部定时器 B 建立一个 1s 中断定时器。

通过定时器 A 输入捕获脉冲信号，利用外部信号的上升沿、下降沿或上升下降沿触发来测量外部或内部事件，也可以由软件停止。捕获源可以由 CCISx 选择 CCIxA，CCIxB，GND，VCC，完成捕获后相应的捕获标志位 CCIFGx 置一。利用捕获源的来触发捕获 TAR 的值，并将每次捕获的值都保存到 TACCRx 中，可以随时读取 TACCRx 的值，TACCRx 是个 16bit 的寄存器，捕获模式用于事件的精确定位。

6.2.3.3 数据处理算法

3s 平均风速、10min 平均风速等气象变量平均值的计算公式为

$$\overline{Y_n} = \frac{\sum_{i=a}^{n} y_i}{m} \tag{6.2}$$

式中，$\overline{Y_n}$为第 n 次计算的气象变量的平均值；y_i 为第 i 个样本值，其中，“错误”、“可疑”等非“正确”的样本应丢弃而不用于计算；a 为在移动着的平均值时间区间内的第 1 个样本：当 $n \leqslant N$ 时 $a=1$，当 $n>N$ 时 $a=n-N+1$；N 为平均值时间区间内的样本总数，由采样频率和平均值时间区间决定；m 为在移动着的平均值时间区间内“正确”的数据样本数（$m \leqslant N$）。

3s 平均风向、1min 平均风向、2min 平均风向、10min 平均风向等气象变量平均值的计算公式为

$$\overline{W}_D = \arctan \frac{\overline{X}}{\overline{Y}} \tag{6.3}$$

$$\overline{X} = \frac{1}{N} \times \sum_{i=1}^{N} \sin D_i$$

$$\overline{Y} = \frac{1}{N} \times \sum_{i=1}^{N} \cos D_i \tag{6.4}$$

式中，$\overline{W_D}$为观测时段内的平均风向；D_i 为观测时段内第 i 个风矢量的幅角（与 y 轴的夹角）；$\overline{X}$ 为观测时段内单位矢量在 x 轴（西东方向）上的平均分量；$\overline{Y}$ 为观测时段内单位矢量在 y 轴（南北方向）上的平均分量；N 为观测时段内的样本数，由“采样频率”和“平均值时间区间”决定。

海上浮标、船舶的风向采样瞬时值应作浮标、船舶方位的修正，用修正后值作为风矢量的幅角。

以下是平均风向的修正公式：

应根据 $\overline{X}$、$\overline{Y}$ 的正负，对$\overline{W_D}$进行修正。

$\overline{X}>0$、$\overline{Y}>0$，$\overline{W_D}$无需修正。

$\overline{X}>0$、$\overline{Y}<0$ 或 $\overline{X}<0$、$\overline{Y}<0$，$\overline{W_D}$加 180°。

$\overline{X}<0$、$\overline{Y}>0$，$\overline{W_D}$加 360°。

6.2.3.4　质量控制算法

(1)对采样瞬时值的质量控制

对采样瞬时值变化极限范围的检查；

对采样瞬时值变化速率的检查。

(2)对瞬时气象值的质量控制

1)对瞬时气象值变化极限范围的检查；

2)对瞬时气象值变化速率的检查：

检查瞬时气象值的最大允许变化速率；

检查瞬时气象值的最小应该变化速率；

标准偏差的计算。

3)内部一致性检查。

数据质量控制过程中，需要对采样瞬时值和瞬时气象值是否经过数据质量控制以及质量控制的结果进行标识，这种标识用于定性描述数据置信度。标识的规定见表 6.4。

表 6.4 数据质量控制标识

标识代码值	描述
0x09	“没有检查”:该变量没有经过任何质量控制检查
0x00	“正确”:数据没有超过给定界限
0x01	“存疑”:不可信的
0x02	“错误”:错误数据,已超过给定界限
0x08	“缺失”:缺失数据
0x0F	没有配置安装传感器,无数据

一个“正确”的采样瞬时值,应在传感器的测量范围内,且相邻两个值最大变化值在允许范围内。其判断条件见表 6.5。

表 6.5 “正确”的采样瞬时值的判断条件

气象变量	传感器测量范围下限	传感器测量范围上限	允许最大变化值
风速(m/s)	0	90	20
风向(°)	0	360	—

(1)极限范围检查

验证每个采样瞬时值,应在传感器的正常测量范围内。

未超出的,标识“正确”;超出的,标识“错误”。

标识“错误”的,不可用于计算瞬时气象值。

(2)变化速率检查

验证相邻采样瞬时值之间的变化量,检查出不符合实际的跳变。

每次采样后,将当前采样瞬时值与前一个采样瞬时值做比较。若变化量未超出允许的变化速率,标识“正确”;若超出,标识“存疑”。标识“存疑”的,不能用于计算瞬时气象值,但仍用于下一次的变化速率检查(即将下一次的采样瞬时值与该“存疑”值作比较)。该规程的执行结果是,如果发生大的噪声,将有一个或两个连续的采样瞬时值不能用于计算。

应有大于 66%(2/3)的采样瞬时值可用于计算瞬时气象值(平均值)。若不符合这一质量控制规程,则判定当前瞬时气象值计算缺少样本,标识为“缺失”。

(1)“正确”数据的基本条件

一个“正确”的瞬时气象值,不能超出规定的界限,相邻两个值的变化速率应在允许范围内,在一个持续的测量期(60min)内应该有一个最小的变化速率。“正确”数据的判断条件见表 6.6。

表 6.6 “正确”的瞬时气象值的判断条件

气象变量	下限	上限	存疑的变化速率	错误的变化速率	[过去 60 分钟]最小应该变化的速率
风向	0°	360°	—	—	—
风速(2min,5min)	0m/s	75m/s	10m/s	20m/s	—
瞬时风速	0m/s	150m/s	10m/s	20m/s	—

表 6.6 中“下限”和“上限”的值是可以根据季节和自动气象站安装地的气候条件进行设置的，可以分三种情况：

1)根据当地的气候极值作适当放宽，确定每个要素“正确”数据的下限和上限；

2)以传感器的测量范围定为每个要素“正确”数据的下限和上限；

3)设置宽范围和通用的值。

(2)极限范围检查

验证瞬时气象值，应在可接受的界限(下限、上限)范围内；

未超出的，标识“正确”；超出的，若下限和上限值由当地气候极值确定，则标识为“存疑”，若下限和上限值按传感器的测量范围或宽范围和通用的值确定，则标识“错误”。

(3)变化速率检查

验证瞬时气象值的变化速率，检查出不符合实际的尖峰信号或跳变值，以及由传感器故障引起的测量死区。

1)瞬时气象值的“最大允许变化速率”

当前瞬时气象值与前一个值的差大于表 6.4 中“存疑的变化速率”，则当前瞬时气象值通不过检查，标识为“存疑”。若大于表 6.4 中的“错误的变化速率”，则标识为“错误”。

在极端天气条件下，气象变量可能会发生不同寻常的变化，这种情况下，正确的数据也有可能被标上“存疑”。所以，“存疑”的数据不能被丢弃，而应传输至[终端]微机或中心站，有待作进一步验证。

2)瞬时气象值的“[过去 60min]最小应该变化的速率”

由表 6.6 可知，瞬时气象值的示值更新周期都为 1min，也就是说瞬时气象值每分钟都被接受检查。

在过去的 60min 内，规定气象瞬时值的“最小应该变化的速率”，同样能帮助验证该值是正确的还是错误的。

如果这个值未能通过最小应该变化速率的检查，应标记“存疑”。

1)3s 平均值

对于风速以 0.25s 为时间步长，滑动求取每 0.25s 的 3s 平均风速，对 3s 内的“正确”的采样值计算平均值，应有大于 75%(3/4)的采样瞬时值可用于计算 3s 平均值，若不符合这一质量控制规程，则当前 3s 平均值标识为“缺失”。风向用 1min 平均值代替。

2)1min 平均值

以 1s 为时间步长，取每整秒的采样值，对 1min 内的“正确”的采样值计算平均值，应有大于 75%(3/4)的采样瞬时值可用于计算 1min 平均值，若不符合这一质量控制规程，则当前 1min 平均值标识为“缺失”。

3)2min 平均值

以 1min 为时间步长，取每整秒的采样值，对 2min 内的“正确”的采样值计算平均值，应有大于 75%(3/4)的采样瞬时值可用于计算 2min 平均值，若不符合这一质量控制规程，则当前 2min 平均值标识为“缺失”。(除正点外，其他时间也应计算，数据不存储，保存在缓存中实时刷新。)

4)10min 平均值

以 1min 为时间步长，对每分钟的 1min 平均值求每分钟的 10min 滑动平均。对 10min 内的“正确”的采样值计算平均值，应有大于75%(3/4)的采样瞬时值可用于计算10min平均值，若不符合这一质量控制规程，则当前10min平均值标识为“缺失”。

5)最大值

从1h内60个10min平均风速的“正确”值中挑选最大值，并记录相应的风向和时间。

6)极大值

分别从1min、1h内所有3s平均风速的“正确”值中挑选最大值，并记录对应整分时风向和时间。

6.2.3.5 嵌入式软件构架

风速风向软件在设计上充分考虑设计的可移植性、处理速度和可靠性等要求，运用了多中断处理技术、串行顺序处理技术和循环查询处理技术等处理技术，并智能管理高功耗的工作部件，基于16bit的超低功耗精简指令集单片机，完成了系统软件的架构设计与实现。

根据智能气象站风速风向分系统的任务需求以及相关的气象行业规范，该软件要实现的基本功能如下：

(1)风速、风向要素数据的实时采集和数据处理；

(2)实时时钟的读取和时间要素的增加；

(3)分钟数据的存储；

(4)接收PC串口命令，并根据命令执行相应工作，返回信息；

(5)实时唤醒ZigBbee，向ZigBee发送数据；

(6)定时输出喂狗信号，防止程序跑飞。

风速、风向分站软件结构框图如图6.16所示，图中主要包括风速、风向系统初始化、风速、风向数据采集、实时时钟、主系统运行以及通信单元等功能模块。

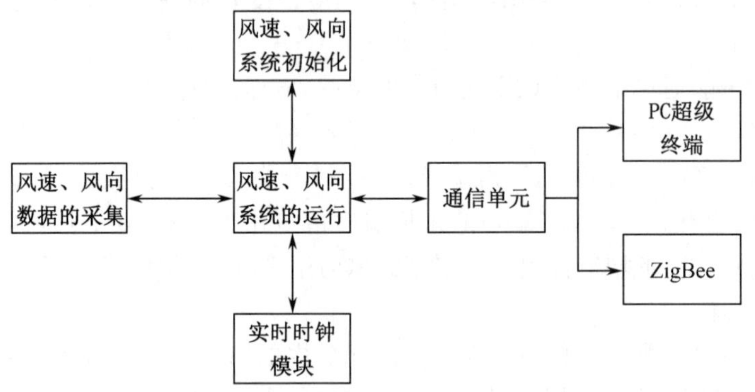

图6.16 风速风向软件结构

风速、风向系统初始化的主要功能是完成整个风速、风向系统的启动和各个功能单元的初始化设定。风速、风向系统初始化的结构框图如图6.17所示。初始化包括关闭内部看门狗、初始化系统时钟、初始化风速、风向采集单元、初始化实时时钟、初始化EEPROM、初始化串口通信模块、初始化显示模块、从EEPROM中读取参数等。

风速、风向系统的运行作为软件设计的主控制部分，主要完成各个单元的协调和中断的处理，从而起到任务调配的功能。其结构细分为图6.18所示。风速、风向系统运行包括风速、风

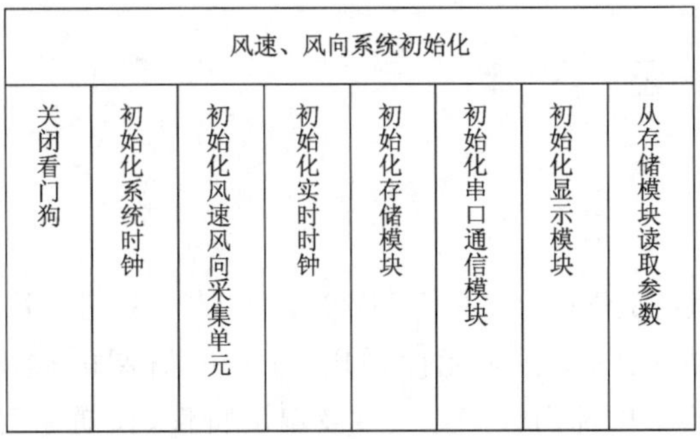

风速、风向系统初始化							
关闭看门狗	初始化系统时钟	初始化风速风向采集单元	初始化实时时钟	初始化存储模块	初始化串口通信模块	初始化显示模块	从存储模块读取参数

图 6.17　风速风向系统初始化

向数据的采集、PC 端串口命令的中断处理、每分钟数据帧的发送、系统运行电压和温度的采集、风速、风向数据的处理、ZigBee 的唤醒、喂狗信号的产生等。

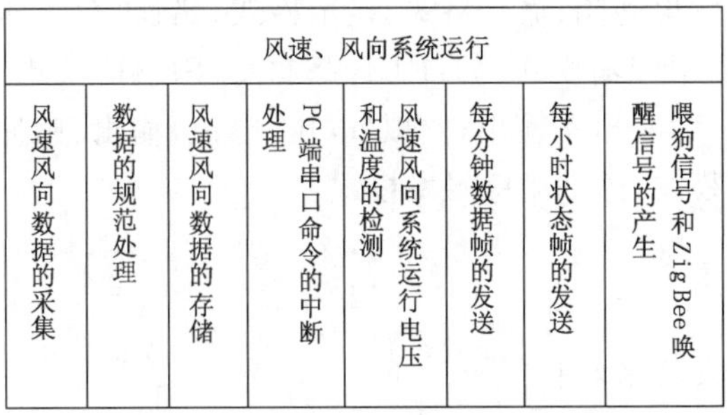

风速、风向系统运行							
风速风向数据的采集	数据的规范处理	风速风向数据的存储	PC 端串口命令的中断处理	风速风向系统运行电压和温度的检测	每分钟数据帧的发送	每小时状态帧的发送	喂狗信号和 Zig Bee 唤醒信号的产生

图 6.18　风速风向系统运行

风速风向分站整个系统基于 MSP430F149 超低功耗、16bit 单片机，MSP430F149 是 TI 公司开发的一款功能强大、外设丰富的精简指令集单片机。整个系统的处理结构框图如图 6.19 所示，图中系统和 PC 以及 ZigBee 的通信都采用串口协议实现。

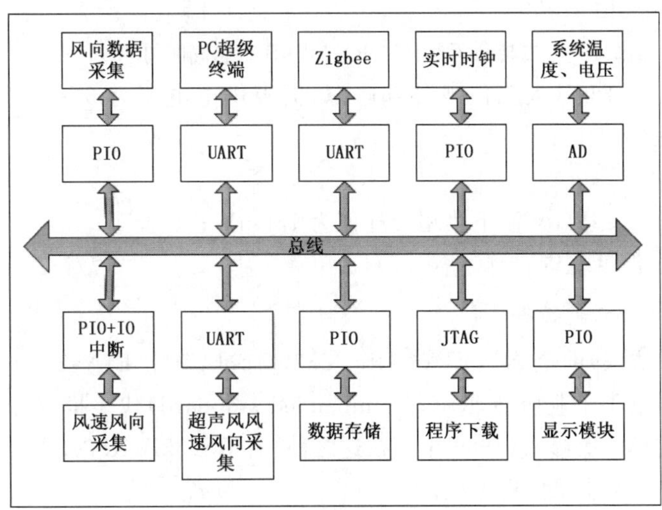

图 6.19　风速风向系统处理结构

6.3 智能气压传感器

6.3.1 概述

气压传感器选用 Vaisala 公司生产的 PTB220，PTB220 是完全补偿的数字气压表，具有较宽的工作温度和气压测量范围。感应元件采用 Vaisala 研制的硅电容压力传感器 BAROCAP。BAROCAP 具有很好的滞后性和重复性及温度特性、长期稳定性。工作原理是基于一个先进的 RC 振荡电路和三个参考电容，并且电容压力传感器及电容温度传感器连续测量。微处理器自动进行压力线性补偿及温度补偿。

PTB220 在全量程范围内有 7 个温度调整点，每个温度点有 6 个全量程压力调整点。所有的调整参数都存储在 EEPROM 中，用户不可改变出厂设置。用户可进行多种使用设置，如：串行总线、平均时间、输出间隔、输出格式、显示格式、错误信息、压力单位、压力分辨率；甚至可以选择不同的上电数据传输模式，如：RUN、STOP、SEND 模式。有三种输出方式：软件可设的 RS232 串行输出；TTL 电平输出；模拟（电压、电流）输出、脉冲输出。有两种低功耗工作方式：软件可控的睡眠模式；外部激励触发模式。

6.3.2 电路设计实现

6.3.2.1 数据采集方式及技术指标

气压传感器选用 Vaisala 公司的 PTB220 数字式气压传感器，通过 RS232 与单片机通信获取数据。PTB220 采用被动输出式，数据必须由单片机主动查询才会输出。采用 2s 一次的主动轮询数据，确保数据实时性和可靠性。主要性能如下：

（1）测量范围：500～1100hPa；

（2）分辨力：0.1hPa；

（3）准确度：±0.3hPa；

（4）数据传输：ZigBee 无线传输（默认），RS232 串口传输（可选）；

（5）供电范围：9～21V（太阳能或外部电源，极限供电电压为 6～27V，典型供电电压为 12V）或单节锂电池（3.7V）；

（6）静态工作电流：1mA；

（7）整机功耗：<1.0W，常温下典型功耗值为 786mW；

（8）采集器工作温度范围：－40～＋85℃。

6.3.2.2 RS232 串口电平转换

RS232C 标准（协议）的全称是 EIA－RS－232C 标准，其中 EIA（Electronic Industry Association）代表美国电子工业协会，RS（recommended standard）代表推荐标准，232 是标识号，C 代表 RS232 的最新一次修改（1969 年），在这之前，有 RS232B、RS232A。它规定连接电缆和机械、电气特性、信号功能及传送过程。

EIA－RS－232C 对电器特性、逻辑电平和各种信号线功能都作了规定。

在 TxD 和 RxD 上：

逻辑 1(MARK)=－3～－15V;

逻辑 0(SPACE)=＋3～＋15V。

在 RTS、CTS、DSR、DTR 和 DCD 等控制线上:

信号有效(接通,ON 状态,正电压)=＋3～＋15V;

信号无效(断开,OFF 状态,负电压)=－3～－15V。

通过 EIA－RS－232C 与 TTL 转换和实现 MCU 与 PC 的通信:EIA－RS－232C 是用正负电压来表示逻辑状态,与 TTL 以高低电平表示逻辑状态的规定不同。因此,为了能够同计算机接口或终端的 TTL 器件连接,必须在 EIA－RS－232C 与 TTL 电路之间进行电平和逻辑关系的变换(图 6.20)。

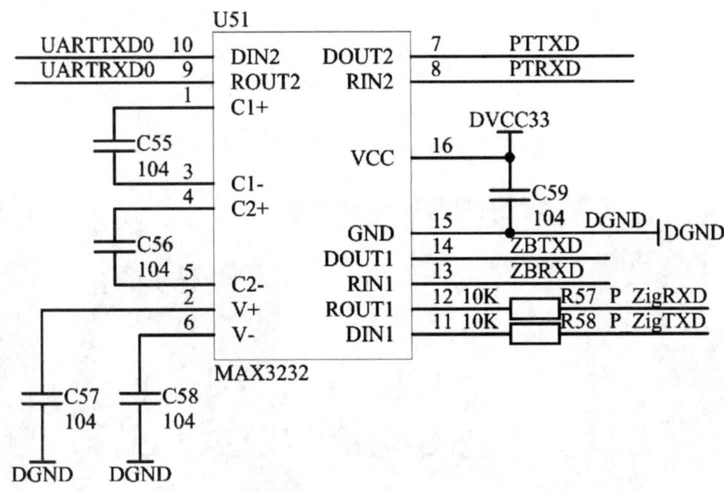

图 6.20　串口通信电路

6.3.2.3　整体结构和电路实现

使用数字式气压传感器大大简化了气压采集器电路,该电路传感器接口端仅需要一个 RS232 到 TTL 电平转换即可。图 6.21 是气压采集器硬件框图,通过 MSP430 的 UART 读取传感器数据,经过数据计算,打包成分钟和小时数据上传,并且完善的外围电路可以保证电路运行稳定和系统功能的实现。

气压采集器电路相对简单,常规的外围电路实现存储显示和数据传输,UART 接口接收气压传感器数据(图 6.22)。

6.3.3　算法和软件设计

6.3.3.1　数据处理算法

气压 1min 数据计算公式为

$$\overline{Y} = \frac{\sum_{i=1}^{N} y_i}{m} \tag{6.5}$$

式中,$\overline{Y}$ 为观测时段内气压的平均值;y_i 为观测时段内第 i 个气压的采样瞬时值(样本),其中,

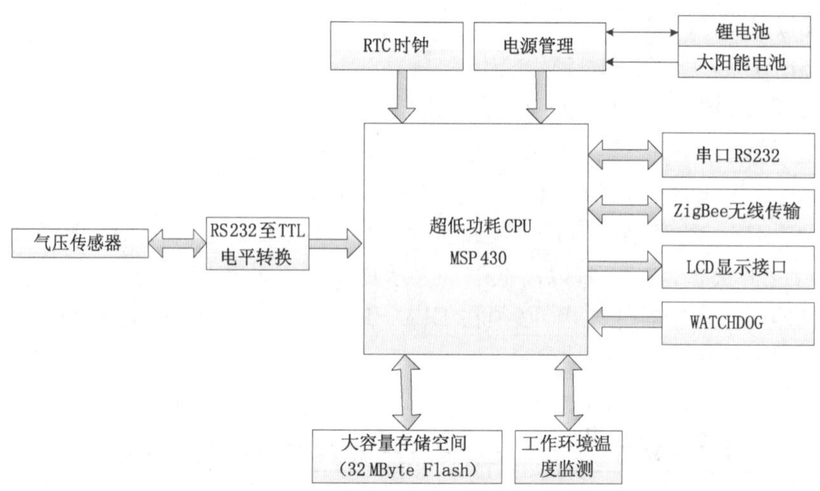

图 6.21 气压采集器硬件框图

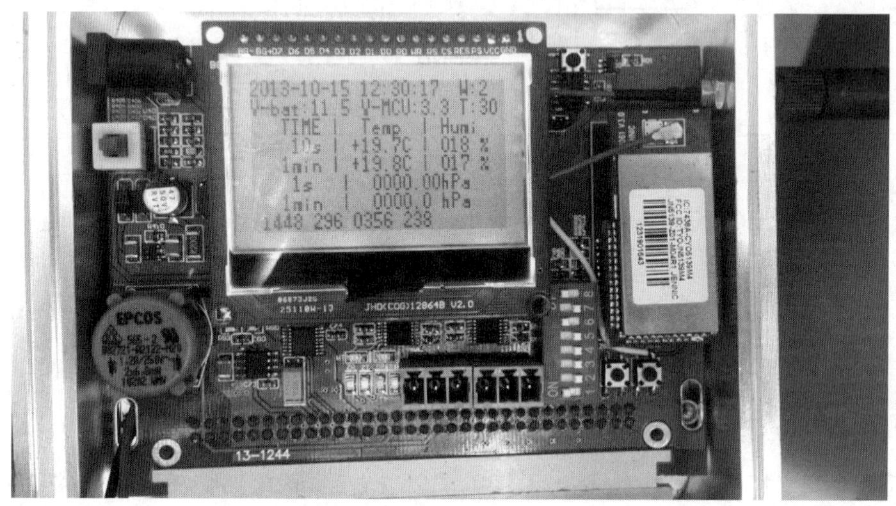

图 6.22 气压采集器工作电路

“错误”、“可疑”等非“正确”的样本应丢弃而不用于计算，即令 $y_i=0$；N 为观测时段内的样本总数，由“采样频率”和“平均值时间区间”决定；m 为观测时段内“正确”的样本数($n \leqslant N$)。

6.3.3.2 质量控制算法

为保证观测数据质量，应对测量数据进行数据质量控制，在智能传感器的嵌入式软件中完成量级质量控制：对采样瞬时值的质量控制，对瞬时气象值的质量控制。

(1)对采样瞬时值的质量控制

对采样瞬时值变化极限范围的检查；

对采样瞬时值变化速率的检查。

(2)对瞬时气象值的质量控制

1)对瞬时气象值变化极限范围的检查；

2)对瞬时气象值变化速率的检查；

检查瞬时气象值的最大允许变化速率；

检查瞬时气象值的最小应该变化速率；

标准偏差的计算。

3)内部一致性检查。

数据质量控制过程中，需要对采样瞬时值和瞬时气象值是否经过数据质量控制以及质量控制得结果进行标识，这种标识用于定性描述数据置信度。标识的规定见表 6.7。

表 6.7　数据质量控制标识

标识代码值	描述
0x09	“没有检查”：该变量没有经过任何质量控制检查
0x00	“正确”：数据没有超过给定界限
0x01	“存疑”：不可信的
0x02	“错误”：错误数据，已超过给定界限
0x08	“缺失”：缺失数据
0x0F	没有配置安装传感器，无数据

一个“正确”的采样瞬时值，应在传感器的测量范围内，且相邻两个值最大变化值在允许范围内。其判断条件见表 6.8。

表 6.8　“正确”的采样瞬时值的判断条件

气象变量	传感器测量范围下限	传感器测量范围上限	允许最大变化值
气压(hPa)	500	1100	0.3

(1)极限范围检查

验证每个采样瞬时值，应在传感器的正常测量范围内。

未超出的，标识“正确”；超出的，标识“错误”。

标识“错误”的，不可用于计算瞬时气象值。

(2)变化速率检查

验证相邻采样瞬时值之间的变化量，检查出不符合实际的跳变。

每次采样后，将当前采样瞬时值与前一个采样瞬时值做比较。若变化量未超出允许的变化速率，标识“正确”；若超出，标识“存疑”。标识“存疑”的，不能用于计算瞬时气象值，但仍用于下一次的变化速率检查(即将下一次的采样瞬时值与该“存疑”值作比较)。该规程的执行结果是，如果发生大的噪声，将有一个或两个连续的采样瞬时值不能用于计算。

应有大于 66％(2/3)的采样瞬时值可用于计算瞬时气象值(平均值)。若不符合这一质量控制规程，则判定当前瞬时气象值计算缺少样本，标识为“缺失”。

(1)“正确”数据的基本条件

一个“正确”的瞬时气象值，不能超出规定的界限，相邻两个值的变化速率应在允许范围内，在一个持续的测量期(1 小时)内应该有一个最小的变化速率。“正确”数据的判断条件见表 6.9。

表 6.9 “正确”的瞬时气象值的判断条件

气象变量	下限	上限	存疑的变化速率	错误的变化速率	[过去 60min]最小应该变化的速率
气压(hPa)	500	1100	0.5	2	0.1

表 6.9 中“下限”和“上限”的值是可以根据季节和自动气象站安装地的气候条件进行设置的，可以分 3 种情况：

1)根据当地的气候极值作适当放宽，确定每个要素“正确”数据的下限和上限；

2)以传感器的测量范围定为每个要素“正确”数据的下限和上限；

3)设置宽范围和通用的值。

(2)极限范围检查

验证瞬时气象值，应在可接受的界限(下限、上限)范围内；

未超出的，标识“正确”；超出的，若下限和上限值由当地气候极值确定，则标识为“存疑”，若下限和上限值按传感器的测量范围或宽范围和通用的值确定，则标识“错误”。

(3)变化速率检查

验证瞬时气象值的变化速率，检查出不符合实际的尖峰信号或跳变值，以及由传感器故障引起的测量死区。

1)瞬时气象值的“最大允许变化速率”

当前瞬时气象值与前一个值的差大于表 6.7 中“存疑的变化速率”，则当前瞬时气象值通不过检查，标识为“存疑”。若大于表 6.7 中的“错误的变化速率”，则标识为“错误”。

在极端天气条件下，气象变量可能会发生不同寻常的变化，这种情况下，正确的数据也有可能被标上“存疑”。所以，“存疑”的数据不能被丢弃，而应传输至[终端]微机或中心站，有待作进一步验证。

2)瞬时气象值的“[过去 60min]最小应该变化的速率”

由表 6.9 可知，瞬时气象值的示值更新周期都为 1min，也就是说瞬时气象值每分钟都被接受检查。

在过去的 60min 内，规定气象瞬时值的“最小应该变化的速率”，同样能帮助验证该值是正确的还是错误的。

如果这个值未能通过最小应该变化速率的检查，应标记“存疑”。

(1)有两种不同计算方法，根据不同应用场合进行选择

1)对 1min 内的“正确”的采样值计算平均值，应有大于 66%(2/3)的采样瞬时值可用于计算瞬时值，若不符合这一质量控制规程，则当前瞬时值标识为“缺失”。

2)用 1min 内的采样值计算均方差 σ，凡样本值与平均值的差的绝对值大于 3σ 的样本值予以剔除，对剩余的样本值计算平均作为瞬时值。

(2)最高(大)值

从 1h 内 30 个 1min 平均值的“正确”值中挑选最高(大)值，并记录时间。

(3)最低(小)值

从 1h 内 30 个 1min 平均值的“正确”值中挑选最低(小)值，并记录时间。

6.3.3.3　嵌入式软件构架

考虑工作效率以及可执行性，可移植性，可扩展性，相关代码采用标准 C 代码格式，使用推荐的注释方式，并对各模块有详细的说明文档。

根据智能气象站气压分系统的任务需求以及相关的气象行业规范，该软件要实现的基本功能如下：

(1)气压要素数据的实时采集和数据处理；

(2)实时时钟的读取和时间要素的增加；

(3)分钟数据和小时数据的存储；

(4)接收 PC 串口命令，并根据命令执行相应工作，返回信息；

(5)实时唤醒 ZigBee，向 ZigBee 发送数据；

(6)定时输出喂狗信号，防止程序跑飞。

气压分站软件结构框图如图 6.23 所示，图中主要包括气压系统初始化、气压数据采集、实时时钟、主系统运行以及通信单元等功能模块。

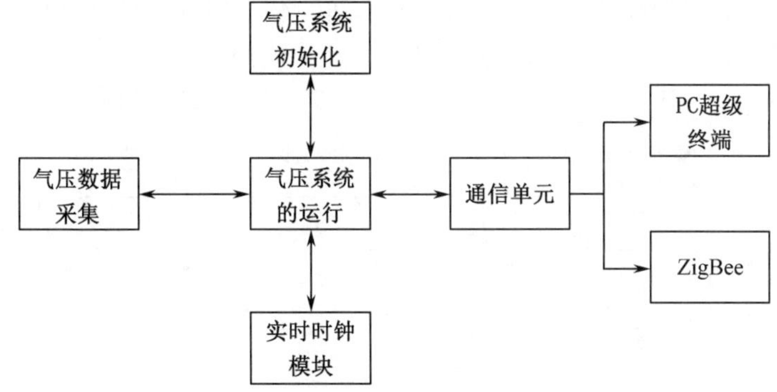

图 6.23　气压软件结构

气压系统初始化的主要功能是完成整个气压系统的启动和各个功能单元的初始化设定。气压系统初始化的结构框图如图 6.24 所示。初始化包括关闭内部看门狗、初始化系统时钟、初始化气压采集单元、初始化实时时钟、初始化 EEPROM、初始化串口通信模块、初始化显示模块、从 EEPROM 中读取参数等。

气压系统初始化							
关闭看门狗	初始化系统时钟	初始化气压采集单元	初始化实时时钟	初始化存储模块	初始化串口通信模块	初始化显示模块	从存储模块读取参数

图 6.24　气压系统初始化

气压系统的运行作为软件设计的主控制部分，主要完成各个单元的协调和中断的处理，从而起到任务调配的功能。其结构细分如图 6.25 所示。气压系统运行包括气压数据的采集、PC 端串口命令的中断处理、每分钟数据帧的发送、每小时状态帧的发送、系统运行电压和温度的采集、气压数据的处理、ZigBee 的唤醒、喂狗信号的产生等。

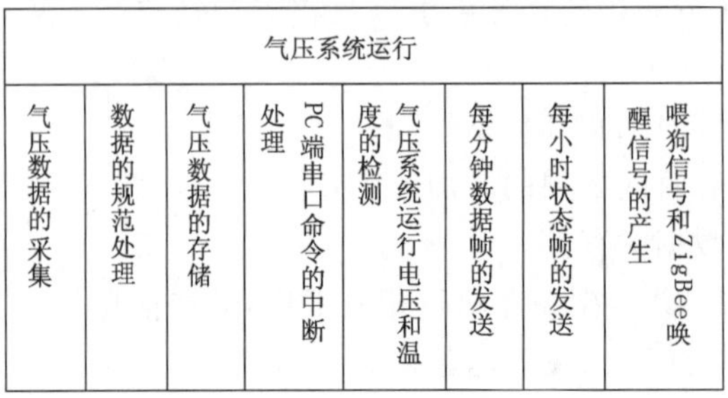

气压系统运行							
气压数据的采集	数据的规范处理	气压数据的存储	PC端串口命令的中断处理	气压系统运行电压和温度的检测	每分钟数据帧的发送	每小时状态帧的发送	喂狗信号和ZigBee唤醒信号的产生

图 6.25 气压系统运行

气压分站整个系统基于 MSP430F149 超低功耗、16bit 单片机，MSP430F149 是 TI 公司开发的一款功能强大、外设丰富的精简指令集单片机。整个系统的处理结构框图如图 6.26 所示，图中系统和 PC 以及 ZigBee 的通信都采用串口协议实现。

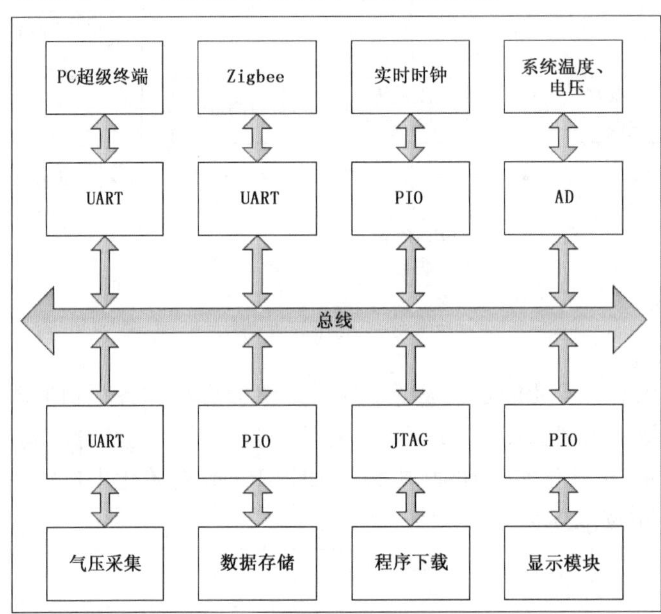

图 6.26 系统处理结构

6.4 智能雨量传感器

6.4.1 概述

业务应用雨量传感器多采用翻斗雨量计，通过固定容量的翻斗收集特定面积的雨量来测量雨量。与之对应的称重雨量计由于测量复杂度比较高，实际应用中一般不选用。翻斗雨量计采用于簧管(霍尔传感器)来输出计数信息,由于其脉冲变化慢,信号抖动多故需要通过专门的消抖电路或者软件消除该问题。该系统中选用中环天仪股份有限公司生产的翻斗式雨量筒。

6.4.2　电路设计实现

6.4.2.1　数据采集方式及技术指标

雨量数据采集通过脉冲计数的方式进行,雨量传感器通过干簧管输出脉冲信号,对于 0.1mm 的雨量筒,每个脉冲即代表 0.1mm 的降水量。

硬件包含高性能的嵌入式处理器 MSP430F149、实时时钟电路 DS1302、传感器接口、无线通信接口、温度监测电路、看门狗电路,显示电路,指示灯等。

智能雨量站主要指标如下:

(1)雨强测量范围:0～10mm/min;

(2)分辨力:0.1mm(<4mm/min),0.5mm(≥4mm/min);

(3)准确度:0.4mm(<10mm),±4%(>10mm,≤4mm/min 雨强),±8%(>4mm/min);

(4)数据传输:ZigBee 无线传输(默认),RS232 串口传输(可选);

(5)供电范围:9～21V(太阳能或外部电源,极限供电电压为 6～27V,典型供电电压为 12V)或单节锂电池(3.7V);

(6)静态工作电流:1mA;

(7)整机功耗:<0.25W,常温下典型功耗值为 146mW;

(8)采集器工作温度范围:-40～+85℃。

6.4.2.2　脉冲处理电路

雨量筒干簧管产生的脉冲信号在翻转时 20ms 内产生大量的毛刺和抖动,如果不经过处理进入单片机测量会产生大量重复计数。传统的处理方式是通过软件延时 20ms,这种方式虽然可以简单解决毛刺和抖动的问题,但是会消耗大量 CPU 资源。

本系统中创新性地使用了硬件处理毛刺和抖动,通过一个单稳态多谐振荡器(图 6.27),设定输出脉冲为固定宽度 20ms,这样固定宽度的脉冲既有利于单片机计数,也消除了干簧管毛刺和抖动。

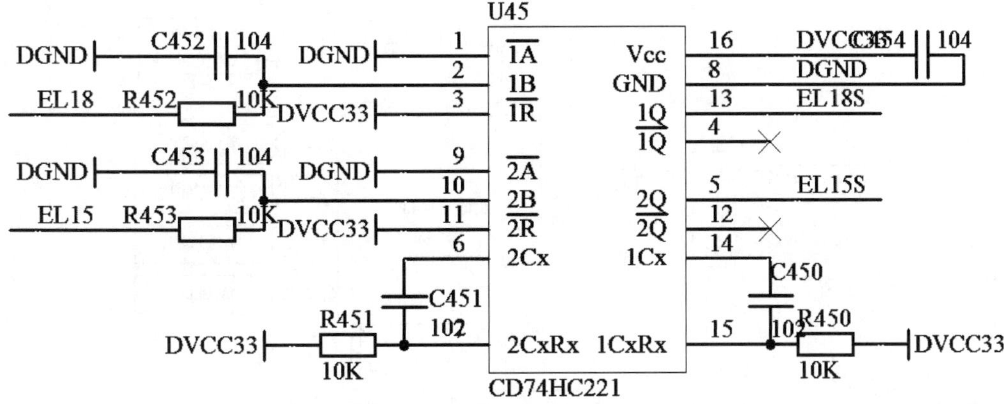

图 6.27　单稳态多谐振荡器

为了消除前级噪声可能给采集器带来的测量误差，提高数据采集精度和稳定性，脉冲信号通过电平匹配后没有直接输入 MCU 计数，而是通过一个具有双路带复位和施密特触发功能的单稳态多谐振荡器 74HC221 把振荡器输出的固定宽度脉冲送入 MSP430 计数。

施密特触发器是一种特殊的门电路，与普通的门电路不同，施密特触发器有两个阈值电压，分别称为正向阈值电压和负向阈值电压。施密特触发器状态转换过程中的正反馈作用，可以把边沿变化缓慢的周期性信号变换为边沿很陡的矩形脉冲信号，这可以有效的消除脉冲边缘噪声。

风速的变化性使得传感器脉冲宽度变化很大，不利于 MCU 准确计数。但是，该电路输出脉冲宽度仅与接 C_x 和 C_xR_x 的电阻（R_x）电容（C_x）有关，而和输入脉冲信号无关，这使得 MSP430 可以准确计数。其典型值计算公式为

$$t_w = 0.45 \times R_x \times C_x \tag{6.6}$$

该电路输出脉冲的触发方式如表 6.10。

表 6.10 74HC221 脉冲触发方式

输入			输出	
$n\overline{R}$	$n\overline{A}$	$n\overline{B}$	nQ	$n\overline{Q}$
L	X	X	L	H
X	H	X	L	H
H	L	↑	⊓	⊔
H	↓	H	⊓	⊔
↑	L	H	⊓	⊔

注：H 为高电平，L 为低电平，X 为无关电平，↑ 为上升沿，↓ 为下降沿，⊓ 为一个正脉冲，⊔ 为一个负脉冲。

6.4.2.3 整体结构和电路实现

与常规业务应用单量程雨量筒不同，该系统选用 0.1mm 和 0.5mm 双量程的雨量筒作为雨量传感器。图 6.28 是雨量传感器的硬件框图，雨量数据通过干簧管脉冲给出，为了得到准确的数据，必须对干簧管脉冲进行滤波和电平匹配。作为进一步的处理，还采用了一个固定时间脉冲发生电路，这样处理后，可以保证每个收到的脉冲为一个可信的雨量数据。

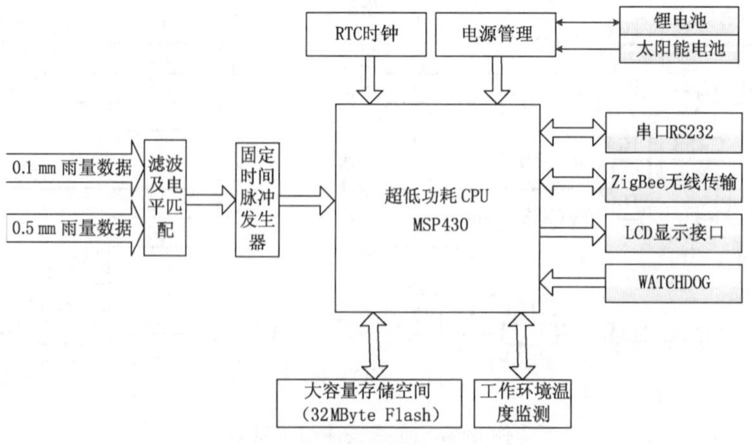

图 6.28 雨量采集器硬件框图

图 6.29 为雨量采集器实现电路，经测试该电路可实现精确的雨量数据采集。通过硬件处理后该电路无需通过软件滤波处理收到的脉冲信号，这样可以大大降低系统 MCU 负担，有利于进一步降低系统功耗。

图 6.29　雨量采集器工作电路

6.4.3　算法和软件设计

6.4.3.1　数据处理算法

(1)1min 累计值

对传感器 1min 内的输出脉冲或累计量进行计数得到。

(2)1h 累计值

1h 内 60 个 1min 累计值中的“正确”的 1min 累计值的累计值。

6.4.3.2　质量控制算法

为保证观测数据质量，应对测量数据进行数据质量控制，在智能传感器的嵌入式软件中完成量级质量控制：对采样瞬时值的质量控制，对瞬时气象值的质量控制。

(1)对采样瞬时值的质量控制

1)对采样瞬时值变化极限范围的检查；

2)对采样瞬时值变化速率的检查。

(2)对瞬时气象值的质量控制

1)对瞬时气象值变化极限范围的检查；

2)对瞬时气象值变化速率的检查：

检查瞬时气象值的最大允许变化速率；

检查瞬时气象值的最小应该变化速率；

标准偏差的计算。

3)内部一致性检查。

数据质量控制过程中，需要对采样瞬时值和瞬时气象值是否经过数据质量控制以及质量控制得结果进行标识，这种标识用于定性描述数据置信度。标识的规定见表 6.11。

表 6.11 数据质量控制标识

标识代码值	描述
0x09	“没有检查”：该变量没有经过任何质量控制检查
0x00	“正确”：数据没有超过给定界限
0x01	“存疑”：不可信的
0x02	“错误”：错误数据，已超过给定界限
0x08	“缺失”：缺失数据
0x0F	没有配置安装传感器，无数据

一个“正确”的采样瞬时值，应在传感器的测量范围内，且相邻两个值最大变化值在允许范围内。其判断条件见表 6.12。

表 6.12 “正确”的采样瞬时值的判断条件

气象变量	传感器测量范围下限	传感器测量范围上限	允许最大变化值
降水量(mm/min)	0	10	10

1)极限范围检查

验证每个采样瞬时值，应在传感器的正常测量范围内。

未超出的，标识“正确”；超出的，标识“错误”。

标识“错误”的，不可用于计算瞬时气象值。

2)变化速率检查

验证相邻采样瞬时值之间的变化量，检查出不符合实际的跳变。

每次采样后，将当前采样瞬时值与前一个采样瞬时值做比较。若变化量未超出允许的变化速率，标识“正确”；若超出，标识“存疑”。标识“存疑”的，不能用于计算瞬时气象值，但仍用于下一次的变化速率检查(即将下一次的采样瞬时值与该“存疑”值作比较)。该规程的执行结果是，如果发生大的噪声，将有一个或两个连续的采样瞬时值不能用于计算。

应有大于 66%(2/3)的采样瞬时值可用于计算瞬时气象值(平均值)。若不符合这一质量控制规程，则判定当前瞬时气象值计算缺少样本，标识为“缺失”。

1)“正确”数据的基本条件

一个“正确”的瞬时气象值，不能超出规定的界限，相邻两个值的变化速率应在允许范围内，在一个持续的测量期(60min)内应该有一个最小的变化速率。“正确”数据的判断条件见表 6.13。

表 6.13 “正确”的瞬时气象值的判断条件

气象变量	下限	上限	存疑的变化速率	错误的变化速率	[过去 60min]最小应该变化的速率
降水量(0.1mm)(1min)	0mm/min	10mm/min	—	—	—

表 6.13 中“下限”和“上限”的值是可以根据季节和自动气象站安装地的气候条件进行设置的，可以分 3 种情况：

根据当地的气候极值作适当放宽，确定每个要素“正确”数据的下限和上限；

以传感器的测量范围定为每个要素“正确”数据的下限和上限；

设置宽范围和通用的值。

2)极限范围检查

验证瞬时气象值，应在可接受的界限(下限、上限)范围内；

未超出的，标识“正确”；超出的，若下限和上限值由当地气候极值确定，则标识为“存疑”，若下限和上限值按传感器的测量范围或宽范围和通用的值确定，则标识“错误”。

3)变化速率检查

验证瞬时气象值的变化速率，检查出不符合实际的尖峰信号或跳变值，以及由传感器故障引起的测量死区。

①瞬时气象值的“最大允许变化速率”

当前瞬时气象值与前一个值的差大于表 6.11 中“存疑的变化速率”，则当前瞬时气象值通不过检查，标识为“存疑”。若大于表 6.11 中的“错误的变化速率”，则标识为“错误”。

在极端天气条件下，气象变量可能会发生不同寻常的变化，这种情况下，正确的数据也有可能被标上“存疑”。所以，“存疑”的数据不能被丢弃，而应传输至[终端]微机或中心站，有待作进一步验证。

②瞬时气象值的“[过去 60min]最小应该变化的速率”

由表 6.13 可知，瞬时气象值的示值更新周期都为 1min，也就是说瞬时气象值每分钟都被接受检查。

在过去的 60min 内，规定气象瞬时值的“最小应该变化的速率”，同样能帮助验证该值是正确的还是错误的。

如果这个值未能通过最小应该变化速率的检查，应标记“存疑”。

6.4.3.3　嵌入式软件构架

雨量软件直接决定了雨量气象分系统的性能，在设计上充分考虑设计的可移植性、处理速度和可靠性等要求，运用了多中断处理技术、串行顺序处理技术和循环查询处理技术等处理技术，基于 16bit 的超低功耗精简指令集单片机，完成了系统软件的架构设计与实现。

根据智能气象站雨量分系统的任务需求以及相关的气象行业规范，该软件要实现的基本功能如下：

(1)雨量要素数据的实时采集和数据处理

(2)实时时钟的读取和时间要素的增加

(3)分钟数据和小时数据的存储

(4)接收 PC 串口命令，并根据命令执行相应工作，返回信息

(5)实时唤醒 ZigBee，向 ZigBee 发送数据

(6)定时输出喂狗信号，防止程序跑飞

雨量分站软件结构框图如图 6.30 所示，图中主要包括雨量系统初始化、雨量数据采集、实时时钟、主系统运行以及通信单元等功能模块。

雨量系统初始化的主要功能是完成整个雨量系统的启动和各个功能单元的初始化设定。

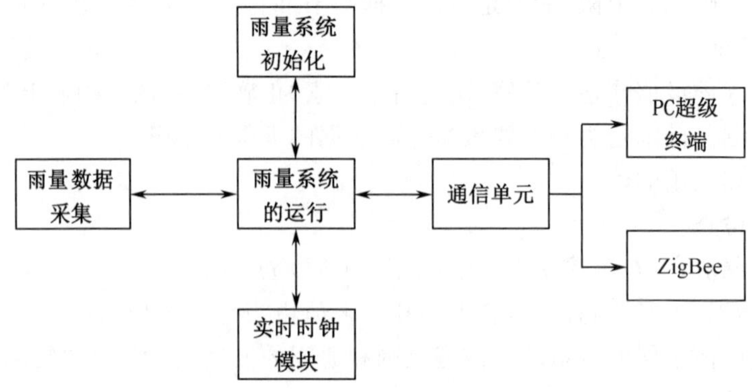

图 6.30　雨量软件结构

雨量系统初始化的结构框图如图 6.31 所示。初始化包括关闭内部看门狗、初始化系统时钟、初始化雨量采集单元、初始化实时时钟、初始化 EEPROM、初始化串口通信模块、初始化显示模块、从 EEPROM 中读取参数等。

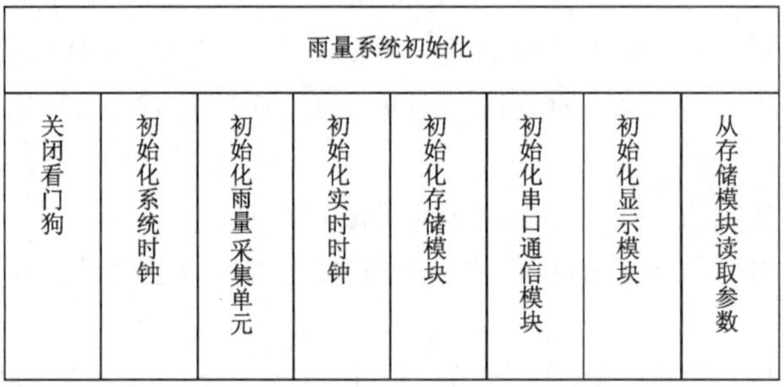

雨量系统初始化							
关闭看门狗	初始化系统时钟	初始化雨量采集单元	初始化实时时钟	初始化存储模块	初始化串口通信模块	初始化显示模块	从存储模块读取参数

图 6.31　雨量系统初始化

雨量系统的运行作为软件设计的主控制部分，主要完成各个单元的协调和中断的处理，从而起到任务调配的功能。其结构细分为图 6.32 所示。雨量系统运行包括雨量数据的采集、PC 端串口命令的中断处理、每分钟数据帧的发送、每小时状态帧的发送、系统运行电压和温度的采集、雨量数据的处理、ZigBee 的唤醒、喂狗信号的产生等。

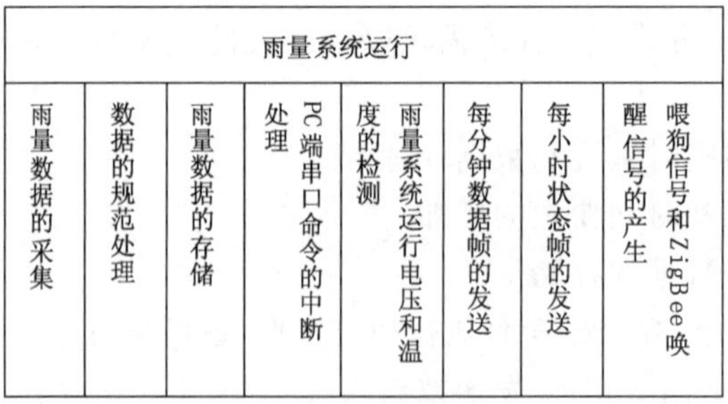

雨量系统运行							
雨量数据的采集	数据的规范处理	雨量数据的存储	PC端串口命令的中断处理	雨量系统运行电压和温度的检测	每分钟数据帧的发送	每小时状态帧的发送	喂狗信号和ZigBee唤醒信号的产生

图 6.32　雨量系统运行

雨量分站整个系统基于 MSP430F149 超低功耗、16bit 单片机，MSP430F149 是 TI 公司开发的一款功能强大、外设丰富的精简指令集单片机。整个系统的处理结构框图如图 6.33 所示，图中系统和 PC 以及 ZigBee 的通信都采用串口协议实现。

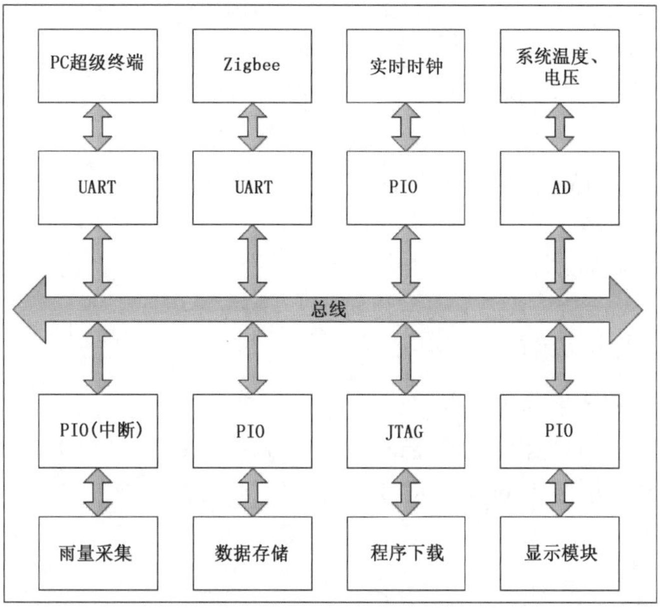

图 6.33　雨量系统处理结构

6.5　智能地温传感器

6.5.1　概述

传统的温度测量方式均选用铂电阻，铂电阻具有高测量精度，低成本，应用广泛等特点。但同时也存在以下问题，首先，需要复杂和高精度的前端处理电路，其次，其一致性很难保证，这使得传感器出产均需要通过出错校正，影响大规模生产的效率，并且，铂电阻容易老化，长时间使用精度会下降。

基于以上一些问题，可以寻找一种新的替代方案，从而降低或者消除这些问题。ADI 公司生产的 ADT74XX 系列数字温度传感器具有很好的测量精度和一致性，其长期稳定性很好，并且 $\mathrm{I^2C}$(inter-integrated circuit，集成电路总线)接口使用非常方便。ADT7410 满足测量精度，并且使用方便，无需额外的处理电路，因此该系统中的地温测量传感器最终选用 ADT7410。该芯片采用单芯片温度采集方案，集成 AD 转换电路，这样大大简化后端电路设计，直接数字量传输，提高测量精度和长期稳定性。

6.5.2　电路设计实现

6.5.2.1　数据采集方式及技术指标

地温传感器采用 ADI 公司的数字温度传感器 ADT7410，采用每组三个的方式，通过金属管铠装，得到最终使用的地温传感器。ADT7410 使用 $\mathrm{I^2C}$ 作为通信接口，通过 MSP430 的 IO 口模拟 $\mathrm{I^2C}$ 通信，分别获取三个传感器数据，并取所得平均值作为采样得到的数据值。

传感器实现指标如下：

(1)测量范围：－50～＋105℃；

(2)分辨力：0.1℃；

(3)准确度：±0.2℃(－40～＋80℃)，±0.5℃(＞＋80℃或＜－40℃)；

(4)数据传输：ZigBee 无线传输(默认)，RS232 串口传输(可选)；

(5)供电范围：9～21V(太阳能或外部电源，极限供电电压为 6～27V，典型供电电压为 12V)或单节锂电池(3.7V)；

(6)静态工作电流：1mA；

(7)整机功耗：＜0.35W，常温下典型功耗值为 181mW；

(8)采集器工作温度范围：－40～＋85℃。

6.5.2.2 ADT7410 数字温度传感器

ADT7410 内置一个带隙温度基准源和一个 13bitADC(图 6.34)，用来监控温度并进行数字转换，默认的分辨力为 13bit(0.0625℃)，可以通过配置寄存器将分辨力改为 16bit(0.0078℃)。

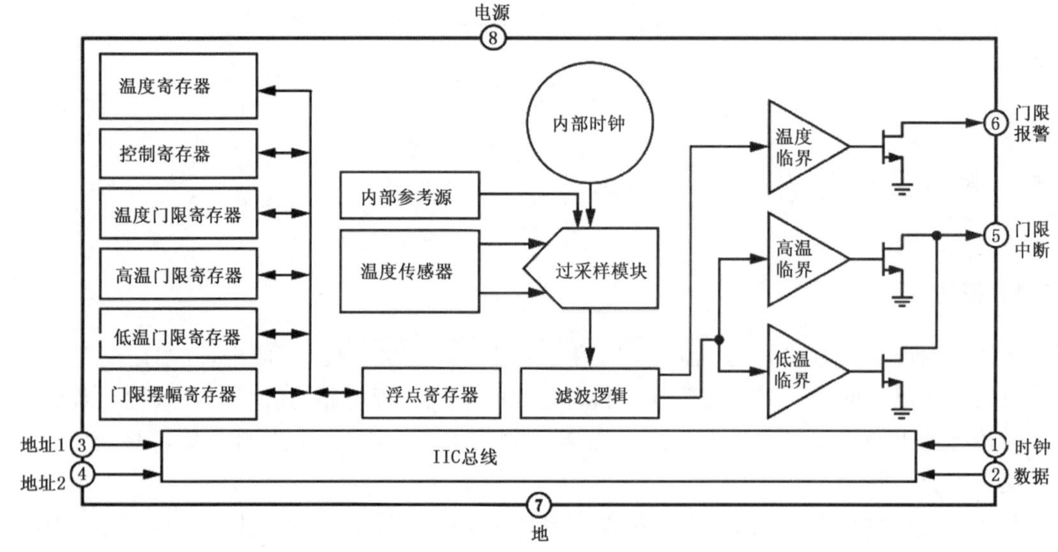

图 6.34 ADT7410 结构框图

传感器输出通过一个Σ－△调制器(电荷平衡型模数转换器)进行数字化，这种转换器利用时域过采样和一个高精度比较器实现 16bit 采样精度。Σ－△调制器包括一个输入采样器、一个求和电路、一个积分器、一个比较器和一个 1 位 ADC(图 6.35)。此构架通过响应输入电压变化而改变比较器输出的占空比来产生一个负反馈环路并将积分器输出将至最小。此时域过采样在比输入信号频带宽得多的频带内扩张量化噪声，从而改善总体噪声性能并提高精度。

图 6.36 为传感器温度测量精度曲线，通过曲线可以看出，该传感器在－40～100℃内均有很好的精度和一致性，无需进行数据标定和校准，在该温度范围内可以获得±0.2℃的测温精度。

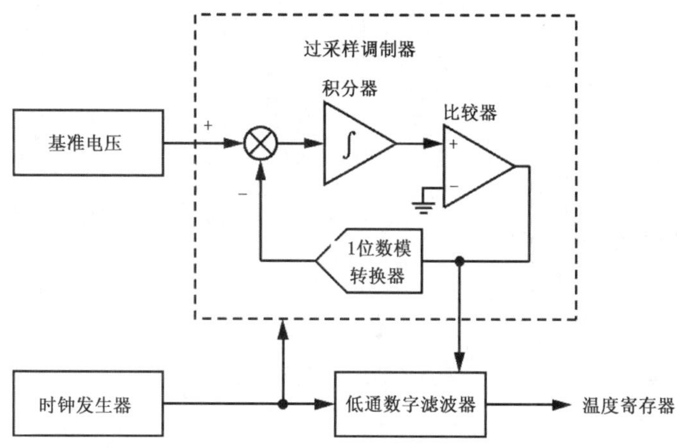

图 6.35　调制器结构框图

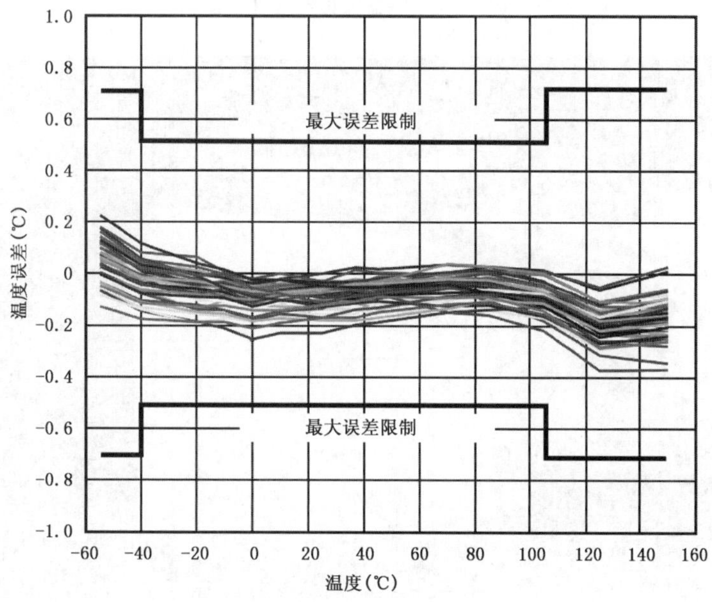

图 6.36　ADT7410 精度曲线

6.5.2.3　整体结构和电路实现

业务应用需要 8 组地温传感器，使用的 ADT7410 数据接口为 I^2C 接口。I^2C 硬件接口时序要求高，MCU 收到中断暂停 I^2C 硬件时序可能导致数据传输失败，为了保证 8 组数据同时可靠地接收，最终选用模拟 I^2C 实现。模拟 I^2C 时序由软件控制，虽然传输速度较慢，但是可以保证时序的稳定性。数据采集过程中，对 8 组温度数据进行逐级校验，确保数据可靠。并通过本地实时时钟，对 8 组数据进行统一管理(图 6.37)。

图 6.38 为地温测量传感器电路样品，采用铝合金盒子，外部具有天线接口以及传感器接口，采用太阳能供电，并内含备份锂电池，8 组地温分别采用高精度数字芯片 ADT7410，通过 IIC 总线接收温度数据。

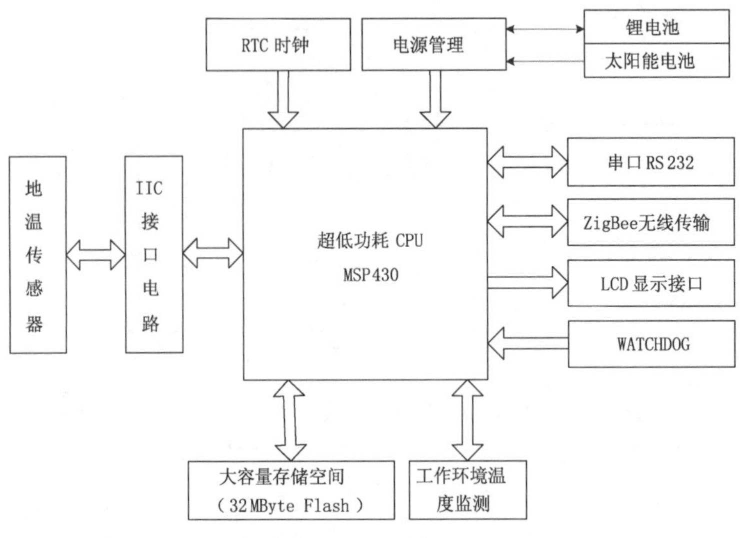

图 6.37　地温采集器硬件框图

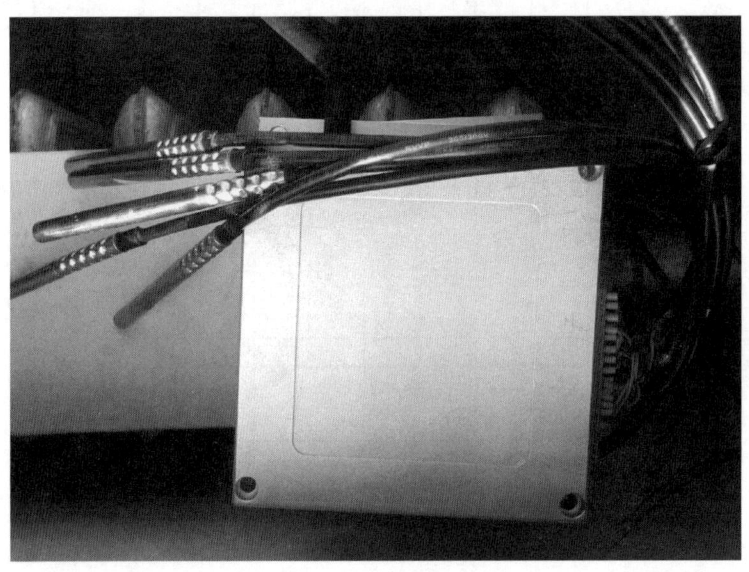

图 6.38　地温采集器样品

6.5.3　算法和软件设计

6.5.3.1　软件 I^2C 程序设计

I^2C 是一种双向、两线串行通信接口，分别是串行数据线 SDA 和串行时钟线 SCL。由于要求各设备连接到总线的输出端时必须是开漏输出或集电极开路输出，故两根线都必须通过一个上拉电阻接至电源。

系统使用 Atmel 公司的 E^2PROM 芯片 AT24C1024B 存储数据。AT24C1024B 采用 I^2C 总线结构，由于选用的 MSP430F149 不含硬件 I^2C 接口，故需要采用软件模拟 I^2C 时序来实现。以下 I^2C 时序操作均基于 AT24C1024B 而来(主机为 MSP430，从机为 AT24C1024B)，并

且所有具有标准 I^2C 接口的芯片操作原理均与此相同，只在于时序的细微差别。

(1)起始和停止条件

数据线和时钟线都为高则称总线处在空闲状态。当 SDL 为高电平时 SDA 的下降沿叫做起始条件(START)，SDA 的上升沿叫做停止条件(STOP)，具体时序见图 6.39。

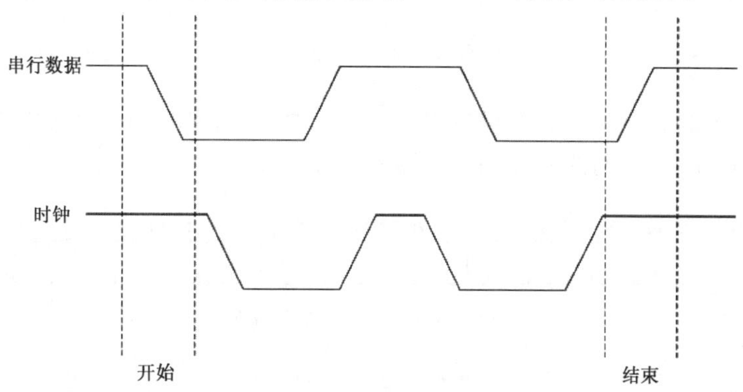

图 6.39　起始和停止条件

(2)应答

总线上的接收器每接收到一个字节就产生一个应答，主机必须产生一个额外的时钟脉冲，如图 6.40 所示。接收器拉低 SDA 线表示应答，并在应答脉冲期间保持稳定的低电平。当主机为接收器时，必须发出数据传输结束信号给发送器，即它在最后一个字节之后的应答脉冲期间不会产生应答信号。在这种情况下，发送器必须释放 SDA 线为高以便主机产生停止条件。

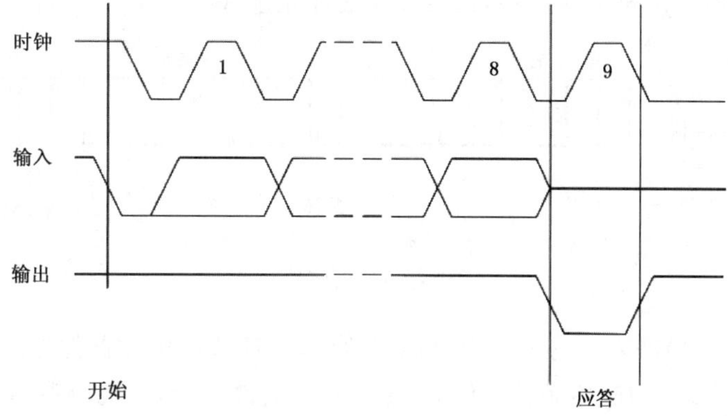

图 6.40　应答时序

(3)数据写操作

AT24C1024b 有两种写入方式，字节写和页写。

字节写操作要求在接收器件地址和 ACK 应答后，接收 8 位的字地址。接收到这个地址后，从机应答“0”，接着必须由主机发送停止条件来终止写序列。此时从机进入内部写周期 t_{WR}，数据写入非易失性存储器中，在此期间所有输入无效，直到写周期完成，从机才会有应答。如图 6.41 所示。

AT24C1024b 每页为 256 字节，页写初始化与字节写相同，只是主器件不会在第一个数据

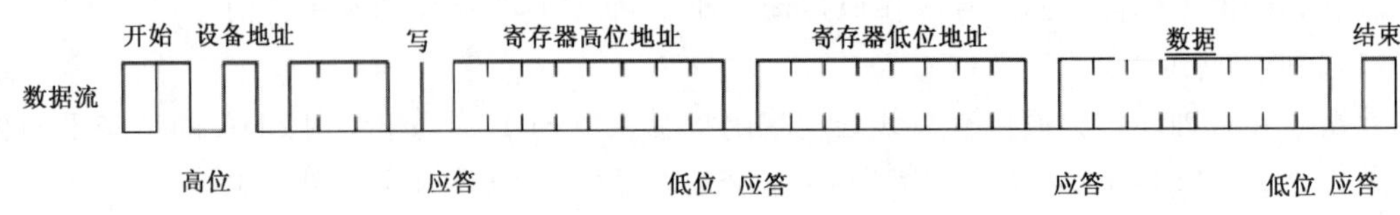

图 6.41　单字节数据写

后发送停止条件，而是在从机应答后继续发送 255 个数据，从机收到每个数据都需要应答。最后仍由主机发送停止条件，写终止序列。如图 6.42 所示。

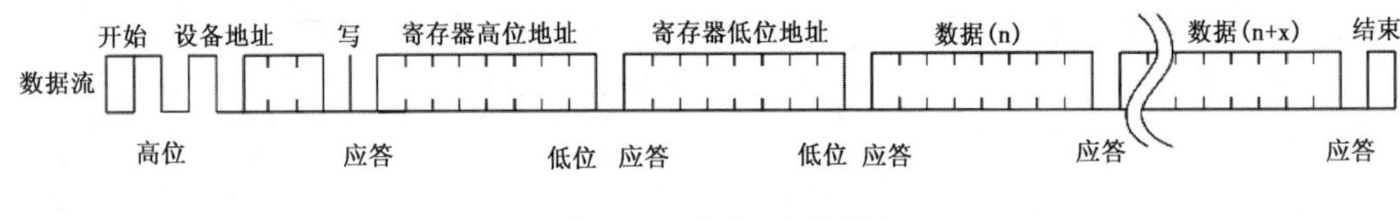

图 6.42　多字节数据写

(4)数据读操作

读操作与写操作初始化相同，只是器件地址中的读/写选择为置高。芯片有三种不同的读操作方式：当前地址读，随机读和连续读。

对于当前地址读(图 6.43)，芯片内部地址计数器保存着上次访问时最后一个地址加 1 的值。只要芯片不断电，该地址一直保存。当读到最后页的最后地址，地址自动转回 0；当写到某页页尾的最后一个字节，地址自动回转到该页的首字节。接收器件地址、从机应答后，当前地址就随时钟送出。主机无需应答，但需要发送停止条件。

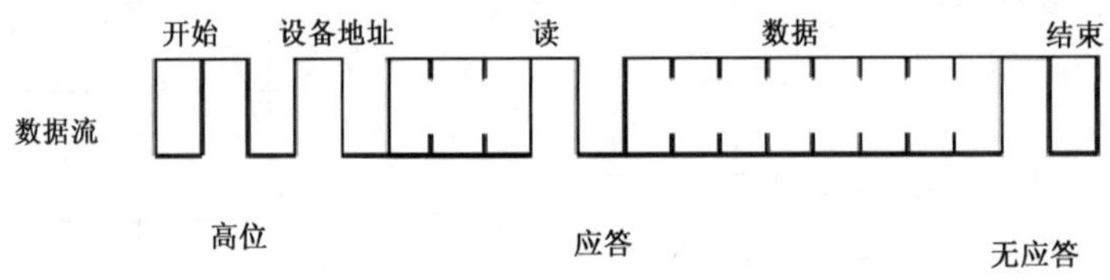

图 6.43　当前地址读

随机读(图 6.44)需要先写入一个目标字地址，一旦从机接收器件地址和字地址并产生应答，主机产生一个重复的起始条件。然后，主机发送器件地址，从机应答，并随时送出数据。主机无需应答，但需要发送停止条件。

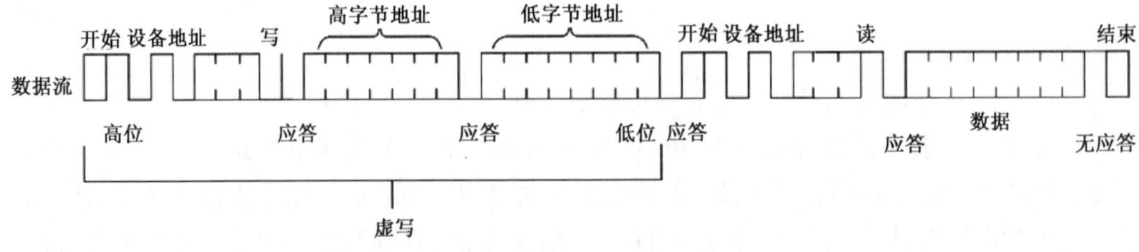

图 6.44　随机读

连续读取可以通过当前地址读或随机读启动(图 6.45)。主机接收到一个数据后,应答 ACK。只要从机接收到 ACK,将自动增加字地址并继续随时钟发送后面的数据。若达到存储地址末尾,地址自动回转到 0,仍可继续读取数据,最后,主机不应答,而要发送停止条件,即可结束读取。

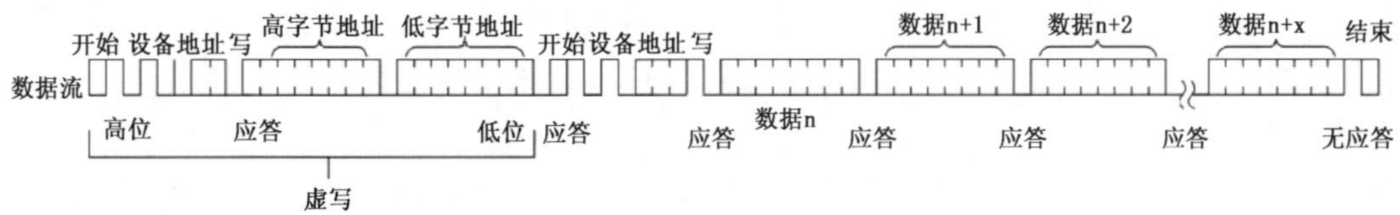

图 6.45　连续读

6.5.3.2　数据处理算法

地温传感器 1min 取值计算公式为

$$\bar{Y}=\frac{\sum_{i=1}^{N}(y_{i1}+y_{i2}+y_{i3})}{3m} \tag{6.7}$$

式中,$\bar{Y}$ 为观测时段内地温的平均值;y_{i1},y_{i12},y_{i3} 为观测时段内第 i 个地温的三个传感器采样瞬时值(样本),其中,“错误”、“可疑”等非“正确”的样本应丢弃而不用于计算,即令 $y_{in}=0(n=1,2,3)$;N 为观测时段内的样本总数,由“采样频率”和“平均值时间区间”决定;m 为观测时段内“正确”的样本数($m\leqslant N$)。

6.5.3.3　质量控制算法

为保证观测数据质量,应对测量数据进行数据质量控制,在智能传感器的嵌入式软件中完成量级质量控制:对采样瞬时值的质量控制,对瞬时气象值的质量控制。

(1)对采样瞬时值的质量控制

1)对采样瞬时值变化极限范围的检查;

2)对采样瞬时值变化速率的检查。

(2)对瞬时气象值的质量控制

1)对瞬时气象值变化极限范围的检查;

2)对瞬时气象值变化速率的检查:

检查瞬时气象值的最大允许变化速率;

检查瞬时气象值的最小应该变化速率;

标准偏差的计算。

3)内部一致性检查。

数据质量控制过程中,需要对采样瞬时值和瞬时气象值是否经过数据质量控制以及质量控制的结果进行标识,这种标识用于定性描述数据置信度。标识的规定见表 6.14。

一个“正确”的采样瞬时值,应在传感器的测量范围内,且相邻两个值最大变化值在允许范围内。其判断条件见表 6.15。

表 6.14 数据质量控制标识

标识代码值	描述
0x09	“没有检查”:该变量没有经过任何质量控制检查
0x00	“正确”:数据没有超过给定界限
0x01	“存疑”:不可信的
0x02	“错误”:错误数据,已超过给定界限
0x08	“缺失”:缺失数据
0x0F	没有配置安装传感器,无数据

表 6.15 “正确”的采样瞬时值的判断条件

气象变量	传感器测量范围下限	传感器测量范围上限	允许最大变化值
地温(℃)	−50	105	2

1)极限范围检查

验证每个采样瞬时值,应在传感器的正常测量范围内。

未超出的,标识“正确”;超出的,标识“错误”。

标识“错误”的,不可用于计算瞬时气象值。

2)变化速率检查

验证相邻采样瞬时值之间的变化量,检查出不符合实际的跳变。

每次采样后,将当前采样瞬时值与前一个采样瞬时值做比较。若变化量未超出允许的变化速率,标识“正确”;若超出,标识“存疑”。标识“存疑”的,不能用于计算瞬时气象值,但仍用于下一次的变化速率检查(即将下一次的采样瞬时值与该“存疑”值作比较)。该规程的执行结果是,如果发生大的噪声,将有一个或两个连续的采样瞬时值不能用于计算。

应有大于66%(2/3)的采样瞬时值可用于计算瞬时气象值(平均值)。若不符合这一质量控制规程,则判定当前瞬时气象值计算缺少样本,标识为“缺失”。

1)“正确”数据的基本条件

一个“正确”的瞬时气象值,不能超出规定的界限,相邻两个值的变化速率应在允许范围内,在一个持续的测量期(60min)内应该有一个最小的变化速率。“正确”数据的判断条件见表6.16。

表 6.16 “正确”的瞬时气象值的判断条件

气象变量	下限	上限	存疑的变化速率	错误的变化速率	[过去60分钟]最小应该变化的速率
5cm 地温	−80℃	80℃	2℃	5℃	可能很稳定
10cm 地温	−70℃	70℃	1℃	5℃	可能很稳定
15cm 地温	−60℃	60℃	1℃	3℃	可能很稳定
20cm 地温	−50℃	50℃	0.5℃	2℃	可能很稳定
40cm 地温	−45℃	45℃	0.5℃	1.0℃	可能很稳定
45cm 地温	−40℃	40℃	0.3℃	0.5℃	可能很稳定

表 6.16 中“下限”和“上限”的值是可以根据季节和自动气象站安装地的气候条件进行设置的，可以分三种情况：

根据当地的气候极值作适当放宽，确定每个要素“正确”数据的下限和上限；

以传感器的测量范围定为每个要素“正确”数据的下限和上限；

设置宽范围和通用的值。

2）极限范围检查

验证瞬时气象值，应在可接受的界限（下限、上限）范围内；

未超出的，标识“正确”；超出的，若下限和上限值由当地气候极值确定，则标识为“存疑”，若下限和上限值按传感器的测量范围或宽范围和通用的值确定，则标识“错误”。

3）变化速率检查

验证瞬时气象值的变化速率，检查出不符合实际的尖峰信号或跳变值，以及由传感器故障引起的测量死区。

①瞬时气象值的“最大允许变化速率”

当前瞬时气象值与前一个值的差大于表 6.14 中“存疑的变化速率”，则当前瞬时气象值通不过检查，标识为“存疑”。若大于表 6.14 中的“错误的变化速率”，则标识为“错误”。

在极端天气条件下，气象变量可能会发生不同寻常的变化，这种情况下，正确的数据也有可能被标上“存疑”。所以，“存疑”的数据不能被丢弃，而应传输至[终端]微机或中心站，有待作进一步验证。

②瞬时气象值的“[过去 60min]最小应该变化的速率”

由表 6.16 可知，瞬时气象值的示值更新周期都为 1min，也就是说瞬时气象值每分钟都被接受检查。

在过去的 60min 内，规定气象瞬时值的“最小应该变化的速率”，同样能帮助验证该值是正确的还是错误的。

如果这个值未能通过最小应该变化速率的检查，应标记“存疑”。

6.5.3.4　嵌入式软件构架

地温软件构架特点是 8 组地温传感器的管理以及质控，通过一个定时器，每个传感器分配一个时间段处理，并通过中断提示处理完成，这样大大减少对 CPU 的占用，提高处理效率。

根据智能气象站地温分系统的任务需求以及相关的气象行业规范，该软件要实现的基本功能如下：

（1）地温要素数据的实时采集和数据处理；

（2）实时时钟的读取和时间要素的增加；

（3）接收串口命令，并根据命令执行相应工作，返回信息；

（4）实时唤醒 ZigBee，向 ZigBee 发送数据；

（5）定时输出喂狗信号，防止程序跑飞。

地温分站软件结构框图如图 6.46 所示，图中主要包括地温系统初始化、地温数据采集、实时时钟、主系统运行以及通信单元等功能模块。

地温系统初始化的主要功能是完成整个地温系统的启动和各个功能单元的初始化设定。地温系统初始化的结构框图如图 6.47 所示。初始化包括关闭看门狗、初始化系统时钟、初始化地温采集单元、初始化实时时钟、初始化 EEPROM、初始化串口通信模块、初始化显示模块、从 EEPROM 中读取参数等。

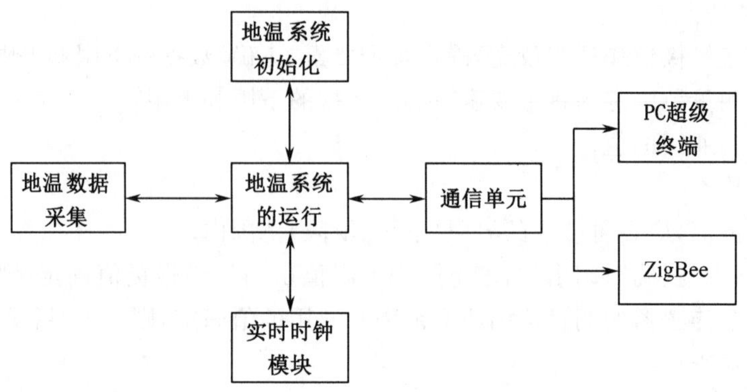

图 6.46　地温软件结构

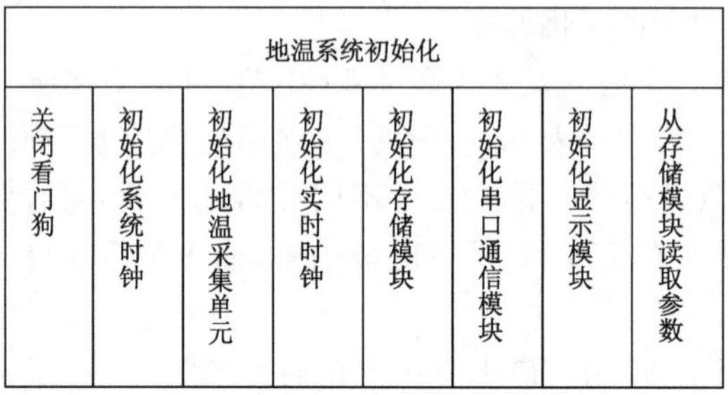

地温系统初始化							
关闭看门狗	初始化系统时钟	初始化地温采集单元	初始化实时时钟	初始化存储模块	初始化串口通信模块	初始化显示模块	从存储模块读取参数

图 6.47　地温系统初始化

地温系统的运行作为软件设计的主控制部分，主要完成各个单元的协调和中断的处理，从而起到任务调配的功能。其结构细分如图 6.48 所示。地温系统运行包括地温的采集、PC 端串口命令的中断处理、每分钟数据帧的发送、每小时状态帧的发送、系统运行电压和温度的采集、地温数据的处理、ZigBee 的唤醒、喂狗信号的产生等。

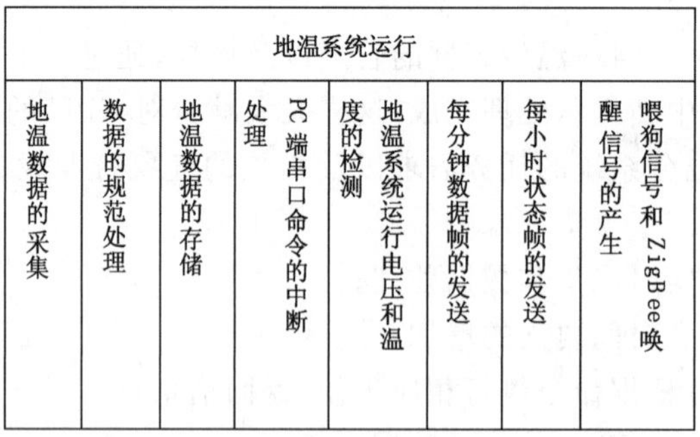

地温系统运行							
地温数据的采集	数据的规范处理	地温数据的存储	PC 端串口命令的中断处理	地温系统运行电压和温度的检测	每分钟数据帧的发送	每小时状态帧的发送	喂狗信号和 ZigBee 唤醒信号的产生

图 6.48　地温系统运行

地温分站整个系统基于 MSP430F149 超低功耗、16bit 单片机，MSP430F149 是 TI 公司开发的一款功能强大、外设丰富的精简指令集单片机。整个系统的处理结构框图如图 6.49 所示，图中系统和 PC 以及 ZigBee 的通信都采用串口协议实现。

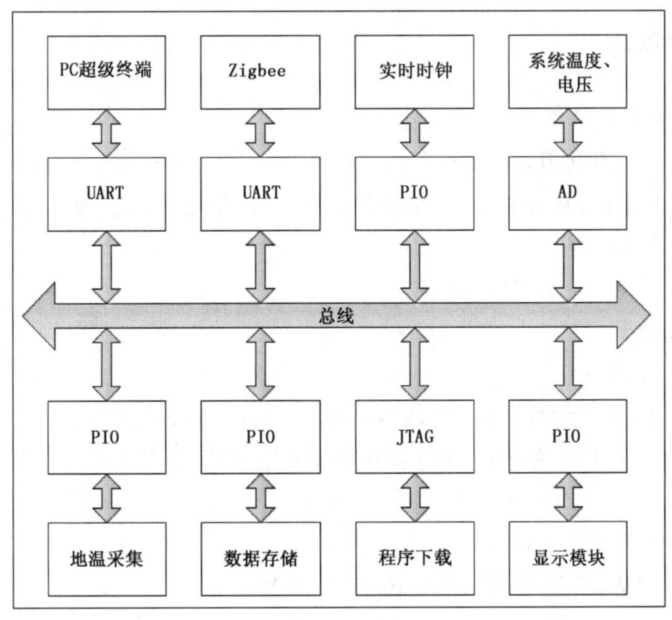

图 6.49　地温系统处理结构

6.6　智能温度传感器

6.6.1　概述

气温传感器分两种：石英晶体温度计和 PT000 温度计，石英晶体温度计采用等精度测频原理，通过以及高精度的温补晶体振荡器提供基准时钟，测量被测晶体频率从而得到测量温度。PT000 温度计采用 A 级 1000Ω 铂电阻，通过一个精度高达万分之一，温漂仅为 5ppm（$1ppm=10^{-6}$）的基准电阻测量当前的电阻值得到测量温度。在设计上充分考虑设计的可移植性、处理速度和可靠性等要求，运用了 STM32 单片机高级定时器具有的 PWM 输入捕获提高脉冲测量精度，基于 Cotex－M3，32 位的 Thumb 指令集单片机，完成了系统软件的架构设计与实现。

根据智能气象站温度分系统的任务需求以及相关的气象行业规范，该软件要实现的基本功能如下：

(1)温度要素数据的实时采集和数据处理；

(2)实时时钟的读取和时间要素的增加；

(3)分钟数据和小时数据的存储；

(4)接收 PC 串口命令，并根据命令执行相应工作，返回信息；

(5)实时唤醒 ZigBee，向 ZigBee 发送数据；

(6)定时输出喂狗信号，防止程序跑飞。

6.6.2 PT1000温度计

6.6.2.1 数据采集方式及技术指标

采用A级1000Ω铂电阻，通过一个基准电阻和一个4～20mA电流变送器，采用高精度AD采样得到当前电阻值，从而换算得到测量的温度值(张瑜等，2010)。

传感器实现指标如下：

(1)测量范围：－50～＋60℃；

(2)分辨力：0.01℃；

(3)准确度：±0.2℃；

(4)数据传输：ZigBee无线传输(默认)，RS232串口传输(可选)；

(5)供电范围：9～21V(太阳能或外部电源，极限供电电压为6～27V，典型供电电压为12V)或单节锂电池(3.7V)；

(6)静态工作电流：1.2mA；

(7)功耗：＜0.35W，常温下典型功耗值为235mW；

(8)采集器工作温度范围：－40～＋85℃。

6.6.2.2 电流变送器

XTR112通过IR1(Pin1)、IR2(Pin14)引脚提供两路精确的250μA传感器激励用于外接铂电阻。内置的线性化电路能够对铂电阻温度特性的非线性进行矫正，可达到40∶1的改善(马云峰等，2000)。片内仪表放大器增益可通过接在Pin3与Pin4接的外部电阻R_G调节以适用不同的温度工作范围。芯片工作于宽电压范围7.5～36V，输出信号为电流信号，故可进行远距离传输。铂电阻连接可采用两线制、三线制和四线制，其中三线制和四线制可以消除连接线材电阻带来的测量误差，故选用三线制连接法。

图6.50中主要元器件参数设置如下(设温度测量值为T_{MIN}～T_{MAX})。

基准电阻R_Z：

R_Z是电阻温度探测器(resistance temperature detector，RTD)在测温范围下限T_{MIN}时电阻值，这里取800Ω，则可以测量的最小温度为－50℃，满足测量要求；

增益调节电阻R_G：

$$R_G = \frac{0.625 \times (R_2 - R_Z)(R_1 - R_Z)}{(R_2 - R_1)} \tag{6.8}$$

非线性矫正电阻：

$$R_{LIN1} = \frac{1.6 \times R_{LIN}(R_2 - R_1)}{(2R_1 - R_2 - R_Z)} \tag{6.9}$$

$$R_{LIN2} = \frac{1.6 \times (R_{LIN} + R_G)(R_2 - R_1)}{(2R_1 - R_2 - R_Z)} \tag{6.10}$$

式中，R_1为铂电阻在$(T_{MIN}+T_{MAX})/2$温度值时的电阻值；R_2为铂电阻在T_{MAX}温度值时的电阻值；R_{LIN}为内部电阻，本芯片固定取值1kΩ。

6.6.2.3 数据处理算法

PT1000温度1min数据计算公式为

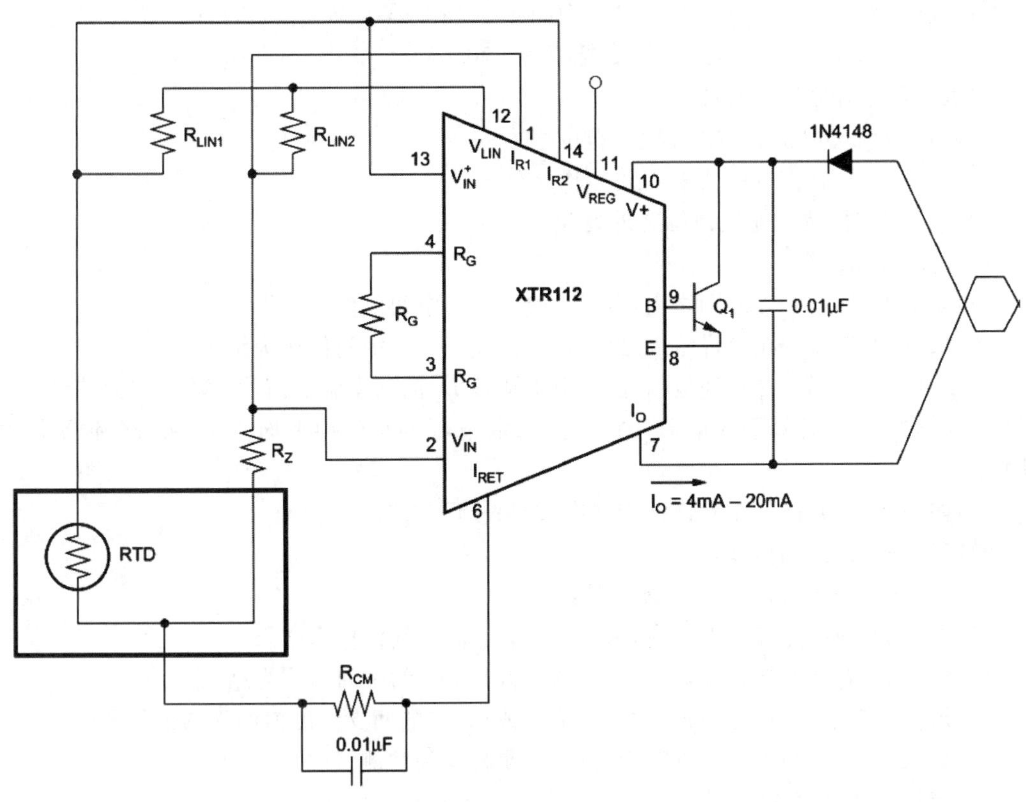

图 6.50 电流变送器结构

$$\overline{Y}=\frac{\sum_{i=1}^{N}y_i}{m} \tag{6.11}$$

式中，$\overline{Y}$ 为观测时段内温度的平均值；y_i 为观测时段内第 i 个温度的采样瞬时值(样本)，其中，“错误”、“可疑”等非“正确”的样本应丢弃而不用于计算，即令 $y_i=0$；N 为观测时段内的样本总数，由“采样频率”和“平均值时间区间”决定；m 为观测时段内“正确”的样本数($m\leqslant N$)。

如果在同一套通风防辐射罩(或)百叶箱中配置三支气温传感器，需对 3 支传感器所测得的瞬时气象值相互比较，根据两两偏差确定取值。在－50～50℃范围内时，两两之间误差阈值设为 0.3℃；在小于－50 和大于 50℃时两两之间误差阈值设为 0.6℃。

通风辐射罩的通风要求：风扇的标称通风转速 F_{Ni}，风扇的临界通风转速 F_{ci}(判别风速是否合乎要求的阈值)，F_i 为实际工作通风转速。其中 $F_{ci}=0.8\times F_{Ni}$。

第一步：两两计算偏差。

$$D_{12}=|T_1-T_2|$$
$$D_{23}=|T_2-T_3|$$
$$D_{31}=|T_3-T_1|$$

其中，T_1，T_2，T_3 分别为 3 支温度传感器的 1min 平均温度(即瞬时值)，D_{12}，D_{23}，D_{31} 分别为两两之间的差值(℃)，若瞬时气温值出现缺失，相关 D_{ij} 按缺失处理。

第二步：定义两两偏差允许范围。

$tol(i,j)=0.3℃$，当$-50.0℃\leqslant T_i\leqslant 50.0℃$，$-50.0℃\leqslant T_j\leqslant 50.0℃$；

$tol(i,j)=0.6℃$，当$|T_i|>50.0℃$或$|T_j|>50.0℃$。

这里，tol 为相对允许误差。

(1)如果 $D_{ij}\leqslant tol(i,j)$，D_{ij} 在允许范围之内；

(2)如果 $D_{ij}>tol(i,j)$，D_{ij} 在允许范围之外；

(3)D_{ij} 缺失时，按在允许范围之外处理。

第三步：计算结果。

(1)如果 D_{ij} 均在允许范围之内，取 T_1，T_2，T_3 的中间值作为结果。

(2)如果 D_{ij} 有 2 个在允许范围之内，取 T_1，T_2，T_3 的中间值作为结果。

(3)果仅有 1 个 D_{ij} 在允许范围之内，取形成该 D_{ij} 的两支温度值的平均值作为结果，最高、最低值计算方法：先计算形成该 D_{ij} 的两支温度传感器的每分钟平均值，再从每分钟平均值序列中挑取。

(4)如果所有 D_{ij} 都不在允许范围之内，结果标识为缺测。

第四步：通风速度的处理。

当 F_i(1min 平均值，下同)均$\geqslant F_{ci}$时：

(1)如果 D_{ij} 均在允许范围之内，取 T_1，T_2，T_3 的中间值作为结果。

(2)如果 D_{ij} 有 2 个在允许范围之内，取 T_1，T_2，T_3 的中间值作为结果。

(3)果仅有 1 个 D_{ij} 在允许范围之内，取形成该 D_{ij} 的两支温度值的平均值作为结果。

(4)如果所有 D_{ij} 都不在允许范围之内，结果标识为缺测。

(5)当只有 2 个 $F_i\geqslant F_{ci}$ 时：

1)如果 2 个风扇正常工作的传感器 D_{ij} 在允许范围之内，取形成该 D_{ij} 传感器的平均值作为结果。

2)如果 2 个风扇正常工作的传感器 D_{ij} 在允许范围之外，结果标识为缺测。

(6)当只有 1 个 $F_i\geqslant F_{ci}$ 时：此时不考虑 D_{ij} 是否在允许范围，直接取该传感器的温度值作为结果。

(7)当没有 $F_i\geqslant F_{ci}$ 时：结果标识为缺测。

有两种不同计算方法，根据不同应用场合进行选择：

(1)对 1min 内的"正确"的采样值计算平均值，应有大于 66%(2/3)的采样瞬时值可用于计算瞬时值，若不符合这一质量控制规程，则当前瞬时值标识为"缺失"。

(2)用 1min 内的采样值计算均方差 σ，凡样本值与平均值的差的绝对值大于 3σ 的样本值予以剔除，对剩余的样本值计算平均作为瞬时值。

最高(大)值

从 1h 内 60 个 1min 平均值的"正确"值中挑选最高(大)值，并记录时间。

最低(小)值

从 1h 内 60 个 1min 平均值的"正确"值中挑选最低(小)值，并记录时间。

6.6.2.4 质量控制算法

为保证观测数据质量，应对测量数据进行数据质量控制，在智能传感器的嵌入式软件中完成量级质量控制：对采样瞬时值的质量控制，对瞬时气象值的质量控制。

(1)对采样瞬时值的质量控制

1)对采样瞬时值变化极限范围的检查;

2)对采样瞬时值变化速率的检查。

(2)对瞬时气象值的质量控制

1)对瞬时气象值变化极限范围的检查;

2)对瞬时气象值变化速率的检查:

检查瞬时气象值的最大允许变化速率;

检查瞬时气象值的最小应该变化速率;

标准偏差的计算。

3)内部一致性检查。

数据质量控制过程中,需要对采样瞬时值和瞬时气象值是否经过数据质量控制以及质量控制得结果进行标识,这种标识用于定性描述数据置信度。标识的规定见表 6.17。

表 6.17　数据质量控制标识

标识代码值	描述
0x09	“没有检查”:该变量没有经过任何质量控制检查
0x00	“正确”:数据没有超过给定界限
0x01	“存疑”:不可信的
0x02	“错误”:错误数据,已超过给定界限
0x08	“缺失”:缺失数据
0x0F	没有配置安装传感器,无数据

一个“正确”的采样瞬时值,应在传感器的测量范围内,且相邻两个值最大变化值在允许范围内。其判断条件见表 6.18。

表 6.18　“正确”的采样瞬时值的判断条件

气象变量	传感器测量范围下限	传感器测量范围上限	允许最大变化值
气温(℃)	−50	60	2

1)极限范围检查

验证每个采样瞬时值,应在传感器的正常测量范围内。

未超出的,标识“正确”;超出的,标识“错误”。

标识“错误”的,不可用于计算瞬时气象值。

2)变化速率检查

验证相邻采样瞬时值之间的变化量,检查出不符合实际的跳变。

每次采样后,将当前采样瞬时值与前一个采样瞬时值做比较。若变化量未超出允许的变化速率,标识“正确”;若超出,标识“存疑”。标识“存疑”的,不能用于计算瞬时气象值,但仍用于下一次的变化速率检查(即将下一次的采样瞬时值与该“存疑”值作比较)。该规程的执行结果是,如果发生大的噪声,将有一个或两个连续的采样瞬时值不能用于计算。

1)“正确”数据的基本条件

一个“正确”的瞬时气象值,不能超出规定的界限,相邻两个值的变化速率应在允许范围内,在一个持续的测量期(60min)内应该有一个最小的变化速率。“正确”数据的判断条件见

表 6.19。

表 6.19　“正确”的瞬时气象值的判断条件

气象变量	下限	上限	存疑的变化速率	错误的变化速率	[过去 60 分钟]最小应该变化的速率
气温(℃)	－75	80	3	5	0.1
草面温度(℃)	－90	90	5	10	—
地表温度(℃)	－90	90	5	10	0.1(雪融过程中会产生等温情况)

表 6.19 中“下限”和“上限”的值是可以根据季节和自动气象站安装地的气候条件进行设置的，可以分三种情况：

根据当地的气候极值作适当放宽，确定每个要素“正确”数据的下限和上限；

以传感器的测量范围定为每个要素“正确”数据的下限和上限；

设置宽范围和通用的值。

2)极限范围检查

验证瞬时气象值，应在可接受的界限(下限、上限)范围内；

未超出的，标识“正确”；超出的，若下限和上限值由当地气候极值确定，则标识为“存疑”，若下限和上限值按传感器的测量范围或宽范围和通用的值确定，则标识“错误”。

3)变化速率检查

验证瞬时气象值的变化速率，检查出不符合实际的尖峰信号或跳变值，以及由传感器故障引起的测量死区。

①瞬时气象值的“最大允许变化速率”

当前瞬时气象值与前一个值的差大于表 6.19 中“存疑的变化速率”，则当前瞬时气象值通不过检查，标识为“存疑”。若大于表 6.19 中的“错误的变化速率”，则标识为“错误”。

在极端天气条件下，气象变量可能会发生不同寻常的变化，这种情况下，正确的数据也有可能被标上“存疑”。所以，“存疑”的数据不能被丢弃，而应传输至[终端]微机或中心站，有待作进一步验证。

②瞬时气象值的“[过去 60min]最小应该变化的速率”

由表 6.19 可知，瞬时气象值的示值更新周期都为 1min，也就是说瞬时气象值每分钟都被接受检查。

在过去的 60min 内，规定气象瞬时值的“最小应该变化的速率”，同样能帮助验证该值是正确的还是错误的。

如果这个值未能通过最小应该变化速率的检查，应标记“存疑”。

6.6.2.5　嵌入式软件构架

PT1000 温度计软件是整个 PT1000 探测系统的灵魂，直接决定了 PT1000 气象分系统的性能，在设计上充分考虑设计的可移植性、处理速度和可靠性等要求，运用了多中断处理技术、串行顺序处理技术和循环查询处理技术等处理技术，基于 16bit 的超低功耗精简指令集单片机，完成了系统软件的架构设计与实现。

根据智能气象站 PT1000 分系统的任务需求以及相关的气象行业规范，该软件要实现的基本功能如下：

(1)PT1000 要素数据的实时采集和数据处理；

(2)实时时钟的读取和时间要素的增加；

(3)接收串口命令，并根据命令执行相应工作，返回信息；

(4)实时唤醒 ZigBee，向 ZigBee 发送数据；

(5)定时输出喂狗信号，防止程序跑飞。

数据采集与处理均通过 MSP430 单片机进行，其整体流程如图 6.51 所示。程序上电初始化之后，单片机判断当前是否需要进行传感器数据采集，若不需要，则进入低功耗模式，等待数据采集指令；若当前需要数据采集，则单片机采集当前传感器数据，实时时钟信息和环境监测信息；然后判断采集的数据是否为有效数据，若非有效数据，则登记当前数据状态，并判断是否出现故障，若没有故障则丢弃当前数据重新等待数据采集，如果发现故障，生成故障数据，进行本地存储，显示，并通过 ZigBee 上传至上位机软件；如果采集的数据有效，则通过数据解析，处理，打包并进行质量控制，然后按照国家气象规范生成相应的数据帧或状态帧数据，同样对数据本地存储，显示，并通过 ZigBee 上传至上位机。

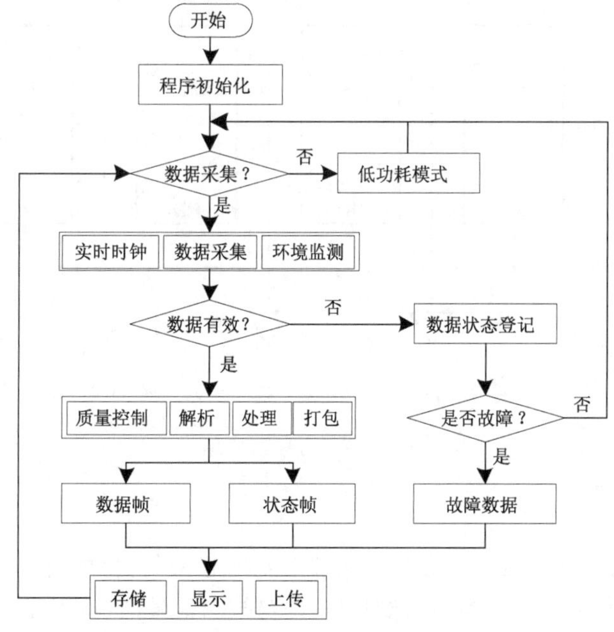

图 6.51　单片机控制流程

6.6.3　石英晶体温度计

6.6.3.1　数据采集方式和技术指标

石英晶体温度计输出信号为脉冲形式，采用计数器分频后计数(张超等，1997)。为了保证计数准确性，使用一个常温频率为 10MHz，偏差小于 0.2ppm，温漂小于 0.5ppm/℃的高精度晶振作为基准频率。为了提高参考频率，使用 STM32F103 系列单片代替 MSP430，STM32F103 可运行于高达 72MHz 的主频，并且其定时器可以组合成 32bit 位定时器模式，可以通过内部锁相环把 10MHz 基准频率倍频使用，进一步提高测量精度(Tashiro 等，2005)。

石英晶体温度计实现指标如下：

(1)测量范围：－50～＋60℃；

(2)分辨力：0.01℃；

(3)准确度：±0.1℃；

(4)数据传输：ZigBee 无线传输(默认)，RS232 串口传输(可选)；

(5)供电范围：9～27V(太阳能或外部电源，极限供电电压为 7～36V，典型供电电压为 12V)或单节锂电池(3.7V)；

(6)静态工作电流：2.2mA；

(7)功耗：<0.5W，常温下典型功耗值为 395mW；

(8)采集器工作温度范围：－40～＋85℃。

6.6.3.2 计数器分频电路

分频电路采用通用 4 位二进制计数器 74HC393 实现(图 6.52)。74HC393 最多可以实现 16 分频，石英晶体振荡频率在 36kHz 左右变化，为了减小保证等精度测频门限宽度，达到每分钟采样 60 个的要求，对该频率进行四分频再作为待测信号。

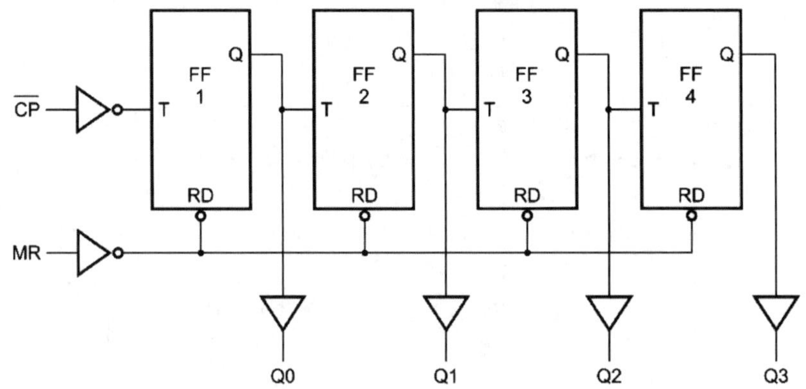

图 6.52 分频器原理

6.6.3.3 等精度频率测量

等精度测频方法是在直接测频方法的基础上发展起来的(付丽辉等，2006)。它的闸门时间不是固定的值，而是被测信号周期的整数倍，即与被测信号同步，因此，避除了对被测信号计数所产生±1 个字误差，并且达到了在整个测试频段的等精度测量。其测频原理如图 6.53 所示。在测量过程中，有两个计数器分别对标准信号和被测信号同时计数。首先给出闸门开启信号(预置闸门上升沿)，此时计数器并不开始计数，而是等到被测信号的上升沿到来时，计数器才真正开始计数。然后预置闸门关闭信号(下降沿)到时，计数器并不立即停止计数，而是等到被测信号的上升沿到来时才结束计数，完成一次测量过程。可以看出，实际闸门时间 t 与预置闸门时间 t_1 并不严格相等，但差值不超过被测信号的一个周期(图 6.53)。

设在一次实际闸门时间 t 中计数器对被测信号的计数值为 N_x，对标准信号的计数值为 N_s。标准信号的频率为 f_s，则被测信号的频率 f_x 为

$$f_x=(N_x/N_s)\cdot f_s \tag{6.12}$$

由式(6.12)可知，若忽略标频 f_s 的误差，则等精度测频可能产生的相对误差为

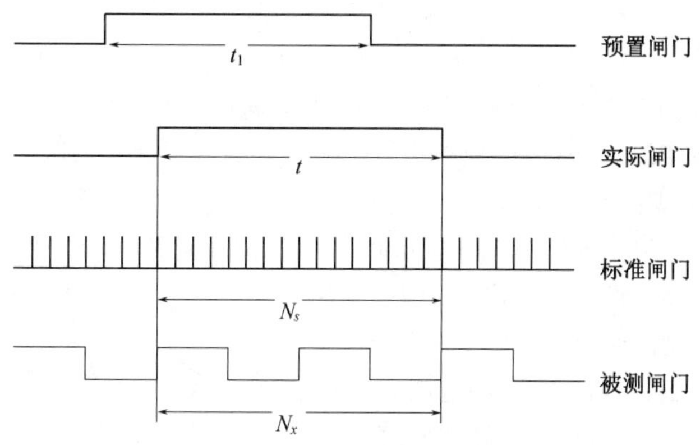

图 6.53　等精度测量原理

$$\delta=(|f_{xe}-f_x|/f_{xe})\times 100\% \tag{6.13}$$

式中，f_{xe}为被测信号频率的准确值。

在测量中，由于 f_x 计数的起停时间都是由该信号的上升沿触发的，在闸门时间 t 内对 f_x 的计数 N_x 无误差($t=N_xT_x$)；对 f_s 的计数 N_s 最多相差一个数的误差，即$|\Delta N_s|\leqslant 1$，其测量频率为

$$f_{xe}=[N_x/(N_s+\Delta N_s)]\cdot f_s \tag{6.14}$$

将式(6.12)和(6.14)代入式(6.13)，并整理得

$$\delta=|\Delta N_s|/N_s\leqslant 1/N_s=1/(t\cdot f_s) \tag{6.15}$$

由式(6.15)可以看出，测量频率的相对误差与被测信号频率的大小无关，仅与闸门时间和标准信号频率有关，即实现了整个测试频段的等精度测量。闸门时间越长，标准频率越高，测频的相对误差就越小。标准频率可由稳定度好、精度高的高频率晶体振荡器产生，在保证测量精度不变的前提下，提高标准信号频率，可使闸门时间缩短，即提高测试速度。

6.6.3.4　数据处理算法

石英晶体温度 1min 数据计算公式为

$$\overline{Y}=\frac{\sum_{i=1}^{N}y_i}{m} \tag{6.16}$$

式中，$\overline{Y}$为观测时段内温度的平均值；y_i 为观测时段内第 i 个温度的采样瞬时值(样本)，其中，“错误”、“可疑”等非“正确”的样本应丢弃而不用于计算，即令 $y_i=0$；N 为观测时段内的样本总数，由“采样频率”和“平均值时间区间”决定；m 为观测时段内“正确”的样本数($m\leqslant N$)。

如果在同一套通风防辐射置(或百叶箱)中配置 3 支气温传感器，需对 3 支传感器所测得的瞬时气象值相互比较，根据两两偏差确定取值。在－50～50℃范围内时，两两之间误差阈值设为 0.3℃；在小于－50 和大于 50℃时两两之间误差阈值设为 0.6℃。

通风辐射罩的通风要求：风扇的标称通风转速 F_{Ni}，风扇的临界通风转速 F_{ci}(判别风速是否合乎要求的阈值)，F_i 为实际工作通风转速。其中 $F_{ci}=0.8\times F_{Ni}$。

第一步：两两计算偏差。

$$D_{12}=|T_1-T_2|$$

$$D_{23} = |T_2 - T_3|$$

$$D_{31} = |T_3 - T_1|$$

式中，T_1，T_2，T_3 分别为 3 支温度传感器的 1min 平均温度（即瞬时值），D_{12}，D_{23}，D_{31} 分别为两两之间的差值（℃），若瞬时气温值出现缺失，相关 D_{ij} 按缺失处理。

第二步：定义两两偏差允许范围。

tol(i,j)＝0.3℃，当－50.0℃≤T_i≤50.0℃，－50.0℃≤T_j≤50.0℃；

tol(i,j)＝0.6℃，当$|T_i|$＞50.0℃或$|T_j|$＞50.0℃。

这里，tol 为相对允许误差。

（1）如果 D_{ij}≤tol(i,j)，D_{ij} 在允许范围之内；

（2）如果 D_{ij}＞tol(i,j)，D_{ij} 在允许范围之外；

（3）D_{ij} 缺失时，按在允许范围之外处理。

第三步：计算结果。

（1）如果 D_{ij} 均在允许范围之内，取 T_1，T_2，T_3 的中间值作为结果。

（2）如果 D_{ij} 有 2 个在允许范围之内，取 T_1，T_2，T_3 的中间值作为结果。

（3）如果仅有 1 个 D_{ij} 在允许范围之内，取形成该 D_{ij} 的两支温度传感器测量值的平均值作为结果，最高、最低值计算方法：先计算形成该 D_{ij} 的两支温度传感器的每分钟平均值，再从每分钟平均值序列中挑取。

（4）如果所有 D_{ij} 都不在允许范围之内，结果标识为缺测。

第四步：通风速度的处理。

当 F_i（1min 平均值，下同）均≥F_{ci} 时：

（1）如果 D_{ij} 均在允许范围之内，取 T_1，T_2，T_3 的中间值作为结果。

（2）如果 D_{ij} 有 2 个在允许范围之内，取 T_1，T_2，T_3 的中间值作为结果。

（3）果仅有 1 个 D_{ij} 在允许范围之内，取形成该 D_{ij} 的两支温度传感器测量值的平均值作为结果。

（4）如果所有 D_{ij} 都不在允许范围之内，结果标识为缺测。

（5）当只有 2 个 F_i≥F_{ci} 时：

1）如果 2 个风扇正常工作的传感器 D_{ij} 在允许范围之内，取形成该 D_{ij} 传感器的平均值作为结果。

2）如果 2 个风扇正常工作的传感器 D_{ij} 在允许范围之外，结果标识为缺测。

（6）当只有 1 个 F_i≥F_{ci} 时：此时不考虑 D_{ij} 是否在允许范围，直接取该传感器的温度值作为结果。

（7）当没有 F_i≥F_{ci} 时：结果标识为缺测。

有两种不同计算方法，根据不同应用场合进行选择：

（1）对 1min 内的“正确”的采样值计算平均值，应有大于 66％（2/3）的采样瞬时值可用于计算瞬时值，若不符合这一质量控制规程，则当前瞬时值标识为“缺失”。

（2）用 1min 内的采样值计算均方差 σ，凡样本值与平均值的差的绝对值大于 3σ 的样本值予以剔除，对剩余的样本值计算平均作为瞬时值。

最高（大）值

从 1h 内 60 个 1min 平均值的“正确”值中挑选最高（大）值，并记录时间。

最低(小)值

从 1h 内 60 个 1min 平均值的“正确”值中挑选最低(小)值,并记录时间。

6.6.3.5　质量控制算法

为保证观测数据质量,应对测量数据进行数据质量控制,在智能传感器的嵌入式软件中完成量级质量控制:对采样瞬时值的质量控制,对瞬时气象值的质量控制。

(1)对采样瞬时值的质量控制

1)对采样瞬时值变化极限范围的检查;

2)对采样瞬时值变化速率的检查。

(2)对瞬时气象值的质量控制

1)对瞬时气象值变化极限范围的检查;

2)对瞬时气象值变化速率的检查:

检查瞬时气象值的最大允许变化速率;

检查瞬时气象值的最小应该变化速率;

标准偏差的计算。

3)内部一致性检查。

数据质量控制过程中,需要对采样瞬时值和瞬时气象值是否经过数据质量控制以及质量控制得结果进行标识,这种标识用于定性描述数据置信度。标识的规定见表 6.20。

表 6.20　数据质量控制标识

标识代码值	描述
0x09	“没有检查”:该变量没有经过任何质量控制检查
0x00	“正确”:数据没有超过给定界限
0x01	“存疑”:不可信的
0x02	“错误”:错误数据,已超过给定界限
0x08	“缺失”:缺失数据
0x0F	没有配置安装传感器,无数据

一个“正确”的采样瞬时值,应在传感器的测量范围内,且相邻两个值最大变化值在允许范围内。其判断条件见表 6.21。

表 6.21　“正确”的采样瞬时值的判断条件

气象变量	传感器测量范围下限	传感器测量范围上限	允许最大变化值
气温(℃)	−50	60	2

1)极限范围检查

验证每个采样瞬时值,应在传感器的正常测量范围内。

未超出的,标识“正确”;超出的,标识“错误”。

标识“错误”的,不可用于计算瞬时气象值。

2)变化速率检查

验证相邻采样瞬时值之间的变化量,检查出不符合实际的跳变。

每次采样后,将当前采样瞬时值与前一个采样瞬时值做比较。若变化量未超出允许的变化速率，标识“正确”；若超出，标识“存疑”。标识“存疑”的，不能用于计算瞬时气象值，但仍用于下一次的变化速率检查(即将下一次的采样瞬时值与该“存疑”值作比较)。该规程的执行结果是，如果发生大的噪声，将有一个或两个连续的采样瞬时值不能用于计算。

1)“正确”数据的基本条件

一个“正确”的瞬时气象值，不能超出规定的界限，相邻两个值的变化速率应在允许范围内，在一个持续的测量期(1 小时)内应该有一个最小的变化速率。“正确”数据的判断条件见表 6.22。

表 6.22　“正确”的瞬时气象值的判断条件

气象变量	下限	上限	存疑的变化速率	错误的变化速率	[过去 60min]最小应该变化的速率
气温(℃)	−75	80	3	5	0.1
草面温度(℃)	−90	90	5	10	—
地表温度(℃)	−90	90	5	10	0.1(雪融过程中会产生等温情况)

表 6.22 中“下限”和“上限”的值是可以根据季节和自动气象站安装地的气候条件进行设置的，可以分三种情况：

根据当地的气候极值作适当放宽，确定每个要素“正确”数据的下限和上限；

以传感器的测量范围定为每个要素“正确”数据的下限和上限；

设置宽范围和通用的值。

2)极限范围检查

验证瞬时气象值，应在可接受的界限(下限、上限)范围内；

未超出的，标识“正确”；超出的，若下限和上限值由当地气候极值确定，则标识为“存疑”，若下限和上限值按传感器的测量范围或宽范围和通用的值确定，则标识“错误”。

3)变化速率检查

验证瞬时气象值的变化速率，检查出不符合实际的尖峰信号或跳变值，以及由传感器故障引起的测量死区。

①瞬时气象值的“最大允许变化速率”

当前瞬时气象值与前一个值的差大于表 6.22 中“存疑的变化速率”，则当前瞬时气象值通不过检查，标识为“存疑”。若大于表 6.22 中的“错误的变化速率”，则标识为“错误”。

在极端天气条件下，气象变量可能会发生不同寻常的变化，这种情况下，正确的数据也有可能被标上“存疑”。所以，“存疑”的数据不能被丢弃，而应传输至[终端]微机或中心站，有待作进一步验证。

②瞬时气象值的“[过去 60min]最小应该变化的速率”

由表 6.22 可知，瞬时气象值的示值更新周期都为 1min，也就是说瞬时气象值每分钟都被接受检查。

在过去的 60min 内，规定气象瞬时值的“最小应该变化的速率”，同样能帮助验证该值是正确的还是错误的。

如果这个值未能通过最小应该变化速率的检查，应标记“存疑”。

6.6.3.6 嵌入式软件构架

石英晶体温度计软件是整个石英晶体探测系统的灵魂，直接决定了石英晶体气象分系统的性能，在设计上充分考虑设计的可移植性、处理速度和可靠性等要求，运用了多中断处理技术、串行顺序处理技术和循环查询处理技术等处理技术，基于16bit的超低功耗精简指令集单片机，完成了系统软件的架构设计与实现。

根据智能气象站石英晶体分系统的任务需求以及相关的气象行业规范，该软件要实现的基本功能如下：

(1)石英晶体要素数据的实时采集和数据处理；

(2)实时时钟的读取和时间要素的增加；

(3)接收串口命令，并根据命令执行相应工作，返回信息；

(4)实时唤醒ZigBee，向ZigBee发送数据；

(5)定时输出喂狗信号，防止程序跑飞。

数据采集与处理均通过MSP430单片机进行，其整体流程如图6.54所示。程序上电初始化之后，单片机判断当前是否需要进行传感器数据采集，若不需要，则进入低功耗模式，等待数据采集指令；若当前需要数据采集，则单片机采集当前传感器数据，实时时钟信息和环境监测信息；然后判断采集的数据是否为有效数据，若非有效数据，则登记当前数据状态，并判断是否出现故障，若没有故障则丢弃当前数据重新等待数据采集，如果发现故障，生成故障数据，进行本地存储，显示，并通过ZigBee上传至上位机软件；如果采集的数据有效，则通过数据解析，处理，打包并进行质量控制，然后按照国家气象规范生成相应的数据帧或状态帧数据，同样对数据本地存储，显示，并通过ZigBee上传至上位机。

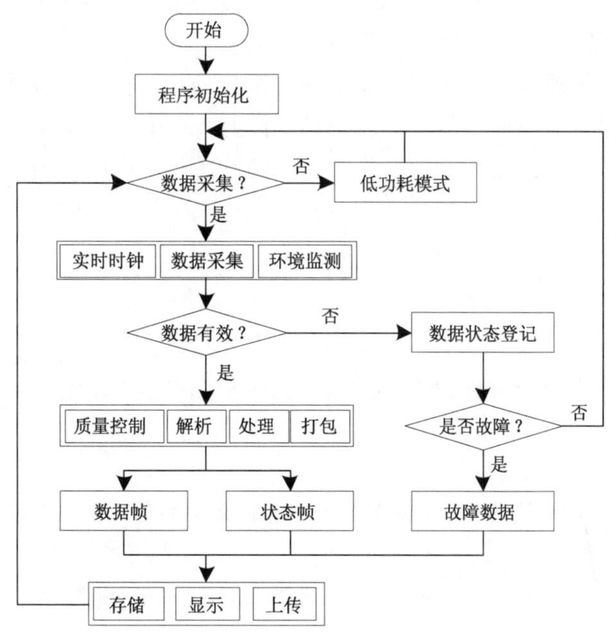

图6.54 单片机控制流程

6.7　大气电场仪和能见度仪

6.7.1　概述

大气电场仪采用北京华云东方的 DNDY－DF02 型大气电场仪，DNDY－DF02 大气电场仪采用目前高精度的磨盘式感应原理，数据采集和处理单元全部集成探头内部，保证了数据的精度。能见度仪采用气象业务用的成熟产品安徽蓝盾 DNQ2 型大气能见度仪。

目前业务使用的大气电场仪和能见度仪均需要通过串口线进行数据传输，长距离的通信线提高了布站成本、限制了通信速率并且需要更复杂的防雷防静电措施。通过一个转接小板，把大气电场仪和能见度仪的数据通过 ZigBee 组网发送，这就实现了物联网技术在两种传感器中的应用。为了实现数据管理引入了质量控制，保证工作的稳定性和可靠性，转接电路加入 CORTEX－M3 内核的单片机 STM32F103C8T6 进行数据管理和与 ZigBee 进行数据通信。

6.7.2　电路设计实现

图 6.55 为 STM32F103C8T6 单片机连接示意图，该转接电路具备看门狗电路，Flash 存储器等基本要素，并具有和 ZigBee 以及传感器端通信和管理能力。单片机通过串口获取传感器数据，并进行数据分析打包，打包后的数据格式变为文档协议的数据格式，并加入相应的质控码。单片机具有自动数据接收，并且当每分钟未收到数据时，会自动向传感器查询当前数据，以保证数据的完整性。

图 6.56 为电路硬件实现框图，地面电场和能见度传感器均为数字智能传感器，数据通过 UART 口传输，采用 RS232 传输电平，MCU 采集到传感器数据后提取其中有效的数据重新打包为该系统需要的数据格式，并通过无线发送出去。

图 6.57 为能见度或地面电场仪采集器电路。采集器接收到能见度或地面电场数据之后，通过数据分析，重新组合对应的数据帧和状态帧，并通过 ZigBee 发送至 PC 端的 ZigBee 协调；此电路 MCU 自动区分接入传感器类型，并向上位机发送相对应的数据，无需手动设置。

6.7.3　算法和软件设计

6.7.3.1　数据处理算法

(1)大气电场仪

取 1min 平均值作为当前分钟数据，提取转速、主板温度、电源电压 3 个变量作为传感器运行状态。

最高(大)值：

从 1h 内 60 个 1min 平均值的“正确”值中挑选最高(大)值，并记录时间。

最低(小)值：

从 1h 内 60 个 1min 平均值的“正确”值中挑选最低(小)值，并记录时间。

(2)能见度仪

取 1min 平均值作为当前分钟数据，取 10min 滑动平均值作为传感器前十分钟数据，提取主板温度和供电电源作为传感器运行状态。

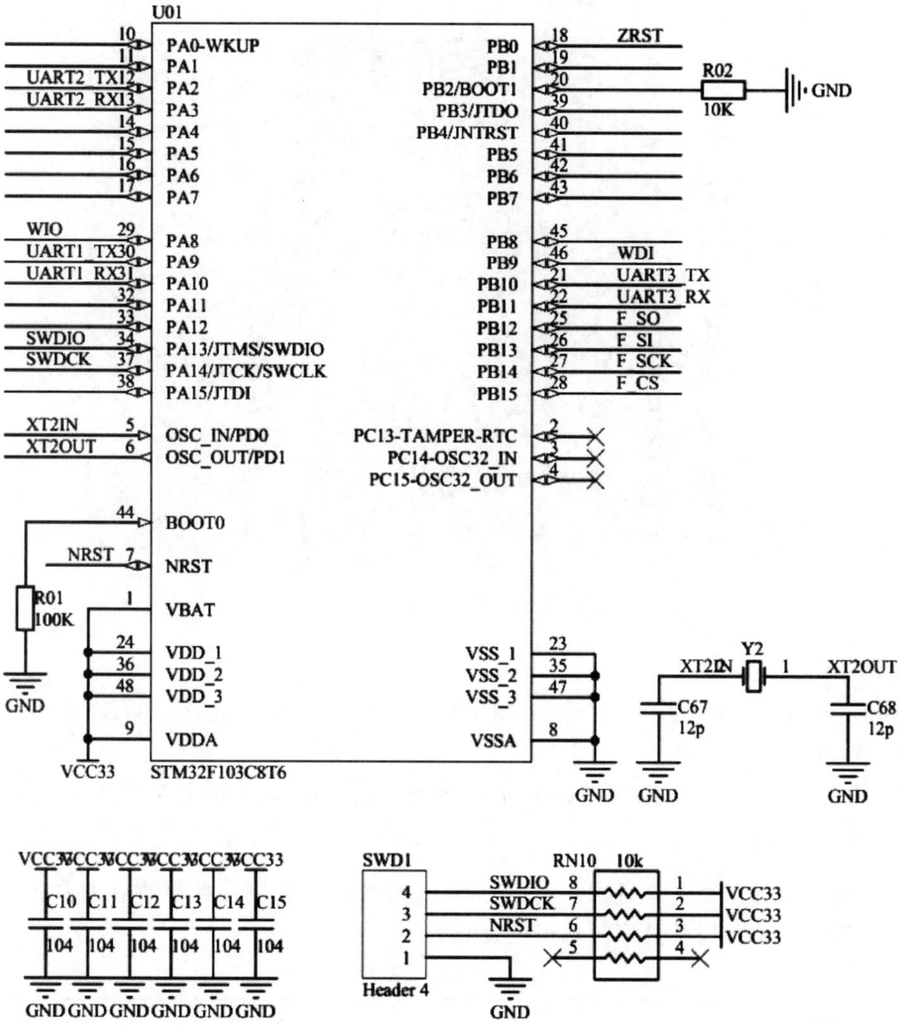

图 6.55　STM32 单片机最小系统

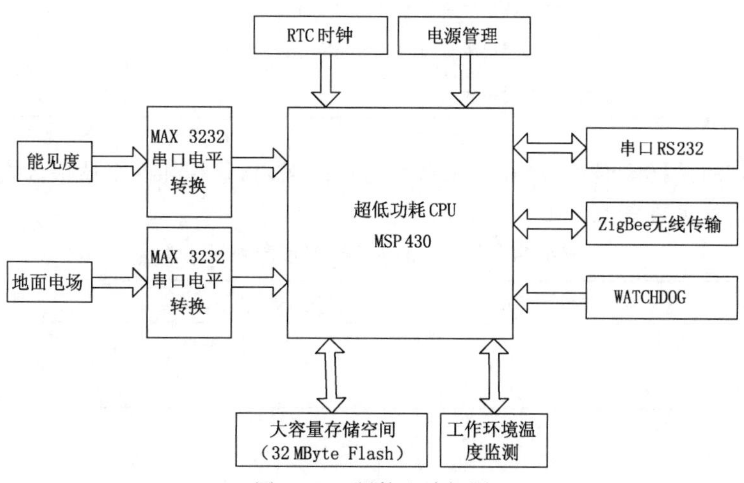

图 6.56　硬件电路框图

图 6.57 ZigBee 转接电路

最高(大)值：

从 1h 内 60 个 1min 平均值的“正确”值中挑选最高(大)值，并记录时间。

最低(小)值：

从 1h 内 60 个 1min 平均值的“正确”值中挑选最低(小)值，并记录时间。

6.7.3.2 质量控制算法

大气电场仪和能见度仪本身为业务运行设备，对其质量控制主要体现在对数据进行补传和判断缺失数据。其数据质量控制标识见表 6.23。

表 6.23 数据质量控制标识

标识代码值	描述
0x19	“没有检查”：该变量没有经过任何质量控制检查
0x10	“正确”：数据传输正常
0x11	“补传”：数据未收到，正在尝试补传
0x18	“缺失”：缺失数据

一个“正确”的采样瞬时值，应在传感器的测量范围内，且相邻两个值最大变化值在允许范围内。其判断条件见表 6.24。

表 6.24 “正确”的采样瞬时值的判断条件

气象变量	传感器测量范围下限	传感器测量范围上限	允许最大变化值
大气电场(kV/m)	−50	+50	—
能见度(km)	0	50	—

1)极限范围检查

验证每个采样瞬时值，应在传感器的正常测量范围内。

未超出的，标识“正确”；超出的，标识“错误”。

标识“错误”的，不可用于计算瞬时气象值。

2)变化速率检查

验证相邻采样瞬时值之间的变化量，检查出不符合实际的跳变。

每次采样后，将当前采样瞬时值与前一个采样瞬时值做比较。若变化量未超出允许的变化速率，标识“正确”；若超出，标识“存疑”。标识“存疑”的，不能用于计算瞬时气象值，但仍用于下一次的变化速率检查(即将下一次的采样瞬时值与该“存疑”值作比较)。该规程的执行结果是，如果发生大的噪声，将有一个或两个连续的采样瞬时值不能用于计算。

应有大于 66%(2/3)的采样瞬时值可用于计算瞬时气象值(平均值)。若不符合这一质量控制规程，则判定当前瞬时气象值计算缺少样本，标识为“缺失”。

1)“正确”数据的基本条件

一个“正确”的瞬时气象值，不能超出规定的界限，相邻两个值的变化速率应在允许范围内，在一个持续的测量期(60min)内应该有一个最小的变化速率。“正确”数据的判断条件见表 6.25。

表 6.25 “正确”的瞬时气象值的判断条件

气象变量	下限	上限	存疑的变化速率	错误的变化速率	[过去 60min]最小应该变化的速率
大气电场(kV/m)	−50	+50	—	—	—
能见度(km)	0	50	—	—	—

表 6.25 中“下限”和“上限”的值是可以根据季节和自动气象站安装地的气候条件进行设置的，可以分三种情况：

根据当地的气候极值作适当放宽，确定每个要素“正确”数据的下限和上限；

以传感器的测量范围定为每个要素“正确”数据的下限和上限；

设置宽范围和通用的值。

2)极限范围检查

验证瞬时气象值，应在可接受的界限(下限、上限)范围内；

未超出的，标识“正确”；超出的，若下限和上限值由当地气候极值确定，则标识为“存疑”，若下限和上限值按传感器的测量范围或宽范围和通用的值确定，则标识“错误”。

3)变化速率检查

验证瞬时气象值的变化速率，检查出不符合实际的尖峰信号或跳变值，以及由传感器故障引起的测量死区。

①瞬时气象值的“最大允许变化速率”

当前瞬时气象值与前一个值的差大于表 6.25 中“存疑的变化速率”，则当前瞬时气象值通不过检查，标识为“存疑”。若大于表 6.25 中的“错误的变化速率”，则标识为“错误”。

在极端天气条件下，气象变量可能会发生不同寻常的变化，这种情况下，正确的数据也有可能被标上“存疑”。所以，“存疑”的数据不能被丢弃，而应传输至[终端]微机或中心站，有待作进一步验证。

②瞬时气象值的“[过去 60min]最小应该变化的速率”

由表 6.25 可知,瞬时气象值的示值更新周期都为 1min,也就是说瞬时气象值每分钟都被接受检查。

在过去的 60min 内,规定气象瞬时值的"最小应该变化的速率",同样能帮助验证该值是正确的还是错误的。

如果这个值未能通过最小应该变化速率的检查,应标记"存疑"。

6.8 外围电路设计

6.8.1 实时时钟

DS1302 是 DALLAS 公司推出的涓流充电时钟芯片,内含有一个实时时钟/日历和 31 字节静态 RAM 通过简单的串行接口与单片机进行通信。实时时钟/日历电路提供秒、分、时、日期、星期、月、年的信息,每月的天数和闰年的天数可自动调整,时钟操作可通过 AM/PM 指示决定采用 24 或 12 小时格式 DS1302 与单片机之间能简单地采用同步串行的方式进行通信。仅需用到三个口线:复位(RES)、数据线(I/O)、串行时钟(SCLK)。时钟/RAM 的读/写数据以一个字节或多达 31 字节的字符组方式通信。DS1302 工作时功耗很低,保持数据和时钟信息时功率小于 1mW。

DS1302(图 6.58)是由 DS1202 改进而来,增加了以下的特性:双电源管脚用于主电源和备份电源供应,Vcc1 为可编程涓流充电电源,附加 7 字节存储器,它广泛应用于电话、传真、便携式仪器以及电池供电的仪器仪表等。实时时钟具有能计算 2100 年之前的秒、分、时、日期、星期、月、年的能力。还有闰年调整的能力以及具有 31×8bit 暂存数据存储 RAM。

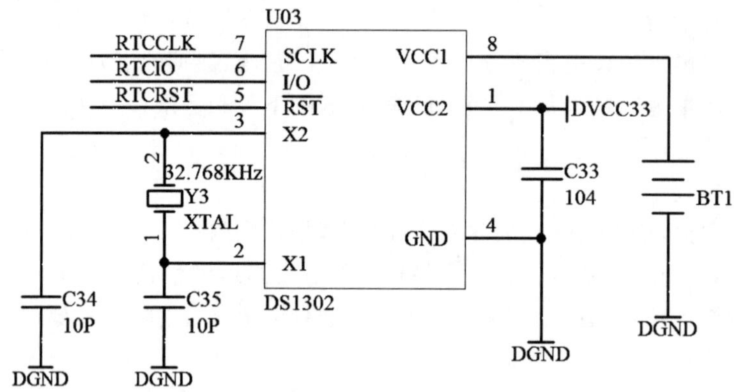

图 6.58 实时时钟电路

6.8.2 LCD12864 显示接口

使用 ST7565 作为驱动芯片的 LCD12864(图 6.59)。ST7565 作为液晶屏驱动芯片,可提供并口和串口两种驱动方式,并具有 6800 和 8080 两种控制时序。本系统使用并口 8080 时序。

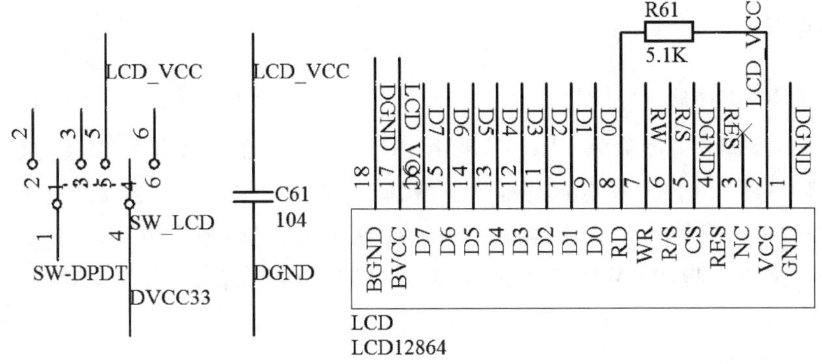

图 6.59 LCD 显示电路

6.8.3 工作环境温度监测

美国 Dallas 半导体公司的数字化温度传感器 DS1820 是世界上第一片支持"一线总线"接口的温度传感器,在其内部使用了在板(ON－B0ARD)专利技术(图 6.60)。全部传感元件及转换电路集成在形如一只三极管的集成电路内。一线总线独特而且经济的特点,使用户可轻松地组建传感器网络,为测量系统的构建引入全新概念。现在,新一代的 DS18B20 体积更小、更经济、更灵活,可以充分发挥"一线总线"的优点。

DS18B20 主要特点如下:

(1)适应电压范围很宽,工作电压 3.0～5.5V,在寄生电源方式下可由数据线供电;

(2)独特的单线接口方式,DS18B20 在与微处理器连接时仅需要一条口线即可实现微处理器与 DS18B20 的双向通信;

(3)DS18B20 支持多点组网功能,多个 DS18B20 可以并联在唯一的三线上,实现组网多点测温;

(4)DS18B20 在使用中不需要任何外围元件,全部传感元件及转换电路集成在形如一只三极管的集成电路内;

(5)温度范围－55～＋125℃,在－10～＋85℃时精度为±0.5℃;

(6)可编程的分辨率为 9～12 位,对应的可分辨温度分别为 0.5℃、0.25℃、0.125℃和 0.0625℃。

体积小、电路简单、功耗低、使用方便、测量范围广、测量精度较高这使得 DS18B20 很适合作为系统工作环境温度监测。

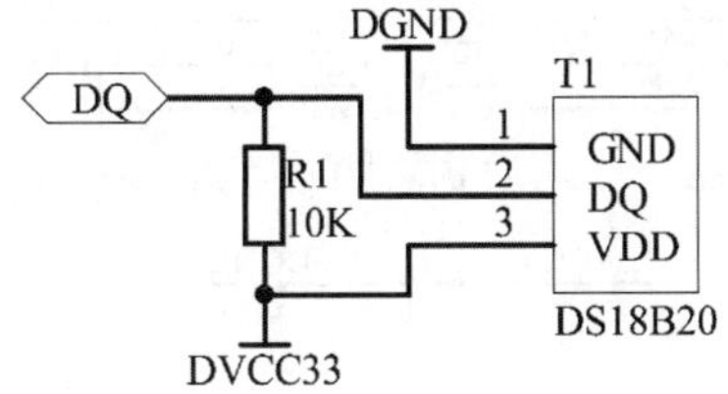

图 6.60 DS18B20 连接电路

6.8.4 数据存取

6.8.4.1 EEPROM 存储

AT24C1024B 是电可擦除的 PROM，采用 131072×8bit 的组织结构以及与标准 I^2C 兼容的两线串行接口(图 6.61)。具有自动地址递增、施密特触发输入噪声抑制、2.5kV 的 ESD 保护以及极高的数据可靠性。该芯片具备 A0 和 A1 两个地址位，最多可 4 片并联共用一组 I^2C 总线，WP 为写保护引脚，当 WP 接地时，可对芯片进行读写操作，当 WP 拉高时，变为只读模式。

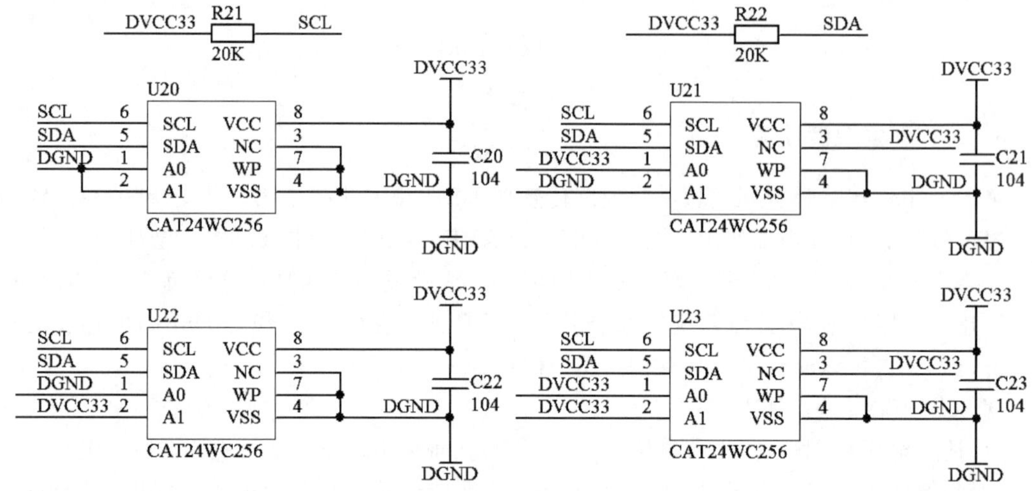

图 6.61 EEPROM 连接电路

6.8.4.2 Flash 存储

AT45DB321 是 ATMEL 公司推出的一款 32Mbit 串行接口的 Flash 芯片(图 6.62)。该芯片支持 Mode 0—3 的 SPI 通信协议，SPI 是一种高速的、全双工、同步的通信总线，并且在芯片的管脚上只占用四根线，节约了芯片的管脚，同时为 PCB 的布局上节省空间提供方便。SPI 的通信原理很简单，它以主从方式工作，这种模式通常有一个主设备和一个或多个从设备，需要至少 4 根线，事实上 3 根也可以(单向传输时)。也是所有基于 SPI 的设备共有的，它们是 SDI(数据输入)、SDO(数据输出)、SCLK(时钟)、CS(片选)。

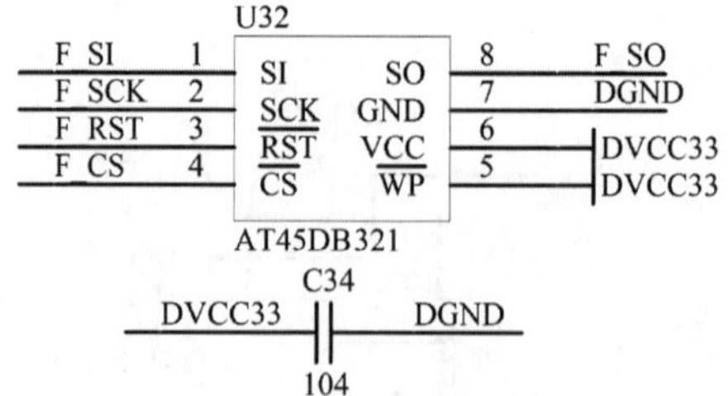

图 6.62 Flash 电路连接

该芯片具有很好的易用性和远大于 EEPROM 的存储容量，适合作为系统数据帧和状态帧存储单元。可有效存储 1 个月的数据帧和一年的状态帧。

第7章　无线组网技术

7.1　ZigBee 简介

7.1.1　ZigBee 技术

ZigBee 是一种高可靠的无线数传网络，类似于 CDMA 和 GSM 网络，ZigBee 数传模块类似于移动网络基站(黄传虎等，2013)。通信距离从标准的 75m 到几百米、几千米，并且支持无线扩展。其特点是低功耗、低数据量、低成本、使用免费频段 2.4G、高抗干扰性、高保密性以及自动动态组网(图 7.1)。

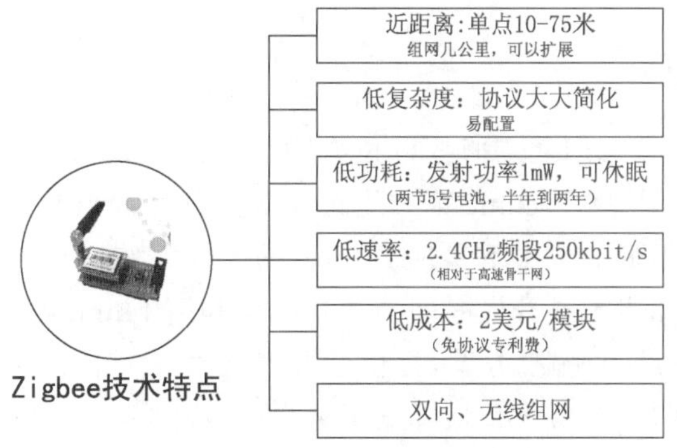

图 7.1　ZigBee 技术特点

与其他无线技术相比，ZigBee 的特点也是非常显著的，如图 7.2 和图 7.3 所示。

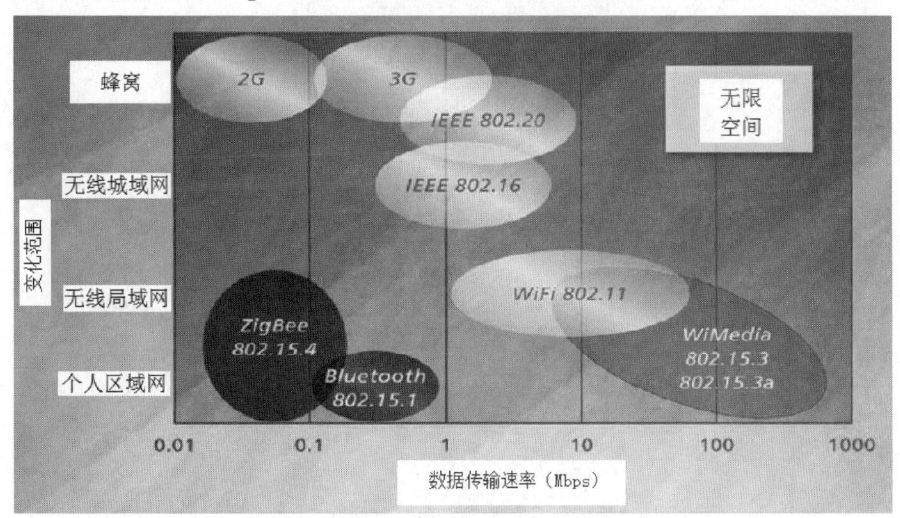

图 7.2　各无线技术传输速率和距离对比

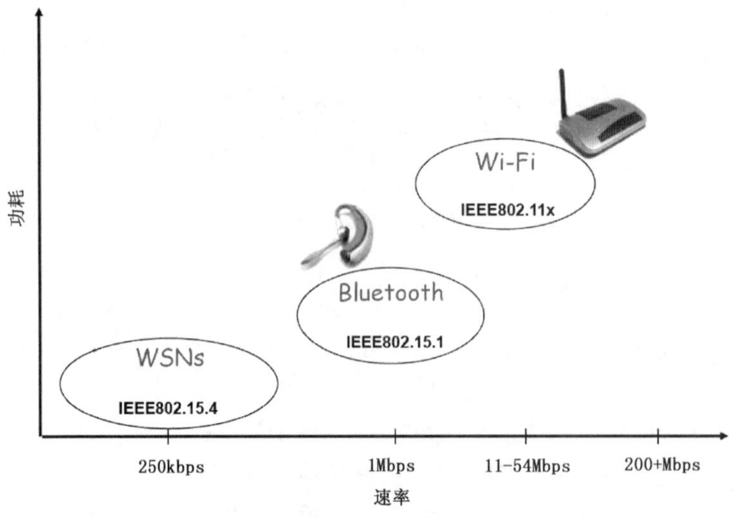

图 7.3 各无线技术传输速率和功耗对比

7.1.2 模块及芯片选型

在智能气象站项目中，选用北京博控科技有限公司的 Jennic5139 模块(图 7.4)。JN5139－X01－M 0X 系列模块是基于 Jennic 第二代无线微控制器的低功耗无线通信模块。它能使客户在最短的时间内在最低的成本下实现 ZigBee 的无线系统，此款模块减少了用户对于 RF 射频设计和测试工装的昂贵漫长开发时间。这款模块利用 Jennic 的 JN5139 无线微控制器来提供完整的射频和 RF 器件的解决方案，提供了开发无线传感器网络所需要的丰富的外围器件，方便客户的不同应用需求，最大化地降低了客户的成本。

图 7.4 Jennic 系列 ZigBee 组网解决方案

智能气象站项目中，采用的具体芯片型号是 JN5139－Z01－M04R1（图 7.5），此芯片含有集成功率放大器和 uFI 连接器，它的高功率模块可以增加传输距离，远距离传输是使用该芯片的最主要原因。

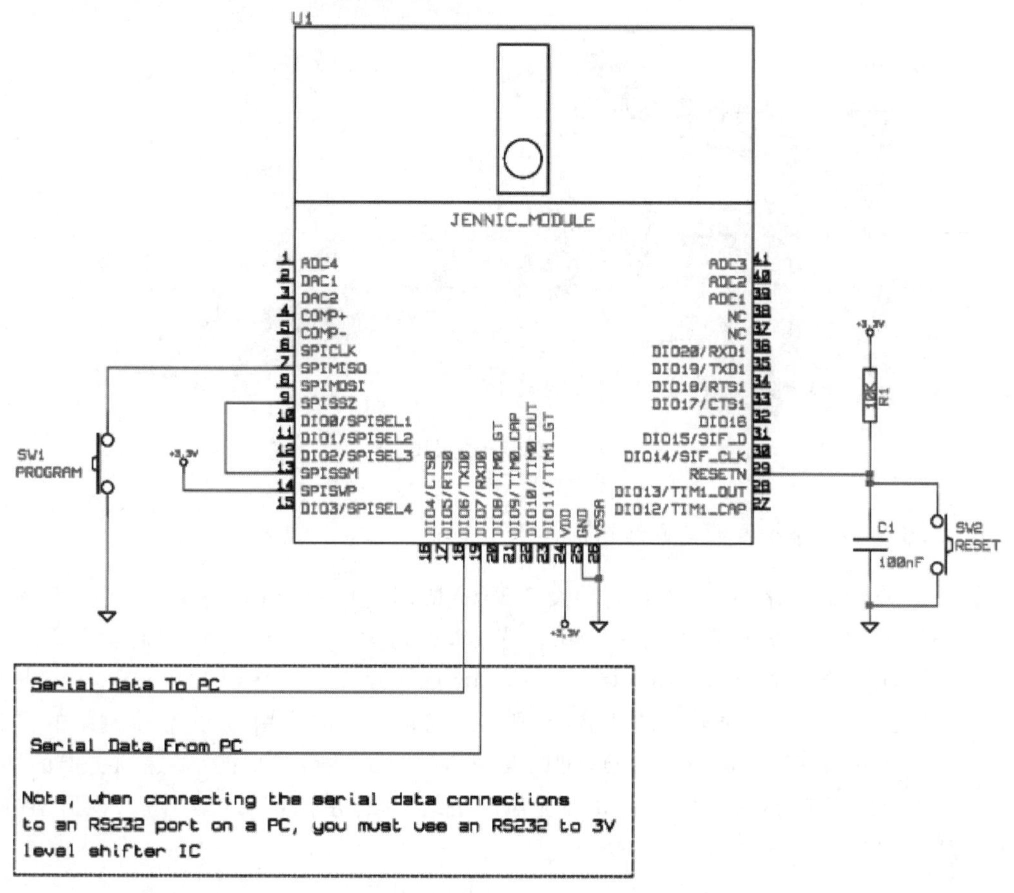

图 7.5　JN5139 硬件连接图

7.1.3　ZigBee 协议栈

Jennic 根据用户的不用应用与需求，提供 802.15.4、ZigBee2004、JenNet、6LoWPAN、ZigBeePRO 等协议栈与编程接口（图 7.6）。

IEEE802.15.4 协议栈定义了 MAC 层与 PHY，是 ZigBee、JenNet 等网络协议栈的底层标准；ZigBee2004 协议栈支持 ZigBee 2004 标准，支持星型、树状以及 MESH 网络；JenNet 协议栈是 Jennic 私有协议栈，提供 Jenie 编程接口 API 以及 AT—Jenie 串口指令两种模式支持，支持星型、链状、树状网络，编程更加简单，占用 RAM 更少；6LoWPAN 协议栈可以直接连接 IPV6 网络，支持星型、树状网络；ZigBeePRO 协议栈支持更大网络规模。智能传感器传输数据不需要连接 IPV6 网络，权衡传感器的数目，网络规模不需要很大，最终采用较易编程、较易修改的 ZigBee2004 协议栈（王昌达等，2006）。

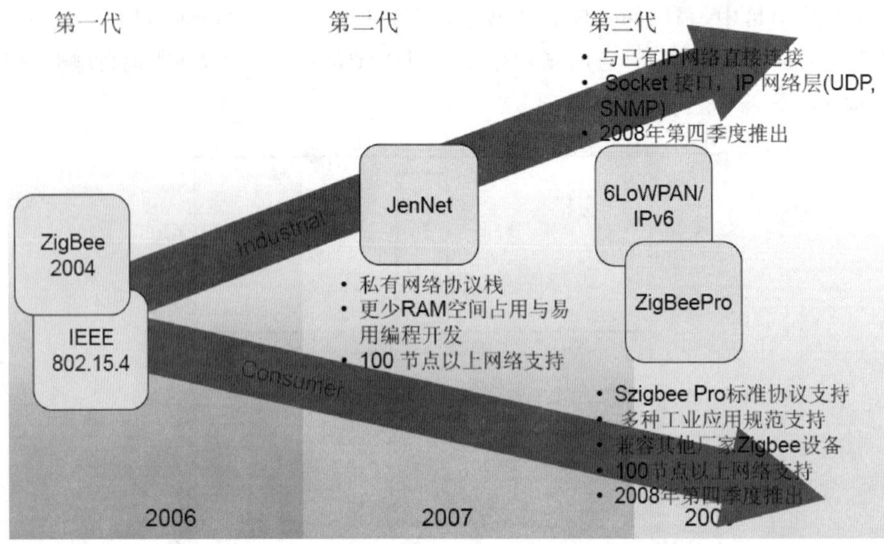

图 7.6 ZigBee 协议栈对比

7.1.4 ZigBee 设备类型及通信网络结构

在一个 ZigBee 网络中，一般有 3 种设备类型：协调(coordinate)、路由(router)以及节点(end-device)。每个网络有且仅有一个中心节点，即协调(coordinate)，其通常和 PC 通过 RS232 连接，用以控制整个 ZigBee 网络，coordinate 的短地址一般是 0x0000；router 节点既可以采集数据也可以转发其他节点的数据，起到增加通信距离的作用，扩大整个网络的覆盖范围；end-device 作为网络的最终端节点，可以实现休眠与定时唤醒功能，以达到更低的功耗。这 3 种设备类型相结合，共同构成了 3 种通信网络结构，即星型网络(图 7.7)、树形网络(图 7.8)、MESH 网络(图 7.9)。

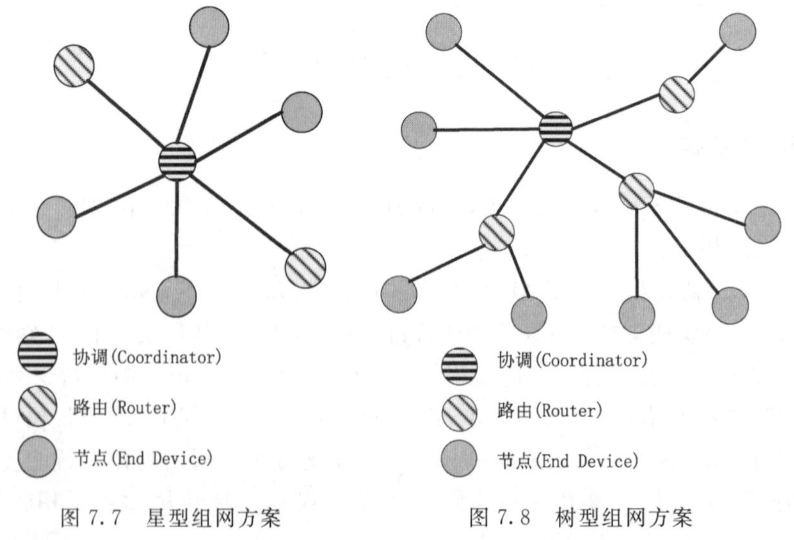

图 7.7 星型组网方案　　图 7.8 树型组网方案

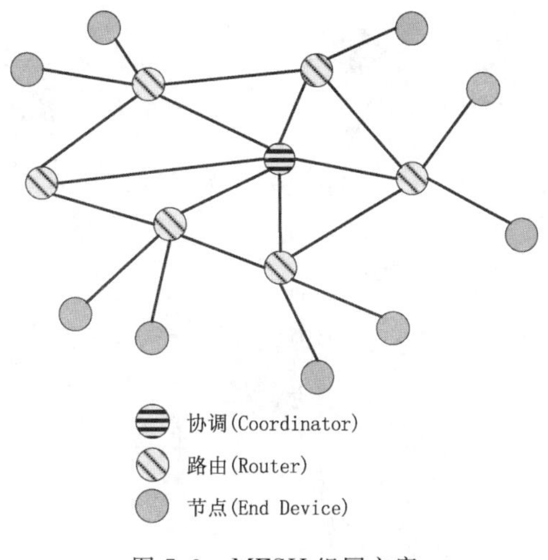

图 7.9 MESH 组网方案

7.2 程序设计与硬件实现

以智能传感器功能规格书为依据，传感器的数据包括小时数据和分钟数据，需要准确无误地传输到中心站。传感器主要包括风向风速传感器、温湿度传感器、气压传感器、雨量传感器、地温传感器，它们的时间与 GPS 同步，故每分钟的数据发完后，在接下来的一分钟都处于空闲状态，此时可以将其置于休眠状态，如此可以有效地降低功耗。鉴于传感器的低功耗模式，若是采用树型或者 MESH 型网络，其中的某些 router 节点要起到转发数据的作用，不能将其休眠，加之网络的节点数不是很多，采用可以休眠的星型结构。

如图 7.10 所示的星型网络拓扑结构，中心站的 PC 机与 ZigBee 的 coordinate 通过串口相连，风向风速传感器、温湿度传感器、气压传感器、雨量传感器、地温传感器相当于 router 节点，传感器的数据由单片机的串口发送到 ZigBee 芯片的串口。所有的节点都仅仅和中心站的 coordinate 直接通信，而不经过另外的 router 来转发数据。此时，coordinate 是所有 router 的数据汇聚中心，任何终端发送的数据，中心都能够收到。而中心站发送的数据为广播包，每一个 router 终端都会收到数据。

在 JN5139 模块下的 ZigBee2004 协议，节点进行组网时，是根据 WSN_CHANNEL 和 WSN_PAN_ID 这两个参数来进行组网的，可以在 coordinate 和 router 的程序中进行设置，WSN_PAN_ID 指网络的 ID 号，WSN_CHANNEL 指每个网络中的通道号。在这种模式下，coordinate 会先建立网络，一旦网络建立成功，其他节点就会根据这两个参数自动搜索到该网络，并申请加入网络，协调同意后发给相应的信标帧，之后 router 节点还会返回给 coordinate 自己的地址值(不同的 router，其地址不同)，一个 ZigBee 网络就建立起来，节点之间就可以互相通信。

低功耗是此星型拓扑结构最重要的优点，是通过 IO 中断来实现的。每个传感器的单片机在发送数据之前给 ZigBee 模块的 IO 端口一个信号，用此信号来控制休眠与唤醒。采用下降沿触发的休眠模式，并使用 ZigBee 芯片的 DIO20 端口，当传感器成功发送数据后，会收到中心站的正确反馈，然后就进入休眠状态(即低功耗状态)；传感器在发送数据之前，单片机会

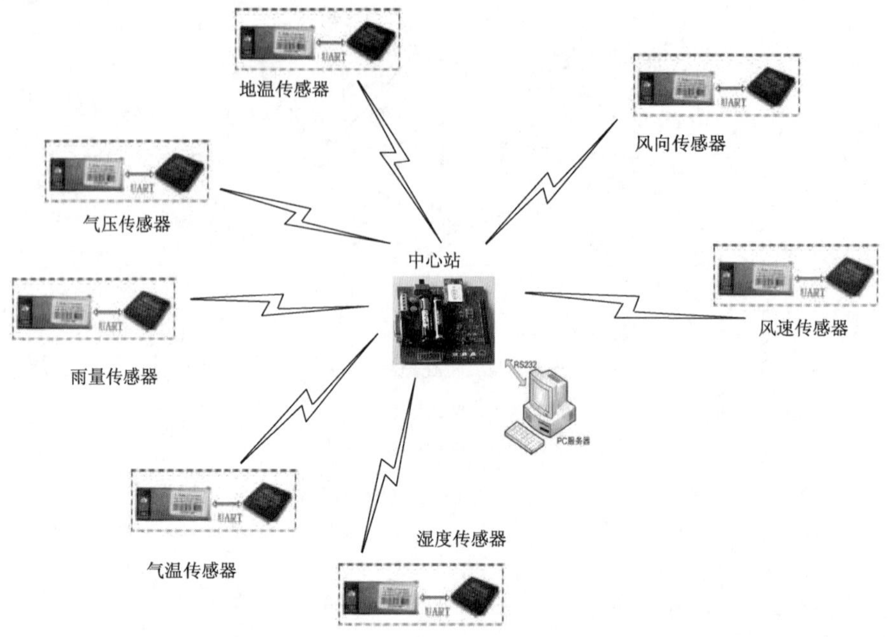

图 7.10 智能气象站组网方案

首先给 ZigBee 芯片的 DIO20 端口发个下降沿的信号，唤醒 ZigBee，进入正常的工作状态，传感器的数据就可以成功发送出去。采用 IO 口的硬件休眠模式，克服了采用定时器的时间不同步问题，保证数据的实时传输性。

传感器的 ZigBee 模块上电复位后，会显示“Woke from sleep or reset in AppColdStart...”，此时表明 ZigBee 模块开始工作；传感器开始发送数据，第一次数据发送成功后，进入低功耗状态，显示“Sleeping....”；在下一次发送数据之前，ZigBee 模块会收到单片机的下降沿信号，此时被唤醒，显示“Woke from sleep with memory hold in AppWarmStart...”，“u32DeviceId 与 u32ItemBitmap”显示通过哪个 IO 端口唤醒，在唤醒状态下，又可以重新发送分钟数据或小时数据；数据发送成功后，再进入休眠模式，依此类推，只在发送数据的几秒内处于工作状态，其余时间处于低功耗状态，有效地节约了用电量，增加了电池的寿命。

7.3 数据传输

ZigBee 协议栈结构包括应用(APL)层、网络(NWK)层、媒体访问控制(MAC)层和物理(PHY)层共 4 层。应用(APL)层又包括应用框架、应用支持子层(APS)和 ZigBee 设备对象(ZDO)。而 ZigBee 节点之间数据的传输也是基于这些层结构的，数据发送过程如下：应用框架—APS 子层—网络层—MAC 层—物理层，数据信息通过每一层添加相应的数据帧，最终发送出去；而数据接收如下：物理层—MAC 层—网络层—APS 子层—应用框架，数据信息通过每一层去掉相应的数据帧，最终接收下来。

7.3.1 传输波特率

智能传感器支持 ZigBee 协议，系统启动后，将自动配置成终端模式，连接到协调器。与单片机建立连接后，按照设定的传输间隔，自动发送数据帧到中心站。智能传感器输出单元配置标准 RS232/RS485 接口，通信波特率为：9600bps，8 个数据位，1 个停止位，无校验位。

7.3.2 数据传输格式

智能传感器包含两种数据格式，一种是数据帧数据格式，一种是状态帧数据格式。帧格式中，除了终端回车（0DH）和可选择的换行符（0AH）外，不包含任何的控制字符。帧长度不定长，帧头使用两个字节：EBH、90H；帧尾用两个字节：0DH、0AH（回车换行符）。

数据帧每分钟（或根据设置的传输间隔时间）发送一次；状态帧每小时（或根据设置的传输间隔时间）发送一次。

不同的传感器，其数据长度不同，而且每帧数据中包含有 ID 号、传感器类型、厂家信息、帧种类（状态帧还是数据帧）、数据的时间信息（年、月、日、小时、分钟）、数据平均值、帧校验和等信息。根据这些信息，可以区别出不同的数据，相应于不同的传感器。

7.3.3 数据传输协议

根据 ZigBee2004 协议，ZigBee 节点向中心站发送数据后，若是中心站的 coordinate 成功收到数据，则会在 MAC 层返回一个确认帧，如果超时没有收到确认帧就会重发，一共重发 3 次，3 次之后还未收到确认帧，则丢掉这一帧数据，开始发送下一帧数据。

鉴于上述的 ZigBee 底层协议，设定应用层的数据传输协议如下：

传感器节点每一帧的数据以 EB 90 开头，0D 0A 结尾，数据帧依据《智能传感器功能规格书》里的标准格式，并在每一帧数据末尾人为地加上序列号，此序列号随发送帧数递增。

出现重复数据帧，这种情况一般是由 ZigBee 底层 MAC 层的确认帧引起的，即 coordinate 虽然收到了数据，但是 MAC 层的确认帧没有成功到达 router，但此时同一帧数据收到多次。鉴于此种情况，coordinate 对于收到的每一帧数据都判断帧尾的序列号，若序列号已存在，则舍掉。

出现丢失帧，这种情况可能是由于障碍物阻挡、通信距离太远或者其他电磁波干扰引起。对于这种情况，router 节点需要重发或者补发数据，故在传感器的 ZigBee 模块内存中，专门开辟一片内存存放上一次发送的数据，若没有收到中心站的反馈信息，则把内存中的数据进行重发。对于丢包情况，也可能是 coordinate 的处理速度太慢引起的，故采用内存池的思想，以队列的方式存放接收到的数据，由于把数据显示到 PC 机串口会花费较长的时间，可能会影响数据的接收，所以 coordinate 先把接收到的数据存起来，再按照队列方式显示到 PC 机的串口。

对比图 7.11 和图 7.12，可以看出每个传感器的数据帧与《智能气象站功能规格书》里面的帧格式相一致，包括其开头、长度、时间等格式。

7.4 中心站处理软件

智能气象站数据监显处理软件采用多线程技术实现数据的实时显示。串口数据获取模块从串口中获得原始数据，实时解帧分路，产生相应的传感器数据帧和状态帧数据。为了实现传感器数据的实时显示，采用多线程技术。为每个传感器开启两个显示线程，分别用于数据帧和状态帧的显示。传感器有数据到达时，唤醒显示线程，完成数据的实时显示。

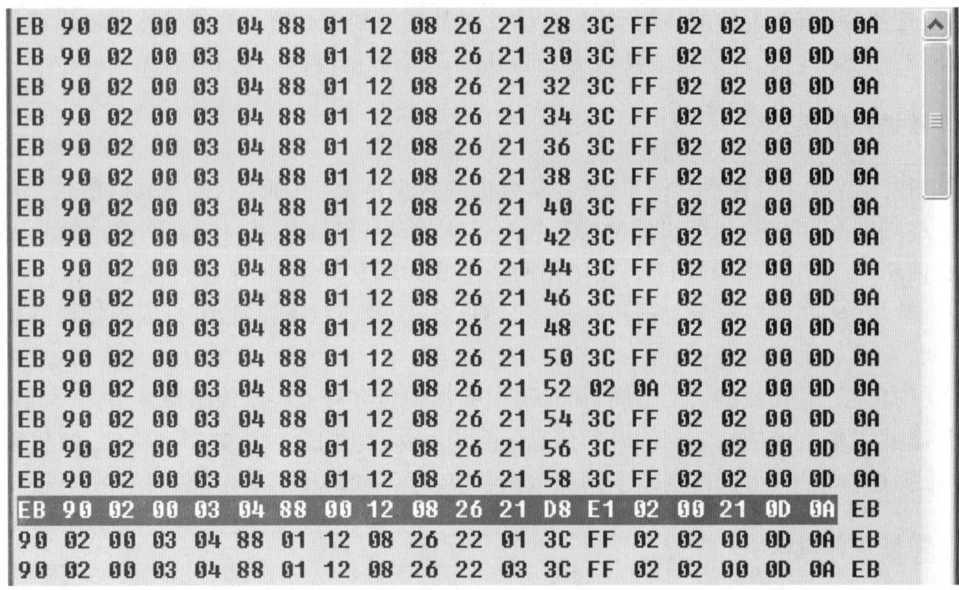

图 7.11 coordinate 传输测试 1

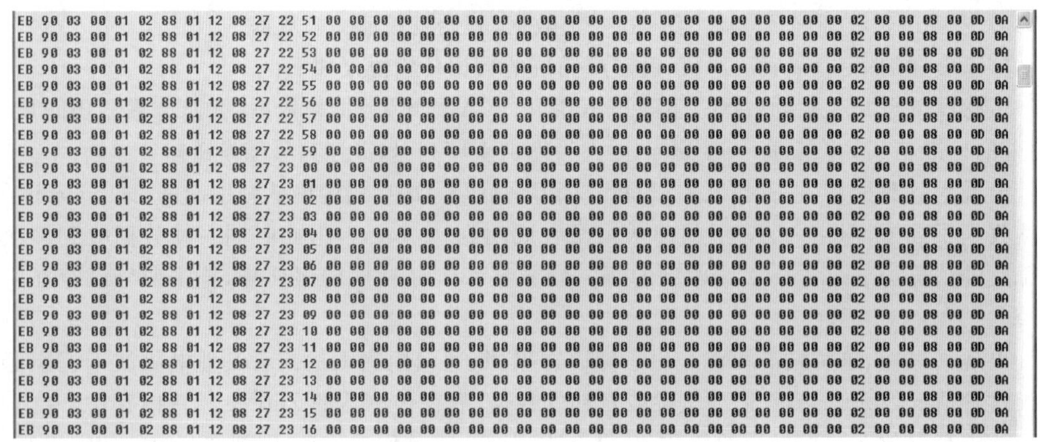

图 7.12 coordinate 传输测试 2

智能气象站数据监显处理软件的主线程用于数据接收和处理。为数据显示模块开启线程，既实现了数据的实时显示，又保证了数据实时接收，避免因数据显示而影响数据接收。多个线程协同工作，充分利用系统资源提供系统的处理效率。

7.4.1 软件组成

7.4.1.1 软件部件

智能气象站数据监显处理软件有 10 个软件模块，包括配置文件初始化、串口初始化、数据接收、数据同步、数据分路、参数解算、综合状态统计、数据输出、数据显示、系统校时（图 7.13）。

（1）配置文件初始化：进行配置文件检查和校验，同时将配置文件信息读入到内存，供其他

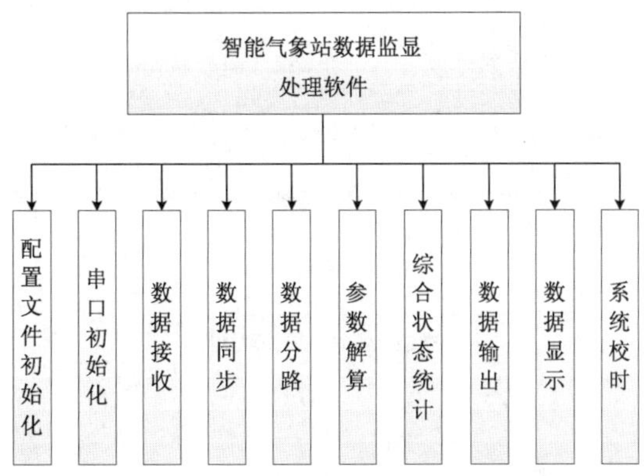

图7.13　中心站软件组成

模块使用；

(2)串口初始化：根据配置文件初始化的信息，进行通信的串口参数设置，初始化串口，启动数据通信使能；

(3)数据接收：从串口读取数据，并将数据拷贝到一个环形的内存空间中；

(4)数据同步：根据同步头信息，对数据帧进行同步，获取一个完整的帧数据；

(5)数据分路：根据数据种类信息对数据帧按照格式将不同信息分配到相应的处理模块中去；

(6)参数解算：各类数据处理模块按照每类数据的格式及转换要求

(7)综合状态统计：按照时间节点，将各个探测器的数据按照时间节点进行统一形成综合状态数据；

(8)数据输出：将接收到的各探测器原始数据，内部格式数据，输出到本地；将综合状态数据输出到数据中心制定的地方；

(9)数据显示：将接收到的经过参数解算的数据显示到界面上，提供数据准时时监视功能；

(10)系统校时：根据接口文件约定，定时给下位机软件发送校时信息，供下位机校时使用，使系统内各探测器时间统一。

7.4.1.2　部署关系

智能气象站数据监显处理软件属于智能气象站A的一部分，处于气象站数据采集末端，通过串口与下位机交互，通过网络将数据存储到气象数据中心指定的位置。具体如图7.14所示，各软件名称如表7.1所示。

表7.1　各软件名称

编号	软件名称	部署节点	备注
1	智能气象站监显处理软件	云南西双版纳站	网络IP地址
2	智能气象站监显处理软件	黑龙江漠河站	网络IP地址
3	智能气象站监显处理软件	江西南昌站	网络IP地址

7.4.1.3　对外接口

智能气象站监显处理软件对外接口如图7.15所示。

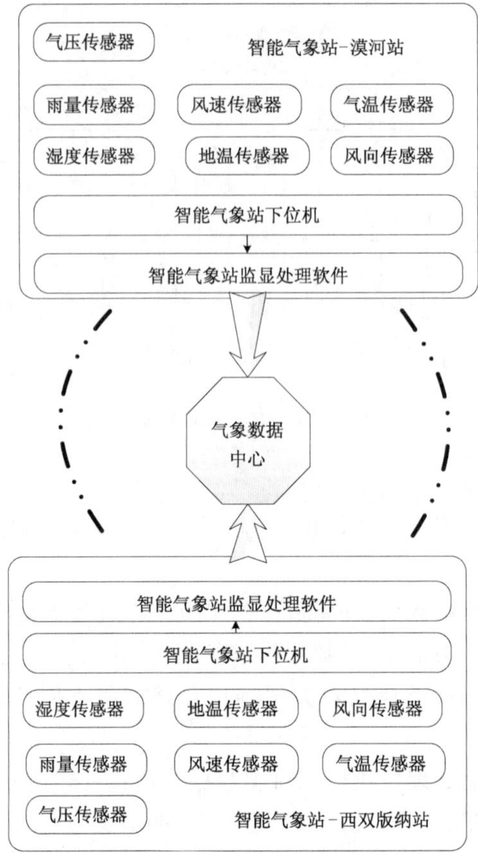

图 7.14 智能气象站监显软件

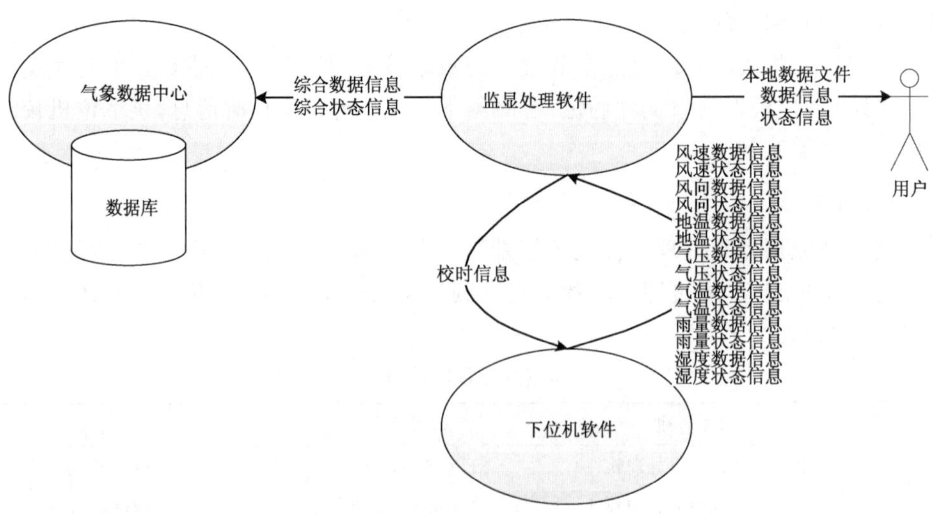

图 7.15 对外接口

(1)与气象数据中心:综合数据信息,综合状态信息。

(2)与下位机软件:下位机上传给监视显示处理软件各探测器数据信息,各探测器状态信息；监视显示处理软件发送给下位机软件校时信息。

下位机将数据写入到串口，本系统从串口中读取数据。下位机以帧为单位发送数据，不同传感器产生的帧长、帧格式不同。

(3)传输速率：数据帧每分钟发送一次，状态帧每小时发送一次，7 种传感器数据。

(4)传输方式：异步传输。

(5)串口参数：可设定。

(6)与用户：数据信息，状态信息，本地数据文件。

7.4.2 技术状态

智能气象站监显处理软件开发环境为 Windows7，运行环境为 WindowsXp/7，开发工具采用 VS2008，开发语言为 C＋＋；其功能为通过串口实时接收下位机软件发送过来的数据信息帧、状态信息帧等进行处理并显示。

同时亦可通过串口通信发送校时信息下位机软件，控制其进行系统校时。

开发环境图例如图 7.16 所示，软件技术状态如表 7.2 所列。

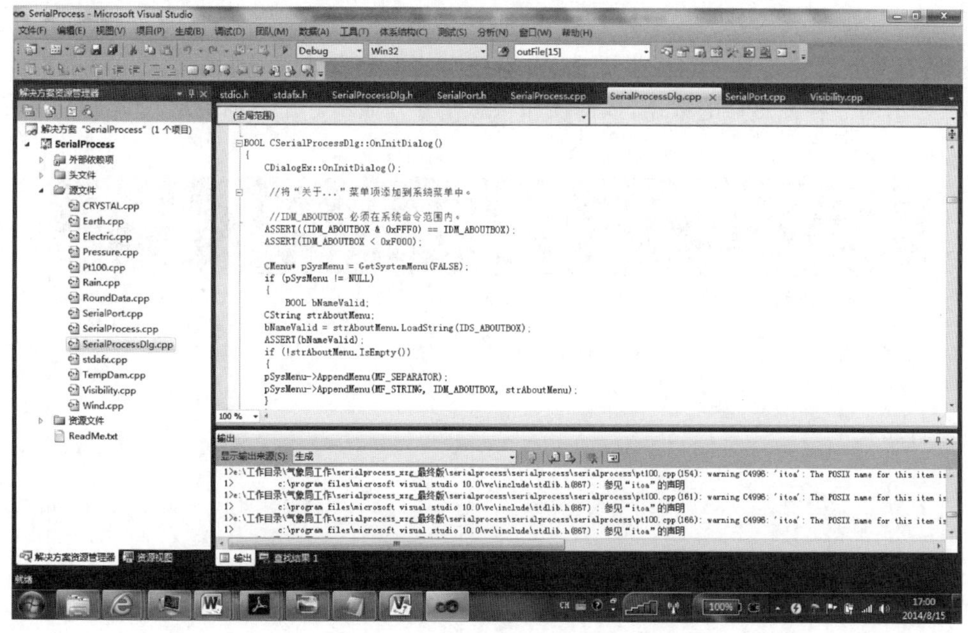

图 7.16 软件编译程序

表 7.2 软件技术状态

功能性能	实现情况	设计实现情况
配置文件初始化	实现	独立函数，校验配置文件，加载配置文件
串口初始化	实现	独立函数，根据配置文件初始化串口通信，准备数据接收
数据接收	实现	创建独立线程，接收并缓存一组指定组地址及端口的多星网络数据至内存
数据同步	实现	根据数据格式文件对内存中的数据进行数据帧同步，获取完整的数据帧；单独创建线程

续表

功能性能	实现情况	设计实现情况
数据分路	实现	独立函数根据数据格式文件，对完成的数据帧根据格式文件约定信息进行数据分路，将不同站不同探测器的数据信息和状态信息分开到不同的处理中去
参数解算	实现	独立函数，根据数据格式文件对数据帧按照格式进行解译，解出相应的信息
综合状态统计	实现	创建独立线程，按照时间信息将不同类型数据按照约定统计综合一起，形成综合状态信息
数据输出	实现	独立函数，将数据输出到本地和气象数据中心指定的目录下
数据显示	实现	创建独立线程，将数据信息和状态信息显示出来
系统校时	实现	独立函数，将校时信息定期通过串口通信发送给下位机软件
校时间隔可以配置	实现	
显示时间不超过 3s	实现	完整的数据到达到界面显示刷新时间

将所有的数据实时显示到主界面上，主界面中的数据以 TAB 页的形式进行组织。每个 TAB 项显示同一种传感器的数据，数据帧和状态帧分开显示。主界面的形式如图 7.17 所示。

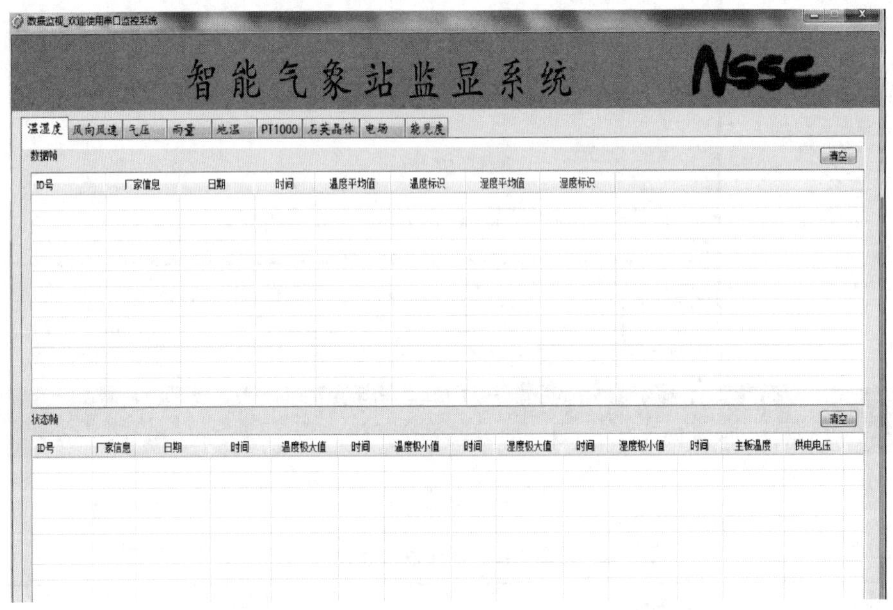

图 7.17 软件显示界面

界面右侧“清空”按钮的作用是将当前显示的数据清空，便于观察最近的数据，为 TAB 的每个项开启一个显示线程，线程从相应的队列中读取数据。

第 8 章　数据库

8.1　功能需求及系统概况

虽然我国地面常规气象要素采集已基本实现数字化,但第一代自动气象站到现在已经运行了 20 多年,存在较多问题,数据质量差,台站级数据质量控制薄弱;观测资料存储杂乱不规范,而且交换共享能力较差。因此,将当前先进成熟的数据库管理及数据质量控制方法引入到我国地面常规观测业务,开发利于高效管理、应用共享的业务软件,非常重要与紧迫。

依据我国综合气象观测系统发展规划,及中国气象局气象探测中心对项目的总体要求,针对当前地面观测业务现状和发展需求,综合多种成熟的信息集成、数据管理技术,提出对气象观测业务进行智能综合集成的观测平台。整个项目由中国气象局探测中心牵头,中国气象局中国华云气象科技集团公司、湖北省气象局、安徽省气象局等协同承担,其中安徽省气象局承担数据库服务器及应用软件系统的研发工作。

数据库服务器及应用软件系统是连接地面智能集成观测站及其他业务软件的纽带,也是实现数据质量控制、高效管理、便捷共享服务的核心。数据库服务器及应用软件已经在北京观象台和休宁气象局完成试点的安装试用,使用情况良好。

8.2　系统设计及功能研发

数据库服务器及应用软件主要完成对实时气象数据和设备状态信息的收集,同时对数据进行科学合理的质量控制和统计计算,并对各类数据进行合理管理和存储等。数据库服务器及应用软件系统由资料收集、数据预处理、质量控制、统计加工、数据存储管理五个功能模块组成,系统结构图如图 8.1 所示。

数据存储管理子系统用于构建台站的地面气象观测基本信息数据库系统,位于数据收集发报和数据质量控制的数据加工处理层之上,地面观测综合业务平台和产品加工显示应用层之下,是气象观测业务的数据核心。数据质量控制子系统用于获取相应数据文件的质量控制码,以动态链接库的形式提供给终极用户使用。数据库服务器及应用软件的系统基本信息流程图如图 8.2 所示。

8.3　数据存储管理

数据存储管理子系统承担各类数据的查询、插入、更新、删除以及数据库备份管理等工作,是平台其他软件访问数据的接口,通过动态链接库方式被其他应用程序调用。实现对采集系统的小时、分钟气象资料、状态信息、数据质控信息等数据的收集、处理和存储入库。根据观测数据类型和特点设计、建立数据库和表,并在数据处理和入库中考虑兼容双套站观测数据存储。

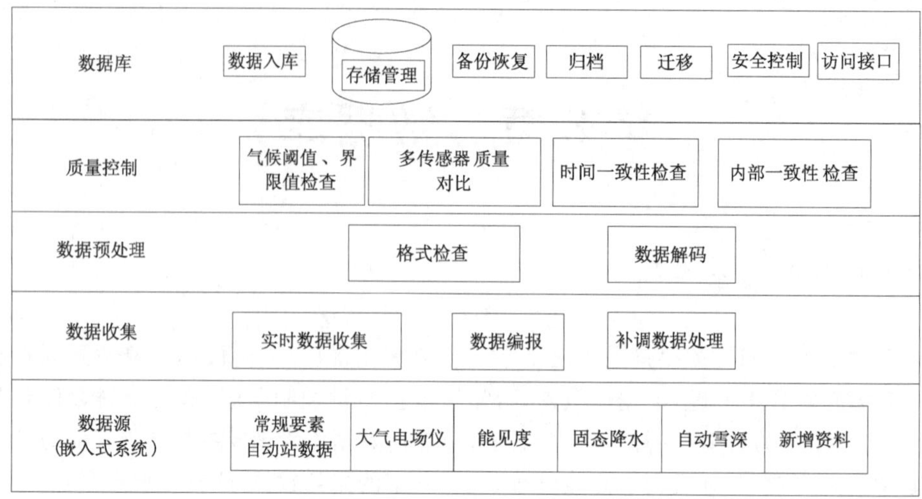

图 8.1　数据库服务器及应用软件系统结构图

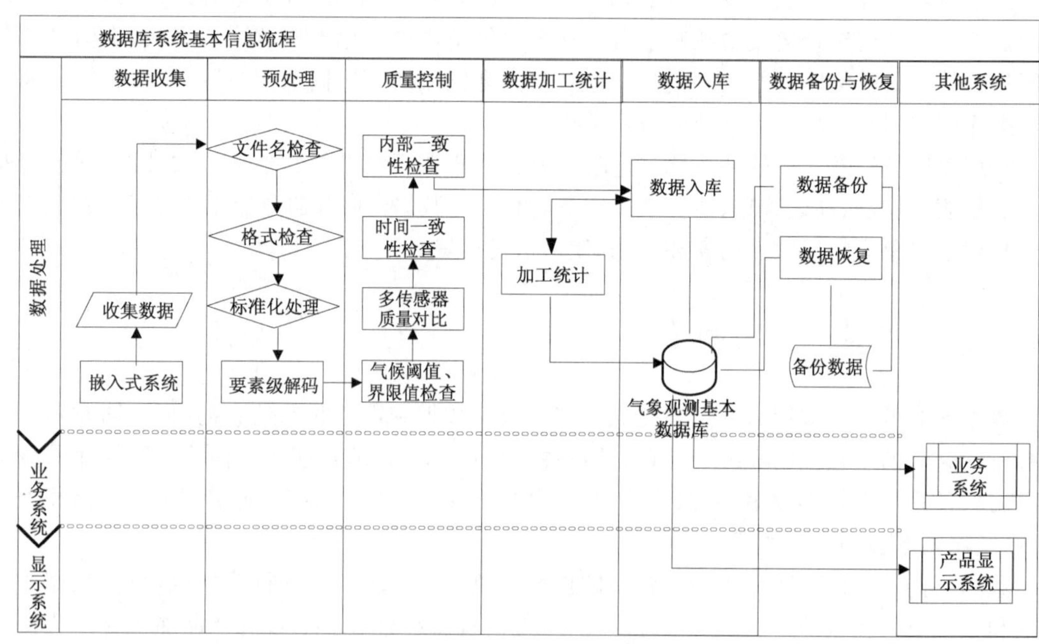

图 8.2　数据库服务器及应用软件系统信息流程示意图

数据库存储管理程序由气象观测基本数据库以及管理模块组成，其中：气象观测基本数据库有多个子库组成，主要存储本站自动气象观测资料、台站参数信息、质量控制规则以及日志等信息，包含基础信息数据库、监控信息库、要素库、要素统计库和质量控制规则库等五个子库。管理功能块实现对气象基本信息数据库中所存储气象信息的入库、更新、清除、安全访问机制以及数据表的创建等存储管理。

数据库存储管理程序(SIMOS_CommDB)实现对经过质量控制后的各类自动气象观测数据进行标准、规范地存储管理。

8.3.1　程序描述

本程序主要目的是平台其他软件访问数据库的接口，并承担各类数据的查询、插入、更新、删除以及数据库备份管理等工作。本程序是子程序，通过动态链接库方式被其他应用程序调用。

数据库存储管理程序由气象观测基本数据库以及管理模块组成，其中：气象观测基本数据库有多个子库组成，主要存储本站自动气象观测资料、台站参数信息、质量控制规则以及日志等信息，包含基础信息数据库、监控信息库、要素库、要素统计库和质量控制规则库等 5 个子库。

管理功能块实现对气象基本信息数据库中所存储气象信息的入库、更新、清除、安全访问机制以及数据表的创建等存储管理。

8.3.2　功能

数据库存储管理程序主要功能包括：存储结构管理、数据入库存储、数据清除、数据安全控制等功能。

8.3.2.1　数据库访问入口

数据访问接口为用户获取台站地面气象观测数据提供标准访问接口，其目的是将数据访问和数据存储分开，屏蔽（封装）数据的物理存储，提供面向数据共享服务应用层的数据透明访问。

数据访问接口主要完成数据库的数据调用功能，通过提供标准、规范的程序调用接口函数和服务，为平台其他系统或其他用户提供数据调用和访问功能。

8.3.2.2　存储结构管理

存储结构管理功能实现数据存储管理子系统存储结构的初始化、管理和维护，按照统一的气象观测基本数据库对象模型和存储管理规范，生成并管理数据库的存储管理结构，通过参数配置和元数据信息自动完成各级各类数据库的创建和维护功能，包括存储空间、数据目录、表、分区和索引等。此外，存储结构管理还为本系统其他功能提供必要的数据存储结构信息查询的支持。

8.3.2.3　数据入库存储

数据入库存储实现对进入本系统的数据进行实时数据存储和定制数据存储，包括数据表存储和数据目录文件存储。此外，还包括数据的变更存储。

8.3.2.4　数据清除

为保证有足够的磁盘空间存储最新数据，数据清除功能部件制定数据清除策略，实现基于策略的程序定制或触发式数据清除。

8.3.2.5　数据安全控制

数据规范化存储管理子系统实现数据的安全控制，即实现根据各类数据不同的特性和安全需求，按照既定的策略，对不同的用户提供相应级别的访问权限：管理员访问和一般用户访问。

8.3.3 性能

在保证I/O设备正常运转的前提下，尽量提高通信速度，处理周期一般小于5000ms。

数据输入/输出处理周期小于5000ms。

历史检索速度小于30000ms。

并发处理用户达到100用户数。

保存一年历史数据占用外存资源不超出1000MByte。

系统启动时间小于10000ms。

物理内存控制在10MByte以内。

8.3.4 输入项

数据库服务器相应参数：服务器名、用户和口令等。

函数参数，在程序中以参数的形式提交数据库操作命令例如打开、关闭以及调用数据的查询、插入、更新和删除等。

8.3.5 输出项

数据访问接口将符合条件的数据以数据流方式返回给用户。数据访问接口应能判断数据是否正常调用。当调用成功时，提示返回数据的记录数；如果调用失败则提示失败的错误代码，针对不同的错误代码应有与其对应的错误描述。

返回值：返回值反映函数调用的结果，分别表示调用成功、失败及其他情况说明字符。

数据流：相应的模块函数将输出相应的数据流进行入库，并返回结果。

8.3.6 算法

数据库存储管理子系统的算法分为数据库系统管理类、存储过程类、视图类、数据维护类和数据库安全管理类等(表8.1)。实现方法主要有：

(1)数据库物理结构设计和逻辑结构设计；

(2)数据库系统管理(存储空间管理、分区策略管理、索引管理、库/表的添加/修改)；

(3)视图、存储过程设计、开发与维护，其他应用的访问；

(4)存储标准数据处理；

(5)数据维护(追加、自动更新、清除)；

(6)数据库安全管理等(用户管理、权限与角色管理)。

表8.1 数据库存储管理子系统算法表

功能	功能描述
气象观测基本数据库的建模	模块功能包括数据库的命名、系统参数设置，存储空间的种类、命名、部署、空间等数据库属性参数的设置、表名信息、索引信息、约束信息、分区信息，数据结构信息等管理元数据的、数据结构(表、索引、约束、分区等)创建模块等
气象观测数据表的创建、存储	对新一代常规自动站、辐射、土壤湿度和海洋观测数据按要求进行设计，并创建数据表

续表

功能	功能描述
数据入库公共模块	实现数据入库操作底层基本功能，包括数据库连接、断开、单表数据的入库、多表数据的入库、异常信息处理等
其他相关数据追加更新业务处理	将标准化输出的相关数据插入气象观测基本数据库中
数据库用户管理集成	实现气象观测基本数据库用户管理功能集成和封装，包括角色创建/维护、用户创建/管理、权限管理等功能
数据存储业务自动流程控制	实现对自动气象观测基本数据库处理流程的业务自动控制功能
数据自动清除	定时自动清除数据库中全部超过保留期限的过期数据并记录清除信息，包括清除策略获取、清除策略分析、清除操作功能

8.3.6.1　数据库结构设计

观测数据存储在数据库中，在一个台站采用两套数据库同时存储各类观测数据，两套数据库的结构和记录内容完全相同并保持同步。

气象观测数据主要包括常规要素自动站、气象辐射、土壤水分和海洋观测等资料。资料清单见表 8.2。

表 8.2　气象观测资料清单表

文件类别	文件说明	频次
常规要素自动站	常规气象要素数据文件(小时、分钟)	1 次/min
	状态信息文件(分钟)	1 次/min
	气象辐射数据文件(小时、分钟)	1 次/min
	土壤水分数据文件(小时、分钟)	1 次/min
	海洋观测数据文件(小时、分钟)	1 次/min
	大风文件	达到大风标准的数据

数据库中的各类观测数据根据不同类型数据的存储要求，采用关系型数据库存储管理。数据库的存储方式与策略如表 8.3 所示。

表 8.3　数据存储方式与策略一览表

数据库名称	表名称	存储管理方式		存储策略
		关系型数据库	数据文件管理	
基础信息库	台站信息表	√	×	永久
	观测项目表	√	×	永久
	编报参数表	√	×	永久
	值班人员信息表	√	×	永久
	仪器检定数据表	√	×	永久
	设备维修登记表	√	×	根据需要，备份后选择清除
	报警阈值表	√	×	永久

续表

数据库名称	表名称	存储管理方式		存储策略
		关系型数据库	数据文件管理	
监控信息库	设备状态信息表	√	×	根据需要，备份后选择清除
	数据质量监控信息表	√	×	根据需要，备份后选择清除
	工作日志表	√	×	根据需要，备份后选择清除
要素库	常规自动站要素	√	×	根据需要，备份后选择清除
	气象辐射	√	×	根据需要，备份后选择清除
	土壤水分	√	×	根据需要，备份后选择清除
	海洋观测	√	×	根据需要，备份后选择清除
	人工录入	√	×	根据需要，备份后选择清除
	要素统计表	√	×	根据需要，备份后选择清除
质量规则控制库	质量控制参数表	√	×	根据需要，备份后选择清除
	地面气象要素气候累年极值表	√	×	根据需要，备份后选择清除
	气象辐射累年极值表	√	×	根据需要，备份后选择清除

8.3.6.2 库结构设计

自动气象观测基本数据库包括：基础信息数据库、监控信息库、要素库和质量控制规则库。每个库所含的表如下：

基础信息数据库：台站信息表、观测项目表、值班人员信息表、仪器检定数据表、设备维修登记表(表 8.4)。

监控信息库：设备状态信息表、工作日志表及数据质量监控信息表等(表 8.5)。

要素库：自动气象站数据、气象辐射数据、土壤水分数据、海洋观测数据等小时、分钟表，人工输入资料小时及日表，以及要素统计表(表 8.6)。

质量控制规则库：质量控制参数表、地面气象要素气候累年极值表、气象辐射累年极值表(表 8.7)。

表 8.4 基础信息库结构

表名	描述
台站信息表	区站号、台站名、经度、纬度、建站时间、台站类型、测站海拔高度等
观测项目表	区站号、观测项目
值班人员信息表	姓名、值班代号、年龄、工作时间等
仪器检定数据表	检定时间、使用有效期、更换时间等
设备维修登记表	维修时间、更换设备名称
灾害统计阈值表	区站号、主要气象灾害要素的统计阈值

表 8.5 监控信息库结构

表名	描述
设备状态信息表	观测设备及各种采集器的状态信息
工作日志表	值班员各项工作的记录
数据质量监控信息表	错误数据的描述信息，包括数据类型、错误时间等

表 8.6　要素库结构

表名	描述
自动气象站常规气象要素小时数据表	区站号、年、月、日、经度、纬度等，参考“第二代自动站数据文件格式”
自动气象站常规气象要素分钟数据表	区站号、年、月、日、经度、纬度等，参考“第二代自动站数据文件格式”
气象辐射小时要素表	区站号、年、月、日、经度、纬度等，参考“第二代自动站数据文件格式”
气象辐射分钟要素表	区站号、年、月、日、经度、纬度等，参考“第二代自动站数据文件格式”
土壤水分气象要素小时数据表	区站号、年、月、日、经度、纬度等，参考“第二代自动站数据文件格式”
土壤水分气象要素分钟数据表	区站号、年、月、日、经度、纬度等，参考“第二代自动站数据文件格式”
海洋观测气象要素小时数据表	区站号、年、月、日、经度、纬度等，参考“第二代自动站数据文件格式”
海洋观测气象要素分钟数据表	区站号、年、月、日、经度、纬度等，参考“第二代自动站数据文件格式”
人工输入资料小时表	详见表结构设计
人工输入资料日表	详见表结构设计
要素统计表	详见表结构设计

表 8.7　质量规则控制库结构

表名	描述
质量控制参数表	要素编码、要素名称、质量控制内容、质量控制参数、质量控制信息等
地面气象要素气候累年极值表	区站号、本站气压极端最高值、本站气压极端最低值、气压日变化极大值、气温极端最高值、气温极端最低值等
气象辐射累年极值表	区站号、总辐射时总量极大值、总辐射日总量极大值、总辐射最大辐照度极大值、净辐射时总量极小值、净辐射时总量极大值、净辐射日总量极小值、净辐射日总量极大值、净辐射最大辐照度极大值、散射时总量极大值、散射日总量极大值、直射时总量极大值、直射日总量极大值、直射最大辐照度极大值、反射时总量极大值、反射日总量极大值

8.3.7　流程逻辑

数据库存储管理子系统从本站采集发报系统上获取自动气象观测资料，首先对收集到的数据资料进行处理后实时入库保存。数据的清除和备份由数据存储管理模块根据时间策略完成。数据恢复保证了数据库中数据的安全。流程图如图 8.3 所示。

8.4　质量控制模块设计说明

8.4.1　模块描述

该模块用于获取相应数据文件的质量控制码，以动态链接库的形式提供给终极用户使用。开发工具为 VS2005，编程语言 C＋＋。

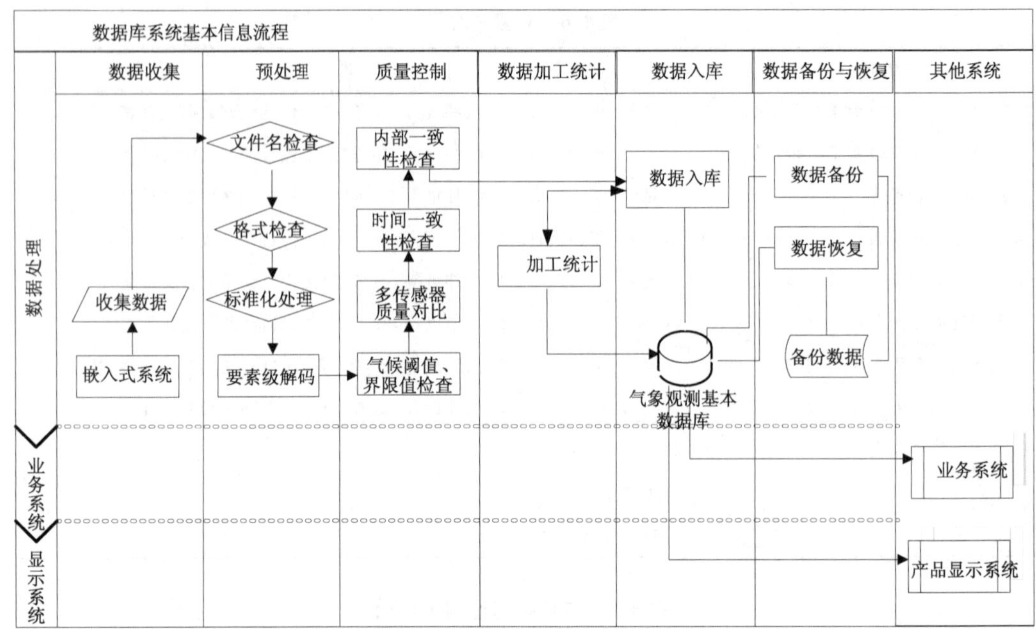

图 8.3　数据库存储管理子系统基本信息流程示意图

8.4.2　功能

从智能采集器输出的采样样本数据文件中读入要素数据，根据业务配置和质量控制规则，进行实时数据的质量控制，输出相同格式的正确的数据文件、质量控制信息。质量控制包括气候极值或野值检查、气候界限值检查、内部一致性检查、时间一致性检查和多传感器质量控制。质量控制模块主要有数据输入、质量控制、质量控制信息和数据文件输出。

可以根据季节和自动气象站安装地的气候条件进行设置的，可以分 3 种情况：

(1)根据当地的气候极值作适当放宽，确定每个要素“正确”数据的下限和上限；

(2)以传感器的测量范围定为每个要素“正确”数据的下限和上限；

(3)设置宽范围和通用的值。

8.4.3　性能

100 条要素条目的质控码响应时间小于 1s。

8.4.4　输入项

(1)数据库质量规则库表

模块使用的第一步要初始化配置参数，需要读取数据库规则表，数据库规则表详见附件。

(2)函数参数

调用模块中参数需要传递给相应文件的要素条目。

8.4.5　输出项

(1)返回值

返回值反映函数调用的结果,为真则调用成功,为假则调用失败

(2)质控码

相应的模块函数将输出相应的要素条目质控码。

8.4.6　算法

质量控制包括气候极值或野值检查、气候界限值检查、内部一致性检查、时间一致性检查和多传感器质量控制。

8.4.6.1　气候累年极值检查

(1)模块功能

台站气候极值(或野值)检查是检查某要素值是否超过该要素在该台站历史上出现过的最大值和最小值(或超过规定的野值范围)。

(2)检查范围

1)小时数据文件

小时常规气象要素如表8.8中所列84个要素数据项。

表8.8　小时常规气象要素数据文件各要素位长及排列顺序

序号	要素名	字长(Byte)	序号	要素名	字长(Byte)
1	日、时(北京时)	4	43	最高本站气压出现时间	4
2	2分钟平均风向	4	44	最低本站气压	5
3	2分钟平均风速	4	45	最低本站气压出现时间	4
4	10分钟平均风向	4	46	草面温度	4
5	10分钟平均风速	4	47	草面最高温度	4
6	最大风速的风向	4	48	草面最高出现时间	4
7	最大风速	4	49	草面最低温度	4
8	最大风速出现时间	4	50	草面最低出现时间	4
9	分钟内最大瞬时风速的风向	4	51	地表温度(铂电阻)	4
10	分钟内最大瞬时风速	4	52	地表最高温度(铂电阻)	4
11	极大风向	4	53	地表最高出现时间(铂电阻)	4
12	极大风速	4	54	地表最低温度(铂电阻)	4
13	极大风速出现时间	4	55	地表最低出现时间(铂电阻)	4
14	2分钟平均风速(气候辅助观测)	4	56	地表温度(红外)	4
15	10分钟平均风速(气候辅助观测)	4	57	地表最高温度(红外)	4
16	最大风速(气候辅助观测)	4	58	地表最高出现时间(红外)	4
17	最大风速出现时间(气候辅助观测)	4	59	地表最低温度(红外)	4
18	分钟极大风速(气候辅助观测)	4	60	地表最低出现时间(红外)	4

续表

序号	要素名	字长(Byte)	序号	要素名	字长(Byte)
19	极大风速(气候辅助观测)	4	61	5cm 地温	4
20	极大风速出现时间(气候辅助观测)	4	62	10cm 地温	4
21	小时累计降水量(翻斗式或容栅式)	4	63	15cm 地温	4
22	小时累计降水量(称重式或大翻斗)	4	64	20cm 地温	4
23	气温(百叶箱)	4	65	40cm 地温	4
24	最高气温(百叶箱)	4	66	80cm 地温	4
25	最高气温出现时间(百叶箱)	4	67	160cm 地温	4
26	最低气温(百叶箱)	4	68	320cm 地温	4
27	最低气温出现时间(百叶箱)	4	69	正点分钟蒸发水位	4
28	气温(通风防辐射罩)	4	70	小时累计蒸发量	4
29	最高气温(通风防辐射罩)	4	71	能见度	5
30	最高气温出现时间(通风防辐射罩)	4	72	最小能见度	5
31	最低气温(通风防辐射罩)	4	73	最小能见度出现时间	4
32	最低气温出现时间(通风防辐射罩)	4	74	云高	5
33	通风防辐射罩通风速度	4	75	总云量	4
34	湿球温度	4	76	低云量	4
35	湿敏电容湿度值	4	77	现在天气现象编码	12
36	相对湿度	4	78	积雪深度	4
37	最小相对湿度	4	79	冻雨	4
38	最小相对湿度出现时间	4	80	电线积冰厚度	4
39	水汽压	4	81	冻土深度	4
40	露点温度	4	82	闪电频次	4
41	本站气压	5	83	数据质量控制标志	81
42	最高本站气压	5	84	回车换行	2

小时土壤水分要素如表 8.9 中所列 52 个要素数据项。

表 8.9 土壤水分数据文件各要素位长及排列顺序

序号	要素名	字长(Byte)	序号	要素名	字长(Byte)
1	日时(北京时)	4	27	40cm 小时平均土壤体积含水量	4
2	5cm 小时土壤体积含水量	4	28	40cm 小时土壤相对湿度	4
3	5cm 小时平均土壤体积含水量	4	29	40cm 小时平均土壤相对湿度	4
4	5cm 小时土壤相对湿度	4	30	40cm 小时平均土壤重量含水率	4
5	5cm 小时平均土壤相对湿度	4	31	40cm 小时平均土壤水分贮存量	4
6	5cm 小时平均土壤重量含水率	4	32	50cm 小时土壤体积含水量	4

续表

序号	要素名	字长(Byte)	序号	要素名	字长(Byte)
7	5cm 小时平均土壤水分贮存量	4	33	50cm 小时平均土壤体积含水量	4
8	10cm 小时土壤体积含水量	4	34	50cm 小时土壤相对湿度	4
9	10cm 小时平均土壤体积含水量	4	35	50cm 小时平均土壤相对湿度	4
10	10cm 小时土壤相对湿度	4	36	50cm 小时平均土壤重量含水率	4
11	10cm 小时平均土壤相对湿度	4	37	50cm 小时平均土壤水分贮存量	4
12	10cm 小时平均土壤重量含水率	4	38	100cm 小时土壤体积含水量	4
13	10cm 小时平均土壤水分贮存量	4	39	100cm 小时平均土壤体积含水量	4
14	20cm 小时土壤体积含水量	4	40	100cm 小时土壤相对湿度	4
15	20cm 小时平均土壤体积含水量	4	41	100cm 小时平均土壤相对湿度	4
16	20cm 小时土壤相对湿度	4	42	100cm 小时平均土壤重量含水率	4
17	20cm 小时平均土壤相对湿度	4	43	100cm 小时平均土壤水分贮存量	4
18	20cm 小时平均土壤重量含水率	4	44	180cm 小时土壤体积含水量	4
19	20cm 小时平均土壤水分贮存量	4	45	180cm 小时平均土壤体积含水量	4
20	30cm 小时土壤体积含水量	4	46	180cm 小时土壤相对湿度	4
21	30cm 小时平均土壤体积含水量	4	47	180cm 小时平均土壤相对湿度	4
22	30cm 小时土壤相对湿度	4	48	180cm 小时平均土壤重量含水率	4
23	30cm 小时平均土壤相对湿度	4	49	180cm 小时平均土壤水分贮存量	4
24	30cm 小时平均土壤重量含水率	4	50	地下水位	4
25	30cm 小时平均土壤水分贮存量	4	51	数据质量控制标志	49
26	40cm 小时土壤体积含水量	4	52	回车换行	2

小时气象辐射要素如表 8.10 中所列 53 个要素数据项。

表 8.10　气象辐射数据文件各要素位长及排列顺序

序号	要素名	字长(Byte)	序号	要素名	字长(Byte)
1	日、时(地方时)	4	28	紫外辐射辐照度(UV)	4
2	总辐射辐照度	4	29	紫外辐射曝辐量(UV)	4
3	总辐射曝辐量	4	30	紫外辐射最大辐照度(UV)	4
4	总辐射最大辐照度	4	31	紫外辐射极大值出现时间(UV)	4
5	总辐射最大辐照度出现时间	4	32	紫外辐射(UVA)辐照度	4
6	净全辐射辐照度	4	33	紫外辐射(UVA)曝辐量	4
7	净全辐射曝辐量	4	34	紫外辐射(UVA)最大辐照度	4
8	净全辐射最大辐照度	4	35	紫外辐射(UVA)极大值出现时间	4
9	净全辐射最大辐照度出现时间	4	36	紫外辐射(UVB)辐照度	4
10	净全辐射最小辐照度	4	37	紫外辐射(UVB)曝辐量	4

续表

序号	要素名	字长(Byte)	序号	要素名	字长(Byte)
11	净全辐射最小辐照度出现时间	4	38	紫外辐射(UVB)最大辐照度	4
12	直接辐射辐照度	4	39	紫外辐射(UVB)极大值出现时间	4
13	直接辐射曝辐量	4	40	大气长波辐射辐照度	4
14	直接辐射最大辐照度	4	41	大气长波辐射曝辐量	4
15	直接辐射最大辐照度出现时间	4	42	大气长波辐射最大辐照度	4
16	水平面直接辐射总量	4	43	大气长波辐射最大辐照度出现时间	4
17	散射辐射辐照度	4	44	地面长波辐射辐照度	4
18	散射辐射曝辐量	4	45	地面长波辐射曝辐量	4
19	散射辐射最大辐照度	4	46	地面长波辐射最大辐照度	4
20	散射辐射最大辐照度出现时间	4	47	地面长波辐射最大辐照度出现时间	4
21	反射辐射辐照度	4	48	光合有效辐射辐照度	4
22	反射辐射曝辐量	4	49	光合有效辐射曝辐量	4
23	反射辐射最大辐照度	4	50	光合有效辐射最大辐照度	4
24	反射辐射极大值出现时间	4	51	光合有效辐射最大辐照度出现时间	4
25	日照时数	4	52	数据质量控制标志	50
26	大气浑浊度	4	53	回车换行	2
27	计算大气浑浊度时的直接辐射辐照度	4			

小时海洋观测要素如表 8.11 中所列 28 个要素数据项。

表 8.11 海洋观测数据文件各要素位长及排列顺序

序号	要素名	字长(Byte)	序号	要素名	字长(Byte)
1	日、时(北京时)	4	15	最大波高	4
2	浮标方位	4	16	波向	4
3	表层海水温度	4	17	表层海洋面流速	4
4	表层海水最高温度	4	18	潮高	4
5	表层海水最高出现时间	4	19	小时内最高潮高	4
6	表层海水最低温度	4	20	小时内最高潮高出现时间	4
7	表层海水最低出现时间	4	21	小时内最低潮高	4
8	表层海水盐度	4	22	小时内最低潮高出现时间	4
9	表层海水平均盐度	4	23	海水浊度	4
10	表层海水电导率	4	24	海水平均浊度	4
11	表层海水平均电导率	4	25	海水叶绿素浓度	4
12	平均波高	4	26	海水平均叶绿素浓度	4
13	平均波周期	4	27	数据质量控制标志	25
14	最大波周期	4	28	回车换行	2

2)分钟数据文件

分钟常规气象要素如表 8.12 中所列 50 个要素数据项。

表 8.12　分钟常规气象要素数据文件各要素位长及排列顺序

序号	要素名	字长(Byte)	序号	要素名	字长(Byte)
1	时、分(北京时)	4	26	草面温度	4
2	2 分钟平均风向	4	27	地表温度(铂电阻)	4
3	2 分钟平均风速	4	28	地表温度(红外)	4
4	10 分钟平均风向	4	29	5cm 地温	4
5	10 分钟平均风速	4	30	10cm 地温	4
6	分钟内最大瞬时风速的风向	4	31	15cm 地温	4
7	分钟内最大瞬时风速	4	32	20cm 地温	4
8	2 分钟平均风速(气候辅助观测)	4	33	40cm 地温	4
9	10 分钟平均风速(气候辅助观测)	4	34	80cm 地温	4
10	分钟内极大风速(气候辅助观测)	4	35	160cm 地温	4
11	分钟降水量(翻斗式或容栅式)	4	36	320cm 地温	4
12	小时累计降水量(翻斗式或容栅式)	4	37	当前分钟蒸发水位	4
13	分钟降水量(0.5mm 翻斗式或容栅式)	4	38	小时累计蒸发量	4
14	小时累计降水量(0.5mm 翻斗式或容栅式)	4	39	能见度	5
15	分钟降水量(称重式)	4	40	云高	5
16	小时累计降水量(称重式)	4	41	总云量	4
17	气温(百叶箱)	4	42	低云量	4
18	通风防辐射罩通风速度	4	43	现在天气现象编码	12
19	气温(通风防辐射罩)	4	44	积雪深度	4
20	湿球温度	4	45	冻雨	4
21	湿敏电容湿度值	4	46	电线积冰厚度	4
22	相对湿度	4	47	冻土深度	4
23	水汽压	4	48	闪电频次	4
24	露点温度	4	49	数据质量控制标志	47
25	本站气压	5	50	回车换行	2

分钟土壤水分要素如表 8.13 中所列 13 个要素数据项。

表 8.13　土壤水分数据文件各要素位长及排列顺序

序号	要素名	字长(Byte)	序号	要素名	字长(Byte)
1	时、分(北京时)	4	8	100cm 土壤体积含水量	4
2	5cm 土壤体积含水量	4	9	180cm 土壤体积含水量	4
3	10cm 土壤体积含水量	4	10	地下水位	4
4	20cm 土壤体积含水量	4	11	保留要素位	4
5	30cm 土壤体积含水量	4	12	数据质量控制标志	10
6	40cm 土壤体积含水量	4	13	回车换行	2
7	50cm 土壤体积含水量	4			

分钟常规气象辐射要素如表8.14中所列29个要素数据项。

表8.14 气象辐射数据文件各要素位长及排列顺序

序号	要素名	字长(Byte)	序号	要素名	字长(Byte)
1	时、分(地方时)	4	16	紫外辐射辐照度	4
2	总辐射辐照度	4	17	紫外辐射曝辐量	4
3	总辐射曝辐量	4	18	紫外辐射(UVA)辐照度	4
4	净全辐射辐照度	4	19	紫外辐射(UVA)曝辐量	4
5	净全辐射曝辐量	4	20	紫外辐射(UVB)辐照度	4
6	直接辐射辐照度	4	21	紫外辐射(UVB)曝辐量	4
7	直接辐射曝辐量	4	22	大气长波辐射辐照度	4
8	水平面直接辐射曝辐量	4	23	大气长波辐射曝辐量	4
9	散射辐射辐照度	4	24	地面长波辐射辐照度	4
10	散射辐射曝辐量	4	25	地面长波辐射曝辐量	4
11	反射辐射辐照度	4	26	光合有效辐射辐照度	4
12	反辐射曝辐量	4	27	光合有效辐射曝辐量	4
13	日照时数	4	28	数据质量控制标志	26
14	大气浑浊度	4	29	回车换行	2
15	计算大气浑浊度时的直接辐射辐照度	4			

分钟海洋观测要素如表8.15中所列20个要素数据项。

表8.15 海洋观测数据文件各要素位长及排列顺序

序号	要素名	字长(Byte)	序号	要素名	字长(Byte)
1	时、分(北京时)	4	11	最大波高	4
2	浮标方位	4	12	波向	4
3	表层海水温度	4	13	表层海洋面流速	4
4	表层海水盐度	4	14	潮高	4
5	小时内表层海水平均盐度	4	15	海水浊度	4
6	表层海水电导率	4	16	小时内平均海水浊度	4
7	小时内表层海水平均电导率	4	17	海水叶绿素浓度	4
8	平均波高	4	18	小时内平均海水叶绿素浓度	4
9	平均波周期	4	19	数据质量控制标志	17
10	最大波周期	4	20	回车换行	2

(3)检查方法

因为观测要素是随地理区域和季节的不同而有变化的，为此建立了各台站自建站以来累年各要素各月气候极值表，用于实时读取累年气候极值数据。为了提高实时分钟数据质量控制软件运行效率和速度，先对要素进行气候极值检查，检查智能传感器输出的分钟采样样本文件中的各地面气象要素是否在累年各要素各月气候极值范围内。如果要素值缺测或未通过台站气候极值检查的要素值，将其质量控制码分别标注为 N 和 1。检查通过的，跳过气候界限值检查，进行下一步野值检查。野值是指台站某要素不可能出现的观测值，超过野值范围的，将其质量控制码标注为 2，同时生成质量控制信息存入到质量控制信息表中供监控运行模块使用。

8.4.6.2　气候界限值检查

（1）模块功能

气候界限值和要素允许值范围检查即检查某要素值是否在该要素的气候学界限值和要素允许值范围之内。

（2）检查范围

检查范围同 8.4.6.1。

（3）检查方法

未通过气候月极值检查的进行气候界限值和要素允许值范围检查。即检查某要素值是否在该要素的规定的气候学界限值和要素允许值范围之内。气候学界限值是指某要素从气候学角度不可能出现的值，要素允许值范围是指气象要素值有明确规定出现的允许范围。通过要素气候学界限值、要素允许值范围检查的要素值需要继续进行下一步的检查；未通过检查的要素值为错误数据，按缺测处理并将其质量控制码置为 2，不再进行下一步的检查，同时生成质量控制信息存入到质量控制信息表供监控运行模块使用。

8.4.6.3　内部一致性检查

（1）模块功能

要素间内部一致性检查是基于同一时刻所测得的要素间存在着不同程度的相关的事实，对某些有物理特征关联的气象要素之间是否保持一致为依据进行检测。

（2）检查范围

检查范围同 8.4.6.1。

（3）检查方法

用于检查数据内部一致性的基本算法是基于两个气象变量之间的关系。要素通过内部一致性相关检查的，在该要素的质量控制码标识位赋值 0；要素值未通过内部一致性相关检查的要素值，在该要素的质量控制码标识位赋值 1，作为多传感器质量检查的依据之一。各观测要素中内部一致性检查方法如下。

风（F）：

1）瞬时风速≥极大风速≥最大风速。分钟极大风速大于等于 2min 和 10min 平均风速；

2）风向与风速一致性检查：风向＝PPC，风速≤0.2m/s；反之风速＝0，风向 WD＝PPC；风速≠0，则风向 WD 一般会有变化。

气温（t）：

露点温度 $t_d \leqslant t$（气温）；最高气温＞最低气温；最高气温－最低气温≤24℃。

相对湿度（U）：

相对湿度与由气温、水汽压计算的相对湿度函数值的关系：两者之差的绝对值≤2。

水汽压（e）：

水汽压与气压、气温和相对湿度之间具有确定的函数关系。因此，水汽压与由气压、气温和相对湿度计算而得的水汽压函数值应该是一致的。考虑到查算中可能存在的误差，允许二者之差的绝对值小于 0.3hPa。

露点温度(t_d)：

露点温度与露点温度计算值之差的绝对值≤0.5℃。

气压(p)：

最高气压＞最低气压；最高气压－最低气压≤25hPa。

草面或雪面温度(B)：

最高草面(雪面)温度≥最低草面(雪面)温度。

浅层地温(D)：

1)最高地表温度≥最低地表温度；

2)0cm 地温值应小于最高地表温度、大于最低地表温度；

3)相邻浅层地温应符合以下关系：

5cm 与 10cm 地温各记录的差值的绝对值＜15℃；

10cm 与 15cm 地温各记录的差值的绝对值＜12℃；

15cm 与 20cm 地温各记录的差值的绝对值＜10℃；

20cm 与 40cm 地温各记录的差值的绝对值＜10℃。

深层地温(K)：

1)0.4m 与 0.8m 地温的差值的绝对值小于 6.0℃；

2)0.8m 与 1.6m 地温的差值的绝对值小于 5.0℃；

3)1.6m 与 3.2m 地温差值的绝对值小于 5.0℃。

海平面气压(p_0)：

1)海平面气压与本站气压、高度、气温之间具有确定的函数关系，误差应在 0.5hPa 以内。

2)海拔高度＞0.0 时，海平面气压≥本站气压。

云量(N)：

总云量≥低云量

积雪(Z)：

1)积雪深度与雪压一致性检查：雪深≥5cm，雪压≥1 或雪压＝///；雪深＜5cm 或微量，雪压＝000。

2)测站记有积雪时该日最低气温应≤0℃；地面最低温度应≤－1℃。

电线积冰(G)：

1)直径与厚度一致性检查：雨凇直径≥雨凇厚度；雾凇直径≥雾凇厚度；

2)直径与重量一致性检查：雨凇直径≤8mm，重量记为 0；直径≥8mm，重量≥1g/m 或缺测；雾凇直径≤15mm，重量记为 0；直径≥15mm，重量≥1g/m 或缺测。

冻土深度(A)：

1)同一冻土层内深度一致性检查：上界≤下界。

2)不同冻土层深度一致性检查：第二冻土层下界，第一冻土层上界。

3)冻土深度相近层次地温应小于 0.2℃。

辐射要素检查：

1)当总辐射时总量大于 1.0MJ/m^2 时，要求净辐射时总量＜总辐射时总量。

2)散射辐射时总量≤总辐射时总量。

3)反射辐射时总量≤总辐射时总量。

4)该时刻各辐射时总量均≤0.5MJ/m^2。

5)当某时次日照＝0 时，直接辐射时总量≤0.5MJ/m^2，总辐射时总量－散射辐射时总量≤0.5MJ/m^2。

6)水平面直接辐射总量＝总辐射总量－散射辐射总量。

7)当反射辐射总量、总辐射总量均＞0 时，反射辐射比＝反射辐射总量/总辐射总量。

8)各辐射要素的日总量应＝该日时总量之和。

9)净辐射总量≤总辐射总量。

10)散射辐射总量≤总辐射总量。

11)反射辐射总量≤总辐射总量。

12)水平面直接辐射总量≤直接辐射总量。

13)当某日全天始终有降水现象，或日出日落前始终有降水现象时，各辐射总量均≤10.0MJ/m^2。

14)当某日日照＝0 时，直接辐射日总量≤10.0MJ/m^2，总辐射时总量－散射辐射时总量≤10.0MJ/m^2。

15)总辐射最大辐照度≥散射辐射最大辐照度。

16)总辐射最大辐照度≥反射辐射最大辐照度。

17)净辐射最大辐照度≥净辐射最小辐照度。

日照时数(SD)：

1)太阳直接辐照度 $S \geq 120$W/m^2 定为日照阈值(算为有日照)。日照时数＞0 时，太阳直接辐照度 $S \geq 120$W/m^2。

2)日照时数＞0 时，日出时间≤观测时间≤日落时间

3)如果日照时间 $SD>0$，而太阳辐射 $E=0$，这两个气象值均不可信；

4)如果太阳辐射 $E>500$W/m^2，而日照时间 $SD=0$，这两个气象值均不可信。

8.4.6.4　时间一致性检查

(1)模块功能

气象观测的各要素随时间的变化是符合一定客观规律的，时间一致性是针对时值数据检查相同要素在某一时间间隔内是否超出一定范围的变化率，验证相邻采样瞬时值之间的变化量，检查出不符合实际的跳变。通过时间一致性检查的要素值，在该要素的质量控制码标识位赋值 0；未通过时间一致性检查的要素值，在该要素的质量控制码标识位赋值 1，作为多传感器质量检查的依据之一。

(2)检查范围

内部一致性检查要素有：气压、气温、水汽压、相对湿度、浅层地温、降水和日照时数。

(3)检查方法

一个"正确"的瞬时气象值，不能超出规定的界限，相邻两个值的变化速率应在允许范围内，在一个持续的测量期(1h)内应该有一个最小的变化速率。如果某要素在测量期连续变化速率超过规定的变化值，认为该数据可疑或错误。

风(F)：

风速(2min、10min)变化率≤20m/s；过去 60min 风向≥10°(10min 平均风速大于 0.1m/s 时)。

降水量(R)：

1min 降水量变化率≤10mm。

气温(t)：

0.1℃≤1min 气温变化率≤5℃/h。

相对湿度(U)：

1%(U<95%)≤1min 相对湿度变化率≤6%。

水汽压(e)：

1min 水汽压变化率≤3hPa。

露点温度(t_d)：

0.1℃≤1min 露点温度变化率≤5℃。

气压(p)：

1min 气压变化率≤0.3Pa。

草面或雪面温度(B)：

1min 草面(雪面)温度变化率≤10℃。

浅层地温(D)：

1)1min 地面温度变化率≤10℃；

2)1min 5cm 地温变化率≤5℃；

3)1min 10cm 地温变化率≤5℃；

4)1min 15cm 地温变化率≤3℃；

5)1min 20cm 地温变化率≤2℃；

6)1min 40cm 地温变化率≤1℃。

深层地温(K)：

1)1min 0.8m 地温变化率≤0.5℃/h；

2)1min 1.6m 地温变化率≤0.5℃/h；

3)1min 3.2m 地温变化率≤0.5℃/h。

蒸发量(L)：

1min 蒸发量变化率≤0.3mm。

能见度(V)：

1min 能见度变化率≤1000m。

总辐射：

1min 总辐射变化率≤1000W/m^2。

直接辐射：

1min 直接辐射变化率≤1000W/m^2。

散射辐射：

1min 散射辐射变化率≤1000W/m^2。

反射辐射：

1min 反射辐射变化率≤1000W/m^2。

紫外辐射 UVA：

1min 紫外辐射变化率≤30W/m^2。

紫外辐射 UVB：

1min 紫外辐射变化率≤90W/m^2。

8.4.6.5　多传感器检查

(1)模块功能

在相同环境中的同一地点、同一时刻，鉴定合格的两个传感器观测的气象各要素值应在规定精度和误差范围内，两者之间观测差值应在 2 倍的观测误差范围内。超过测量误差的，可能有一个或两个传感器有测量误差或故障，且两个传感器在同一时刻同时出相同故障的概率很小。多传感器质量检查就是利用这种小概率事情，用备份的传感器数据代替在经过气候极值或野值、气候界限值或允许值、内部一致性和时间一致性检查后，判定为可疑或错误的主传感器数据。

(2)检查范围

检查范围见 8.4.6.1 小时数据文件和 8.4.6.1 分钟数据文件。

(3)检查方法

在经过气候极值或野值、气候界限值或允许值、内部一致性和时间一致性检查后，判定为可疑或错误的主传感器数据与备份的传感器数据进行比对，超过 2 倍的观测误差的以及质量控制码为 N 或不为 0 的，用备份传感器数据代替，并对代替的数据再进行气候极值或野值、气候界限值或允许值、内部一致性和时间一致性检查，再判定为错误的，数据按缺测处理，同时生成质量控制信息存入到质量控制信息表供监控运行模块使用。通过各项检查后，输出含有质量控制码的、与智能采集器输出的分钟采样样本数据文件格式相同数据文件，作为数据加工处理模块的数据源。

8.4.6.6　数据质量控制标识

数据质量控制过程中，需要对气象数据要素值是否经过数据质量控制以及质量控制的结果进行标识，这种标识用于定性描述数据置信度。标识的规定见表 8.16。

表 8.16　数据质量控制标识

标识代码值	描述
9	“没有检查”：该变量没有经过任何质量控制检查
0	“正确”：数据没有超过给定界限
1	“存疑”：不可信的
2	“错误”：错误数据，已超过给定界限
3	“不一致”：一个或多个参数不一致；不同要素的关系不满足规定的标准
4	“校验过的”：原始数据标记为存疑、错误或不一致，后来利用其他检查程序确认为正确的
8	“缺失”：缺失数据
N	没有传感器，无数据

8.4.7 逻辑流程

8.4.7.1 检查流程

质量控制包括气候极值以及野值检查、气候界限值检查、内部一致性检查、时间一致性检查和多传感器质量控制，质量控制模块结构如图 8.4 所示。

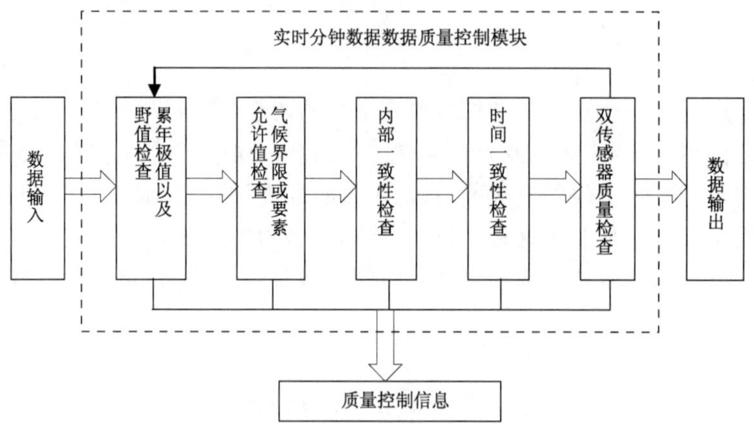

图 8.4 实时分钟数据数据质量控制模块结构示意图

8.4.7.2 信息流程

质量控制的数据输入模块有业务配置参数、质量控制规则、累年气候月极值、气候界限值、观测要素等；输出的有分钟数据文件、质量控制信息等。其基本信息流程如图 8.5 所示。

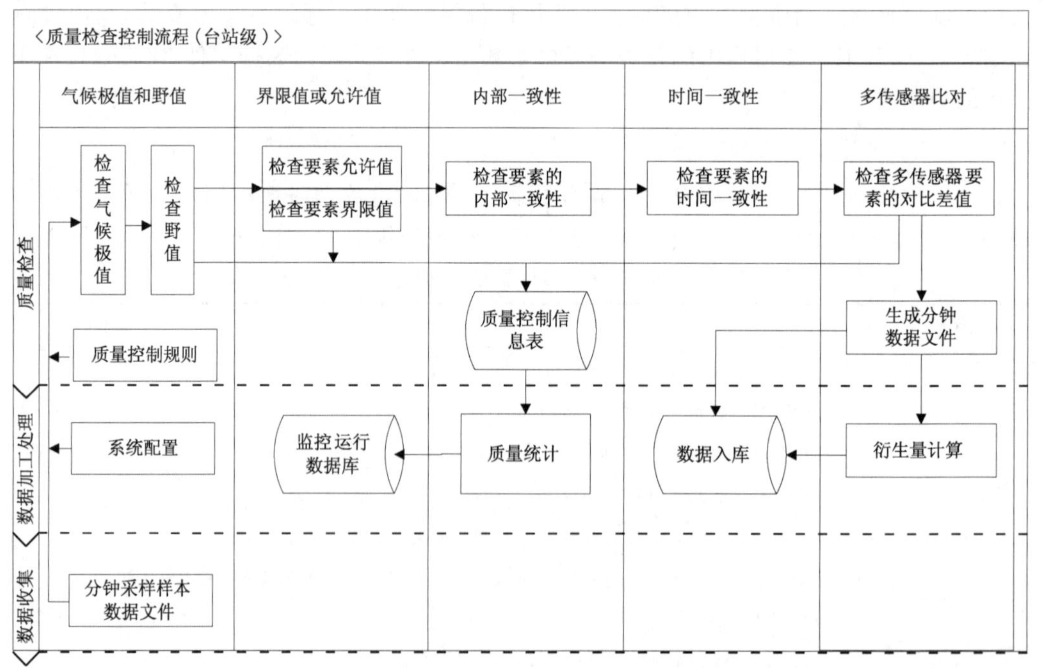

图 8.5 实时分钟数据质量控制模块信息流程示意图

8.5　支持环境

8.5.1　开发技术

开发技术：基于.net FrameWork3框架的构件化软件技术，采用.NET和数据库技术等，采用RUP(Rational Unified Process)软件开发过程方法，支持面向对象设计；

系统公共平台：基于动态链接库和数据库服务器；

开发工具：Visual studio 2010，SQL Server存储过程。

8.5.2　应用环境

服务器环境：数据库及服务器操作系统：Windows 2003/2008 Server；

数据库系统：Microsoft SQL Server 2005/2008；

安全环境：主机安全：操作系统安全＋系统安全补丁、主机漏洞扫描(服务)、防火墙＋全面的病毒防护。

第 9 章　应用终端

9.1　范围

9.1.1　背景

近年来，随着经济、社会、技术的发展，越来越多的观测项目实现了自动化，许多新型观测仪器的研发和考核工作已陆续展开，即将进入观测业务。然而，目前这些新增的自动观测项目均独立于台站地面自动气象站观测项目之外，通常是每新建一个观测设备，就增加对应的电源、通信及数据处理与显示平台，造成了现有台站值班室拥挤不堪、计算机使用效率低下、测量数据庞杂，维护这些计算机及数据还浪费台站宝贵的人力资源，集约化程度低的问题非常明显，迫切需要对我国现有的台站气象观测项目进行系统集成。

9.1.2　系统概述

地面综合气象观测系统用户终端与数据处理软件是地面综合观测自动化系统的重要内容之一，是按照中国气象局自动化观测系统发展规划，立足于自动化观测和自动化业务流程，完成云能天自动化观测数据集成的地面综合观测系统用户终端与数据处理的业务平台。

系统可以处理目前台站业务观测的各种自动、人工观测气象数据，实现了对云、能、天等各种气象观测数据的显示；建立了自动化业务工作流程，实现重要天气报等业务数据的自动处理、自动编报、自动发报等；实现了状态监控、灾害报警，提供查询功能以生成可以满足不同行业用户需求的、标准化的气象产品。

9.1.3　标识

(1)标识号：SIMOS－001－1.00－20120627；

(2)标题：地面综合气象观测系统用户终端与数据处理软件；

(3)适用的系统：地面综合气象观测系统用户终端与数据处理软件。

9.1.4　目的

本文档的编写目的是对软件的系统结构、主要功能、软硬件配置、操作方法等进行详细说明，为软件的操作使用提供依据。

9.1.5　定义

SIMOS：Surface Integrated Meteorology Observing System（地面综合气象观测系统）。

9.2　系统功能

本系统的主要功能包括：显示查询、状态监控、业务编报、灾害报警、存储管理等五大部分，其中显示查询负责完成各种数据的显示和查询，包括常规要素、红外云观测数据、激光云观测数据、天气现象等，数据显示的方式包括列表、折线图等；状态监控主要负责完成自动站状态信息的解析及监控，并对故障信息进行提示；业务编报负责完成现有台站的重要天气报编报任务，并将现在以人工驱动的编报方式转变为自动编报模式，这部分功能是在系统后台自动完成，没有显示界面；灾害报警主要负责完成实时灾害数据的报警，其中灾害信息的判断方法、种类、阈值等都来自于参数设置；存储管理主要功能负责实现数据库数据的定时整理、备份等。

9.3　系统研发情况

系统用户终端与数据处理软件（以下简称：观测软件）经过不断完善，各功能模块已完成。该观测软件充分考虑各种智能集成设备的自动观测和数据采集情况，采用数据缓存机制提高各种实时数据模块（显示模块、报警模块、业务模块）的实时效率和容错性能。

该软件完成了业务模块中新长 Z 文件、重要天气报文件的生成和上传功能。在数据库连接发生异常的情况下，采用数据库与自动站数据文件自动切换的方式，最大程度地保障整个业务的正常运行。同时也可以通过状态栏实时的监控：当前系统运行状态；数据库连接状态；新长 Z 文件和重要天气报的生成和上传状态。新增云和天气现象实时监控模块。数据库备份和数据表数据删除功能。

9.3.1　技术目标

（1）完成满足现有业务需要的、标准化的气象产品，主要包括 A 文件的生成、维护、格检；J 文件的生成、维护；R 文件的生成、维护、格检；Y 文件的维护、格检，新长 Z 文件的生成。已完成极端灾害天气预警功能。

（2）完成实时设备状态监控功能。主要包括系统整体状态监控、主采集器状态监控、气候观测分采集器状态监控、辐射观测分采集器状态监控、地温观测分采集器状态监控、土壤水分观测分采集器状态监控、海洋观测分采集器状态监控、传感器状态监控等设备功能模块。同时对于读取的数据出现异常会以文字信息提示。

（3）完成各种要素在同一个界面的监控和显示功能。包括常规分钟要素、常规小时要素、辐射分钟要素、土壤分钟要素、海洋分钟要素等观测数据的实时信息都直接显示在主界面上，以各种仪表、数字等方式显示。且用户可根据需要点击对应要素图标查看该要素任意时刻的历史信息，查询结果以曲线图、柱状图、表格方式显示。为了保证日后业务的扩展，界面可允许增加一定的要素显示。

9.3.2　技术内容

（1）完成实时观测要素的监控显示功能，包括主界面显示实时各种观测数据、以曲线实时显示最近两小时的常规分钟观测数据、以表格显示一小时内实时天气现象分钟观测数据。

完成各种观测产品制作,如(A、J、R、Y 文件)。提供灾害预警功能,并可以查询历史的报警信息。

完成所有的观测要素小时和分钟数据查询功能。并可根据观测数据统计相应要素的月、年数据。

(2)完成系统各种参数的设置和修改界面,包括:台站基本参数录入、仪器鉴定证数据、旬月历史数据、地面审核规则库、辐射审核数据、文件传输路径参数、数据库参数。

完成小时常规数据及人工观测数据的人工审核功能。

完成各类规定格式文件生成、维护(A、J、R、Y、新长 Z 文件)。并可通过文件上传模块,定时(也可手动)上传相应的文件。系统运行中会自动生成日志,记录系统运行中的操作、业务、错误等信息。观测软件的状态栏提供系统实时的运行状态监控。

9.4 系统环境配置

(1)硬件配置

本系统运行环境硬件为一台 PC 机,具体配置如下:

双核 CPU,主频 3.2GHZ,内存 2G,硬盘 500G 以上。

(2)运行环境

操作系统 Windows XP/7,.Net FrameWork3.5 以上。

9.4.1 开发环境

本系统开发环境硬件为 PC 机用于软件研发,具体配置如下:

硬件环境:PC 机若干,服务器一台

软件环境:Windows XP/7/2008 r2,.NET Frame 3.5 以上,Visual Studio 2008,SQLServer 2008 r2。

9.4.2 运行环境

硬件平台:CPU P4 以上,内存 512M,硬盘 60G。各种针式、喷墨和激光打印机。

操作系统:简体中文版 Windows 2000/XP/2003/Windows7。

9.5 程序系统的结构

地面综合观测系统用户终端与数据处理软件以数据库为数据交互中心,自动站设备获得的数据经过质量控制后直接存放于数据库中,平台客户端软件直接对数据库进行数据访问,不直接与底层的观测设备进行数据交互。该平台主要包括两大功能:一个是地面观测业务功能,从数据库服务系统获取观测记录,包括测报人员通过软件录入数据,完成资料人工审核、归档文件的生成、上传报文生成及传输、系统参数设置、报表生成、数据库维护、工具、帮助等功能;另一部分为地面观测信息服务功能,通过从数据库系统获取数据,完成要素显示、设备状态信息、系统状态信息、灾害报警、服务统计产品的最终查询、显示及输出。地面综合观测系统用户终端与数据处理软件界面由菜单栏、子界面显示区域、状态栏三部分组成。菜单栏提供了该软件所有功能菜单操作；子界面显示区域采用标签页的形式打开各菜单子界面，各界面间可快捷地进行切换；状态栏显示软件当前运行状态。

9.6 软件功能模块

该观测软件实时的进行数据读取和相应的业务工作，同时它也提供菜单操作功能。主要的一级菜单功能包括：实时要素、状态监控、灾害报警、系统参数、数据查询、数据库维护、工作管理、工具、外接程序、帮助。

9.6.1 数据读取

观测软件读取的观测数据来源于数据库和文本文件。在数据库正常情况下，观测软件直接读取数据库中最新的观测数据，若数据库连接异常，观测软件会自动切换到读取指定路径下最新数据文件和 xml 文件中的系统参数，保证业务的正常运行，并提示数据库连接异常。此时很多基于数据库的操作界面将被禁止使用。在值班人员修复好数据库连接后，从数据库参数设置中进行连接测试，若连接成功，观测软件将自动切换回读取数据库数据。

由于自动观测要素通过采集器采集后需要通过质量控制后再入库，观测软件在自身的定时器下实时读取这些数据，这样会产生不同程度的延时，甚至需要重新补采。观测软件考虑了这种延迟情况，进行了一定的延时处理。

观测软件定时的读取各种观测数据(分钟数据、小时数据)到数据缓存中(图 9.1)。各种实时数据模块都直接到缓存模块中取这些观测数据。减少了由于数据库访问给系统带来的负荷和风险。

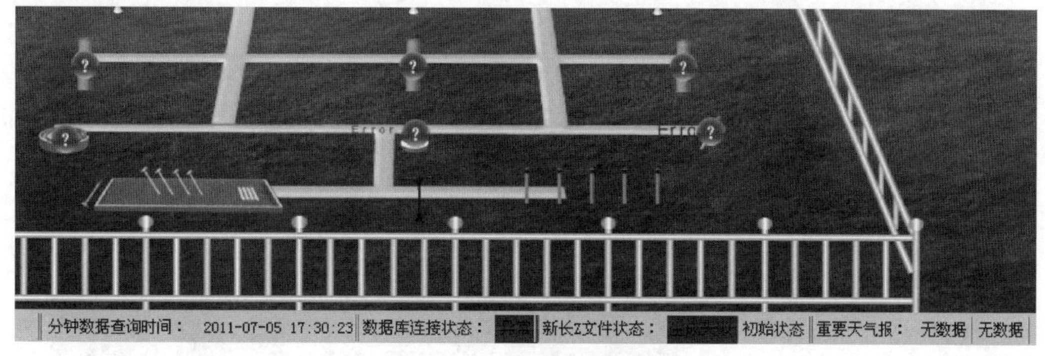

图 9.1 观测定时读取

9.6.2 业务发报

该观测软件自动读取缓存区中的自动站观测数据，并通过相关业务模块直接生成新长 Z 文件和重要天气报文件。新长 Z 文件采用业务试点中的格式标准，目前每小时生成一次。重要天气报采用定时和不定时两种方式发报。生成的新长 Z 文件和重要天气报文件通过通信模块直接上传到指定服务器。

9.6.3　实时要素

实时要素模块用来显示和监控最新的自动站要素数据，用户可根据需要查询和监控需要的要素数据信息。实时要素模块包括主页监控显示、自动站要素图、全要素实时数据(图 9.2)。

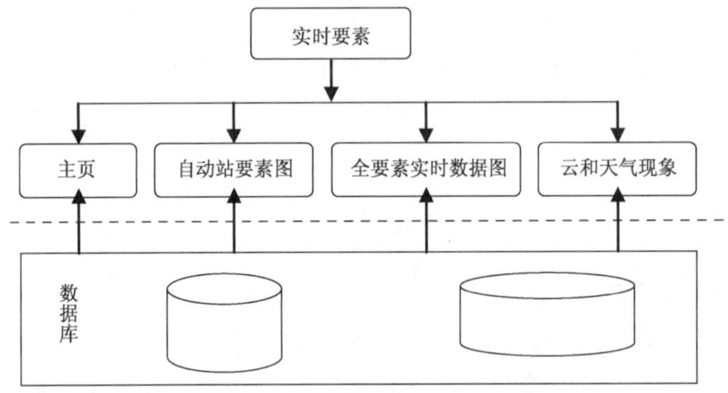

图 9.2　实时要素模块

9.6.3.1　首页

启动地面综合观测系统用户终端与数据处理软件时，该软件默认打开主界面(图 9.3)。主界面采用标准的自适应观测场模型，不仅界面美观，而且对每个观测要素进行实时的有效监控。默认主界面分为左右两部分。左侧为面板用于监控分钟数据(可隐藏)，右侧为模拟观测场用于监控常规要素小时数据。

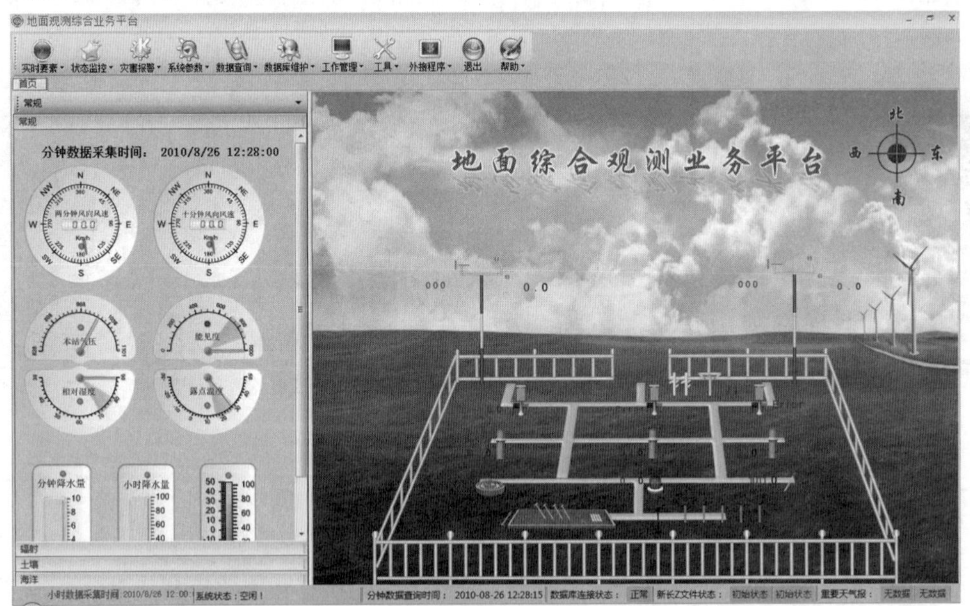

图 9.3　地面综合观测系统

左侧面板中监控内容包括：常规气象要素分钟数据、辐射气象要素分钟数据、土壤气象要分钟数据和海洋气象要素分钟数据。用户可根据需要任意拖动面板查看，也可将面板隐藏。面板中采用各种仪表显示要素，每种仪表中均有个指示灯，当没有查询到数据时或查询出错时，该指示灯显示红色，否则显示绿色。

右侧观测场模型监控内容主要包括：常规气象要素小时数据，每个仪器模型对应一个要素。通过点击该仪器模型可查询 48 小时内该要素资料，并以图形方式显示，同时也可进一步查询各小时分钟资料。当没有查询到数据时或查询出错时，该仪器模型会被红色“?”图标遮挡，否则显示对应的要素值。

整个首页所显示和查询的气象要素包括：

常规气象数据：2 分钟平均风向、风速，分钟平均风向、风速，小时累计降水量，分钟降雨量，气温，相对湿度，露点温度，本站气压，草面温度，地温，能见度，蒸发量，冻土深度，电线积冰厚度。

辐射数据：总辐射辐照度，总辐射曝辐量，净全辐射辐照度，净全辐射曝辐量，直接辐射辐照度，直接辐射曝辐量，散射辐射辐照度，散射辐射曝辐量，反射辐射辐照度，反射辐射曝辐量。

海洋数据：表层海水温度，表层海水盐度，表层海水电导率，波高，潮高，波向，海水浊度，表层海洋面流速，波周期。

土壤数据：地下水位，5cm、10cm、20cm、30cm、40cm、50cm、100cm、180cm 土壤体积含水量。

气象要素查询显示界面介绍如下。

(1)气压数据显示

用户可直接从首页点击气压仪器图标，弹出气压数据对话框，可对气压的历史小时数据进行查询和图形显示。该模块可提供任意 48 小时内气压值的查询，并以曲线图显示查询结果。用户同时可查询任意时段内气压小时值，并以表格显示查询结果(图 9.4)。

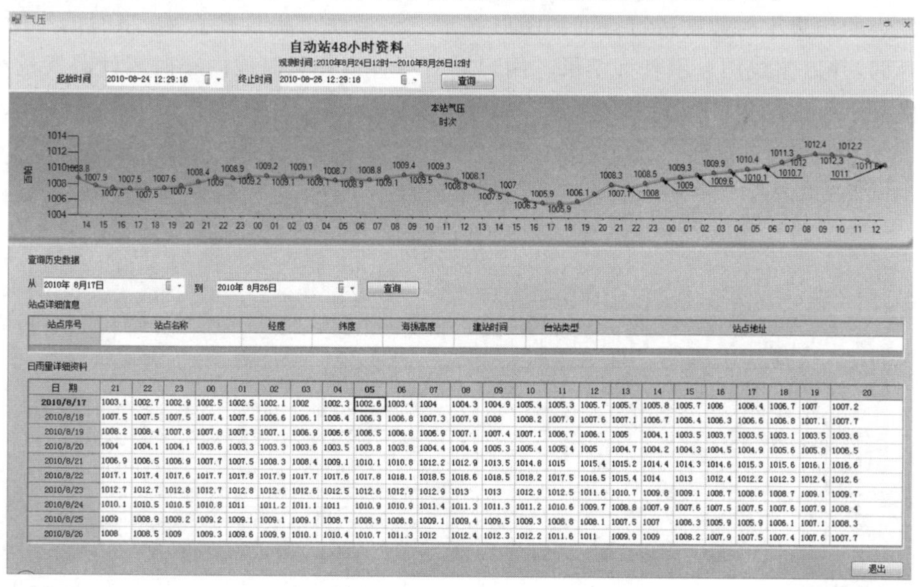

图 9.4　气压数据显示

(2)风速数据显示

用户可直接从首页点击风杆仪器图标，弹出风速数据对话框，可对风速的历史小时数据进行查询和图形显示。该模块可提供任意 48 小时内风速值的查询，并以曲线图显示查询结果。用户同时可查询任意时段内风速小时值，并以表格显示查询结果(图 9.5)。

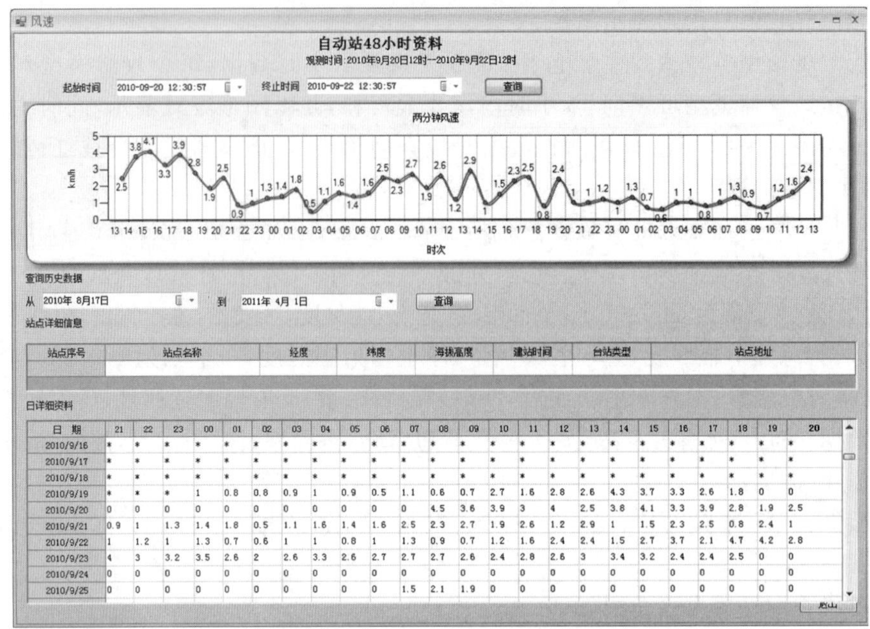

日 期	21	22	23	00	01	02	03	04	05	06	07	08	09	10	11	12	13	14	15	16	17	18	19	20
2010/9/16	*	*	*	*	*	*	*	*	*	*	*	*	*	*	*	*	*	*	*	*	*	*	*	*
2010/9/17	*	*	*	*	*	*	*	*	*	*	*	*	*	*	*	*	*	*	*	*	*	*	*	*
2010/9/18	*	*	*	*	*	*	*	*	*	*	*	*	*	*	*	*	*	*	*	*	*	*	*	*
2010/9/19	*	*	*	1	0.8	0.8	0.9	1	0.9	0.5	1.1	0.6	0.7	2.7	1.6	2.8	2.6	4.3	3.7	3.3	2.6	1.8	0	0
2010/9/20	0	0	0	0	0	0	0	0	0	0	0	4.5	3.6	3.9	3	4	2.5	3.8	4.1	3.3	3.9	2.8	1.9	2.5
2010/9/21	0.9	1	1.3	1.4	1.8	0.5	1.1	1.6	1.4	1.6	2.5	2.3	2.7	1.9	2.6	1.2	2.9	1	1.5	2.3	2.5	0.8	2.4	1
2010/9/22	1	1.2	1	1.3	0.7	0.6	1	1	0.8	1	1.3	0.9	0.7	1.2	1.6	2.4	2.4	1.5	2.7	3.7	2.1	4.7	4.2	2.8
2010/9/23	4	3	3.2	3.5	2.6	2	2.6	3.3	2.6	2.7	2.7	2.7	2.6	2.4	2.8	2.6	3	3.4	3.2	2.4	2.4	2.5	0	0
2010/9/24	0	0	0	0	0	0	0	0	0	0	0	0	0	0	0	0	0	0	0	0	0	0	0	0
2010/9/25	0	0	0	0	0	0	0	0	0	0	1.5	2.1	1.9	0	0	0	0	0	0	0	0	0	0	0

图 9.5　风速数据显示

(3)小时累计蒸发量显示

用户可直接从首页点击小时累计蒸发量图标,弹出小时累计蒸发量数据对话框,可对小时累计蒸发量的历史小时数据进行查询和图形显示。该模块可提供任意 48 小时内小时累计蒸发量的查询,并以曲线图显示查询结果。用户同时可查询任意时段内小时累计蒸发量小时值,并以表格显示查询结果(图 9.6)。

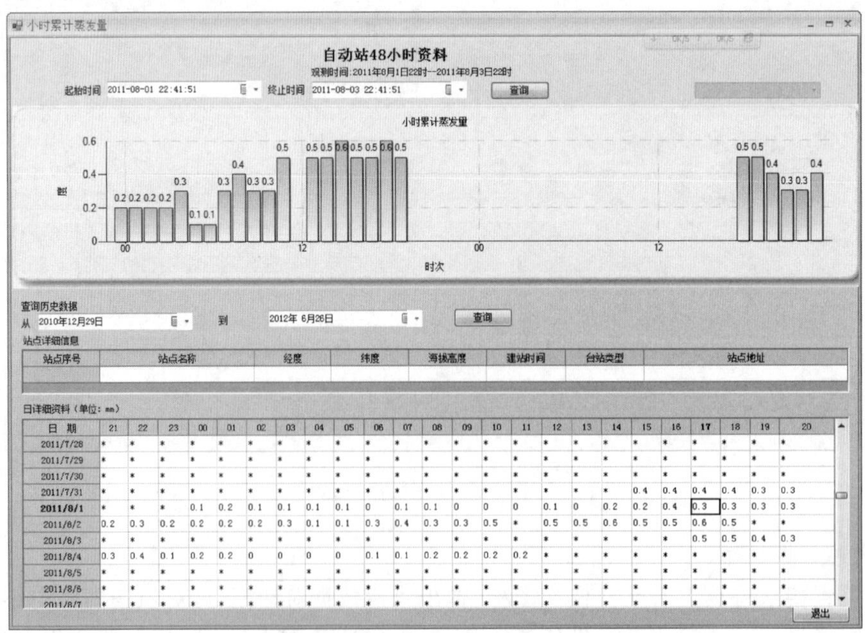

日 期	21	22	23	00	01	02	03	04	05	06	07	08	09	10	11	12	13	14	15	16	17	18	19	20
2011/7/28	*	*	*	*	*	*	*	*	*	*	*	*	*	*	*	*	*	*	*	*	*	*	*	*
2011/7/29	*	*	*	*	*	*	*	*	*	*	*	*	*	*	*	*	*	*	*	*	*	*	*	*
2011/7/30	*	*	*	*	*	*	*	*	*	*	*	*	*	*	*	*	*	*	*	*	*	*	*	*
2011/7/31	*	*	*	*	*	*	*	*	*	*	*	*	*	*	*	*	*	*	0.4	0.4	0.4	0.4	0.3	0.3
2011/8/1	*	*	*	0.1	0.2	0.1	0.1	0.1	0.1	0	0.1	0.1	0	0	0	0.1	0	0.2	0.2	0.4	0.3	0.3	0.3	0.3
2011/8/2	0.2	0.3	0.2	0.2	0.2	0.2	0.3	0.1	0.1	0.3	0.4	0.3	0.3	0.5	*	0.5	0.5	0.6	0.5	0.5	0.6	0.5	*	*
2011/8/3	*	*	*	*	*	*	*	*	*	*	*	*	*	*	*	*	*	*	*	*	0.5	0.5	0.4	0.3
2011/8/4	0.3	0.4	0.1	0.2	0.2	0	0	0	0	0.1	0.1	0.2	0.2	0.2	0.2	*	*	*	*	*	*	*	*	*
2011/8/5	*	*	*	*	*	*	*	*	*	*	*	*	*	*	*	*	*	*	*	*	*	*	*	*
2011/8/6	*	*	*	*	*	*	*	*	*	*	*	*	*	*	*	*	*	*	*	*	*	*	*	*
2011/8/7	*	*	*	*	*	*	*	*	*	*	*	*	*	*	*	*	*	*	*	*	*	*	*	*

图 9.6　小时累计蒸发量显示

(4)露点温度显示

用户可直接从首页点击露点温度图标，弹出露点温度数据对话框，可对露点温度的历史小时数据进行查询和图形显示。该模块可提供任意 48 小时内露点温度的查询，并以曲线图显示查询结果。用户同时可查询任意时段内露点温度小时值，并以表格显示查询结果(图 9.7)。

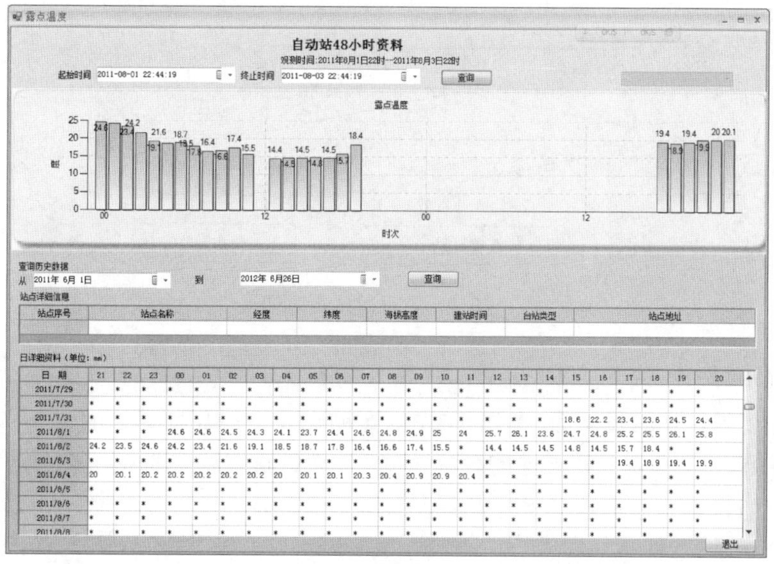

图 9.7　露点温度显示

(5)相对湿度显示

用户可直接从首页点击相对湿度图标，弹出相对湿度数据对话框，可对相对湿度的历史小时数据进行查询和图形显示。该模块可提供任意 48 小时内相对湿度的查询，并以曲线图显示查询结果。用户同时可查询任意时段内相对湿度小时值，并以表格显示查询结果(图 9.8)。

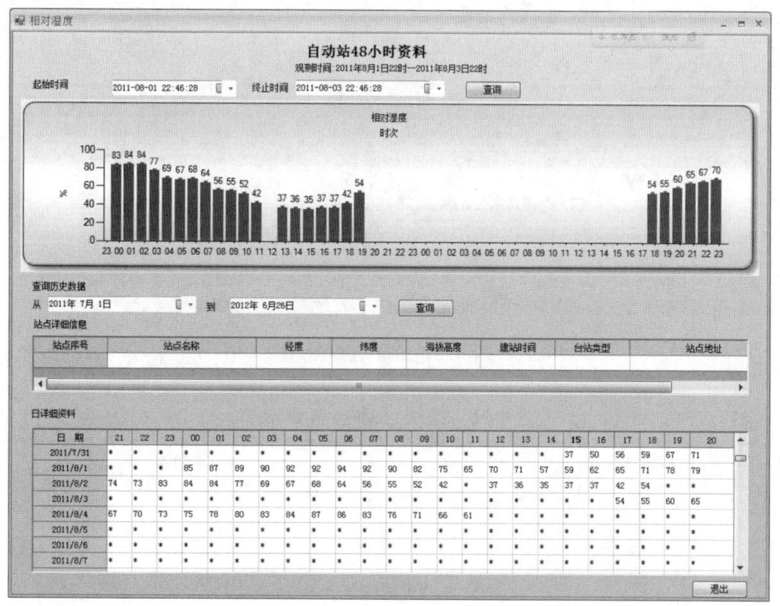

图 9.8　相对湿度显示

(6)首页数据逻辑结构如图 9.9。

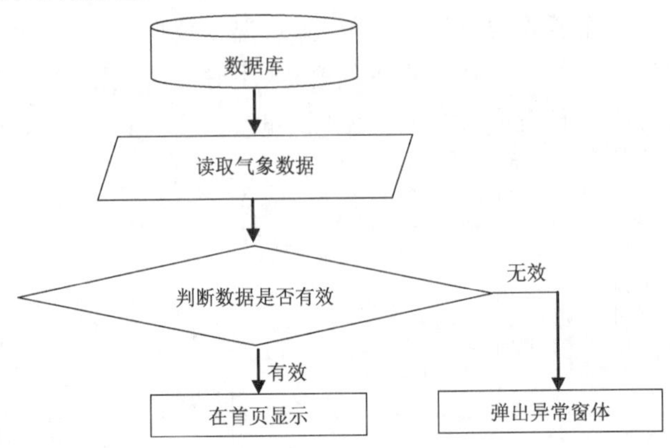

图 9.9　首页数据逻辑图

9.6.3.2　自动站要素图

自动站要素图以实时流动曲线图的形式将常规要素分钟数据最近的 20 分钟数据实时显示出来(图 9.10)。一共有 5 个曲线图绘图区域,每个区域对应不同的要素类型,用户可根据需要选择绘图的要素。显示的常规要素如表 9.1。

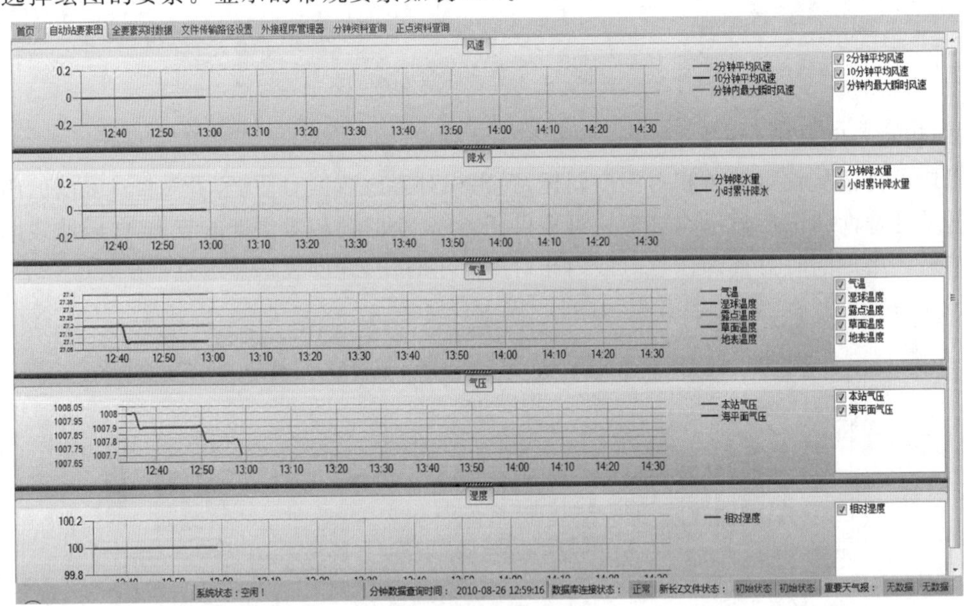

图 9.10　自动要素图

表 9.1　绘图区编号与要素名

绘图区编号	要素类型	要素名
1	风速	2 分钟平均风速 10 风钟平均风速 分钟内最大瞬时风速

续表

绘图区编号	要素类型	要素名
2	降水	分钟降水量(翻斗式或容栅式,RAT) 分钟降水量(翻斗式或容栅式,RAT1) 分钟降水量(称重式) 小时累计降水量(翻斗式或容栅式,RAT) 小时累计降水量(翻斗式或容栅式(RAT1)) 小时累计降水量(称重式)
3	温度	气温(百叶箱) 湿球温度 露点温度 草面温度 地表温度(铂电阻)
4	气压	本站气压 海平面气压
5	相对湿度	相对湿度

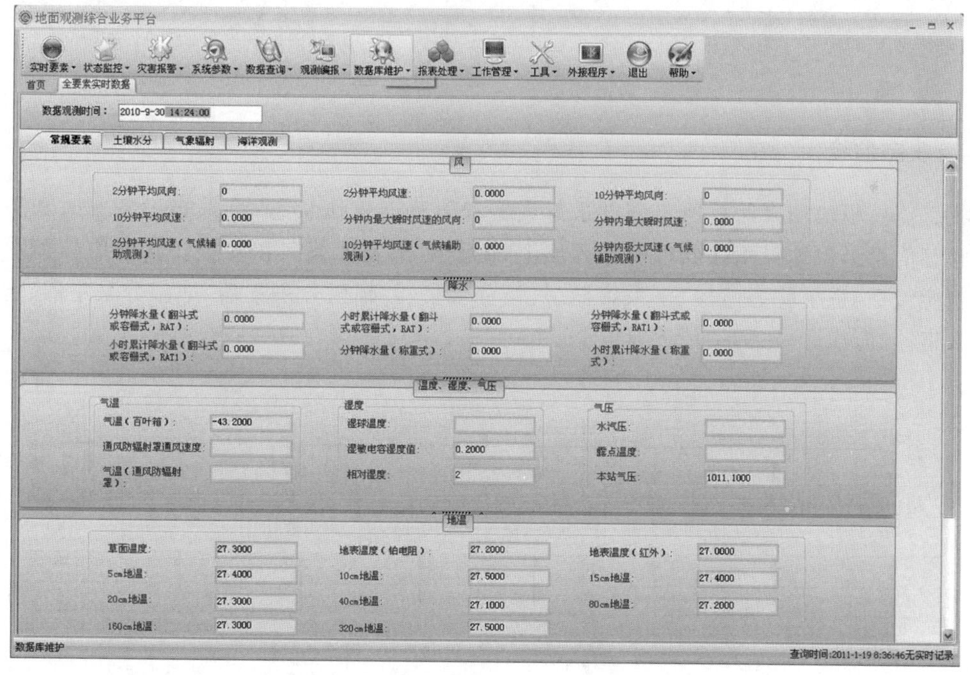

图 9.11　全要素实时数据

9.6.3.3　全要素实时数据

系统以文本框的形式显示当前站点最近一次所有自动站要素的分钟数据及其观测时间，包括常规要素、土壤水分、气象辐射、海洋观测四种气象要素数据(图 9.11)。该模块仅用于监控数据,不可修改。

9.6.3.4 云和天气现象

用于显示一段时间的天气现象和实时的云自动站数据。以文本框显示实时云自动站数据，以表格显示最近一段时间内的天气现象数据(图 9.12)。

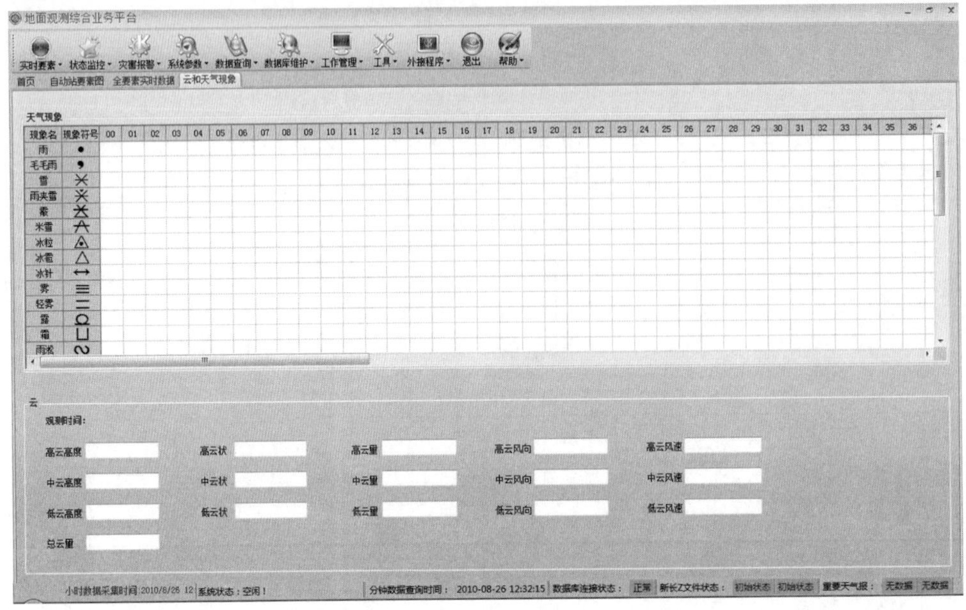

图 9.12 云和天气现象

9.6.4 状态监控

状态监控模块用来监控所有硬件采集设备和传感器工作状态，将采集设备实时和历史的工作状态信息形象地显示在软件操作界面上，便于工作人员查询和监控。状态监控模块主要监控功能包括：系统状态监控、主采集器、气候分采集器、辐射分采集器、地温分采集器、土壤水分分采集器、海洋分采集器、传感器(图 9.13)。

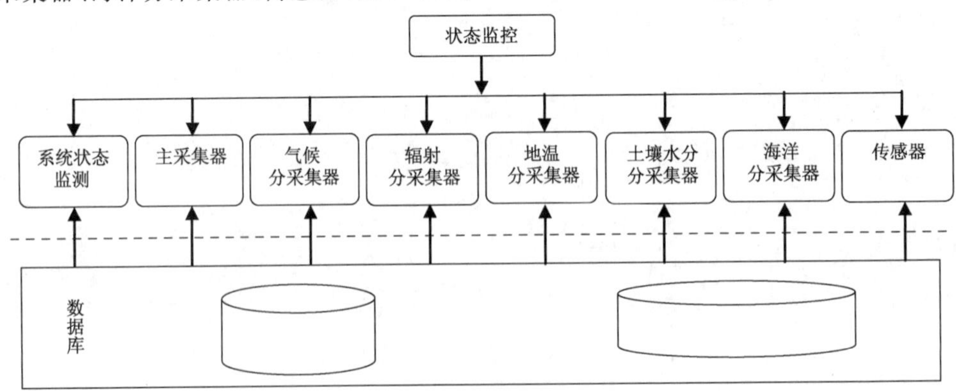

图 9.13 状态监控

9.6.4.1 系统状态监控

系统状态监控是对整个自动站采集系统全面监控(图 9.14)，只精确到某个传感器或采集

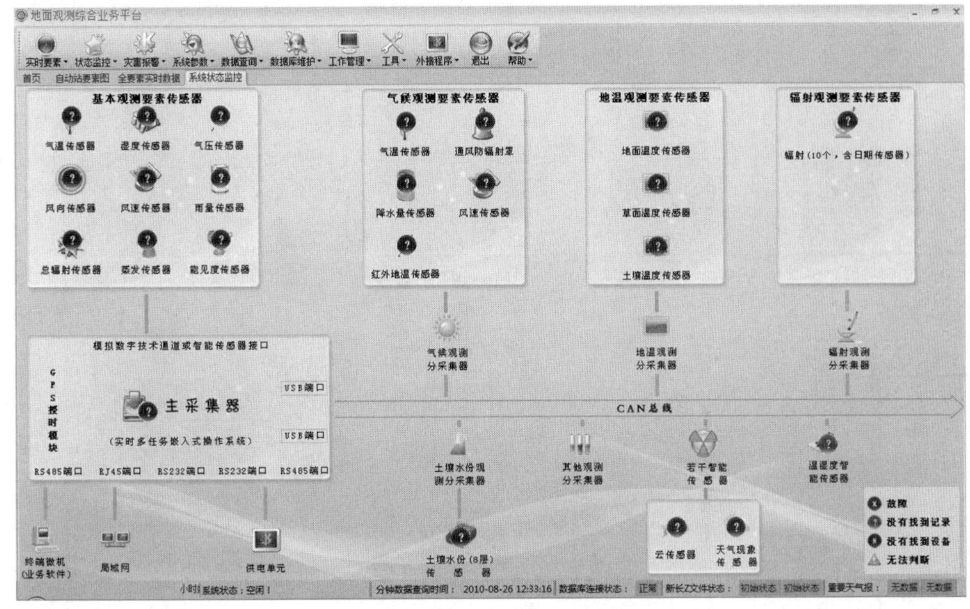

图 9.14　系统状态监控

器，对于传感器或采集器进一步的状态数据和部件的监控，则需要点击对于图标，进入其他界面查看。整个系统监控界面以方框结构示意图的形式显示。各传感器和采集器部件以不同的图标表示。且图标上不同的符号表示不同的状态。点击图标可详细查询相应部件的详细状态和数据。

系统状态监控功能逻辑结构如图 9.15。

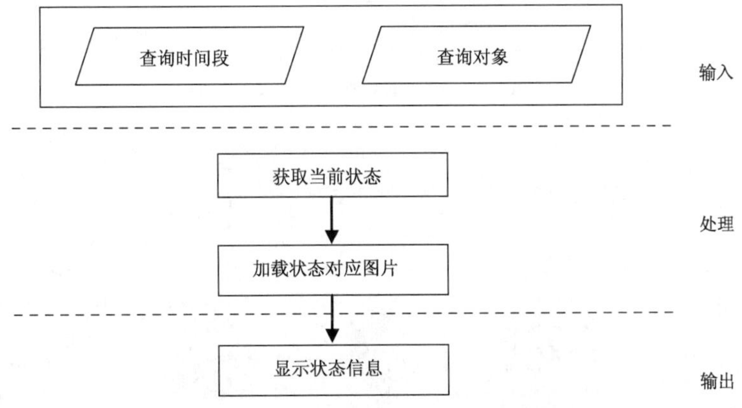

图 9.15　系统状态监控功能逻辑结构图

9.6.4.2　主采集器监控

系统主采集器监控是对自动站主采集器的各重要系统部件进行监控。包括主采集器运行状态、主采集器电源电压、主采集器主板温度、AD 模块工作状态、计数器模块状态、CF 卡状态、GPS 模块状态、LAN 状态、串口通信状态、CAN 总线状态(图 9.16)。点击各监控图标可详细查询相应部件的详细状态和数据。

主采集器监控逻辑结构如图 9.17。

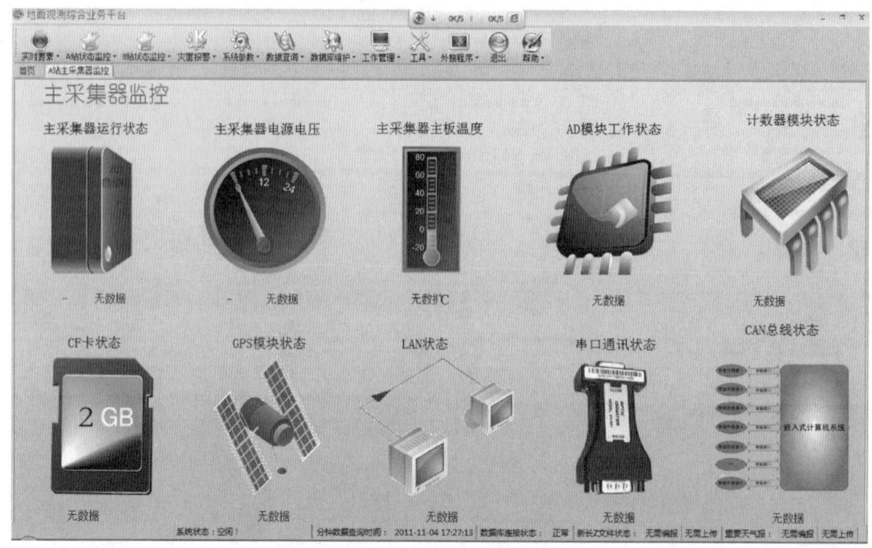

图 9.16 主采集器监控

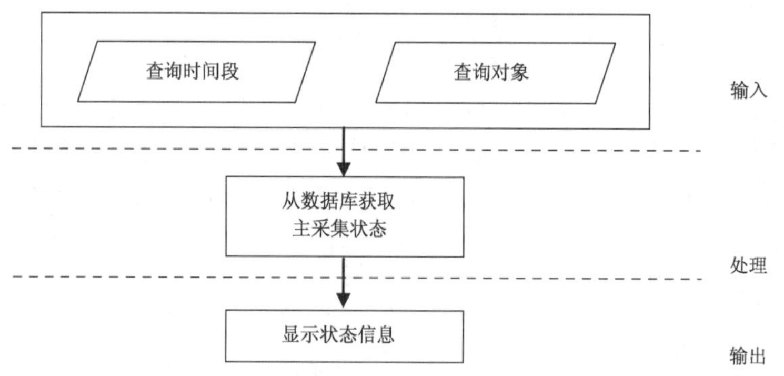

图 9.17 主采集器监控逻辑结构图

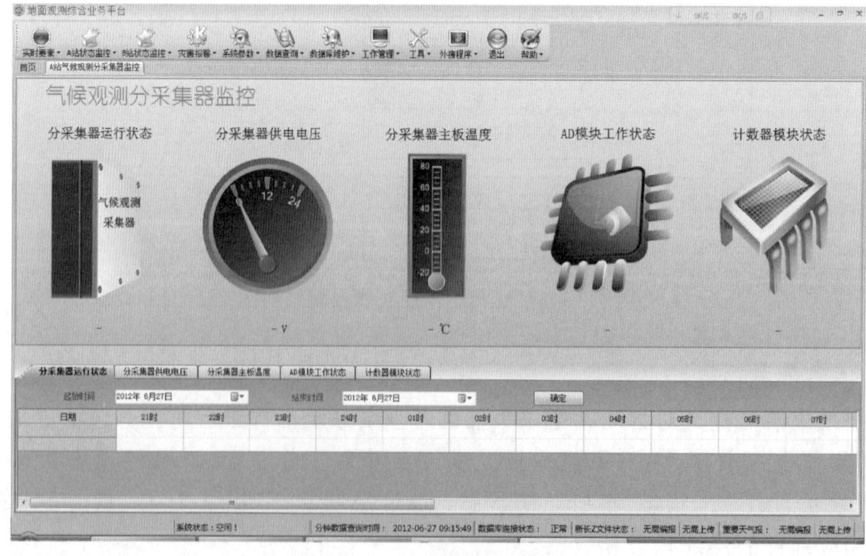

图 9.18 气候观测分采集器

9.6.4.3　气候观测分采集器

系统气候观测分采集器是对自动站气候观测分采集器的各重要系统部件进行监控。包括分采集器运行状态、分采集器电源电压、分采集器主板温度、AD 模块工作状态、计数器模块状态(图 9.18)。点击各监控图标可详细查询相应部件的详细状态和数据。

气候观测分采集器逻辑结构如图 9.19。

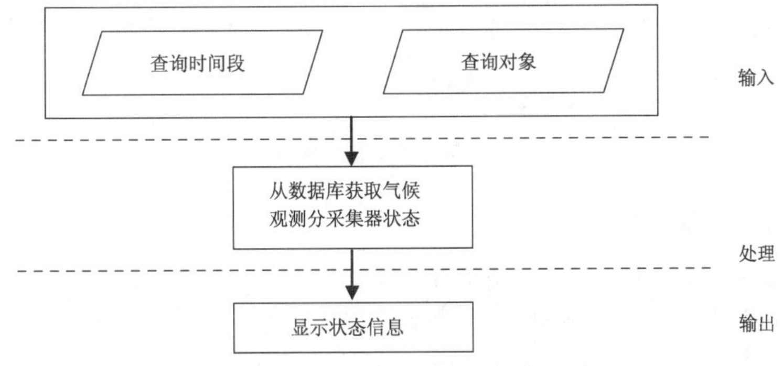

图 9.19　气候观测分采集器逻辑

9.6.4.4　辐射观测分采集器

系统辐射观测分采集器是对自动站辐射观测分采集器的各重要系统部件进行监控。包括分采集器运行状态、分采集器电源电压、分采集器主板温度、AD 模块工作状态、计数器模块状态(图 9.20)。点击各监控图标可详细查询相应部件的详细状态和数据。

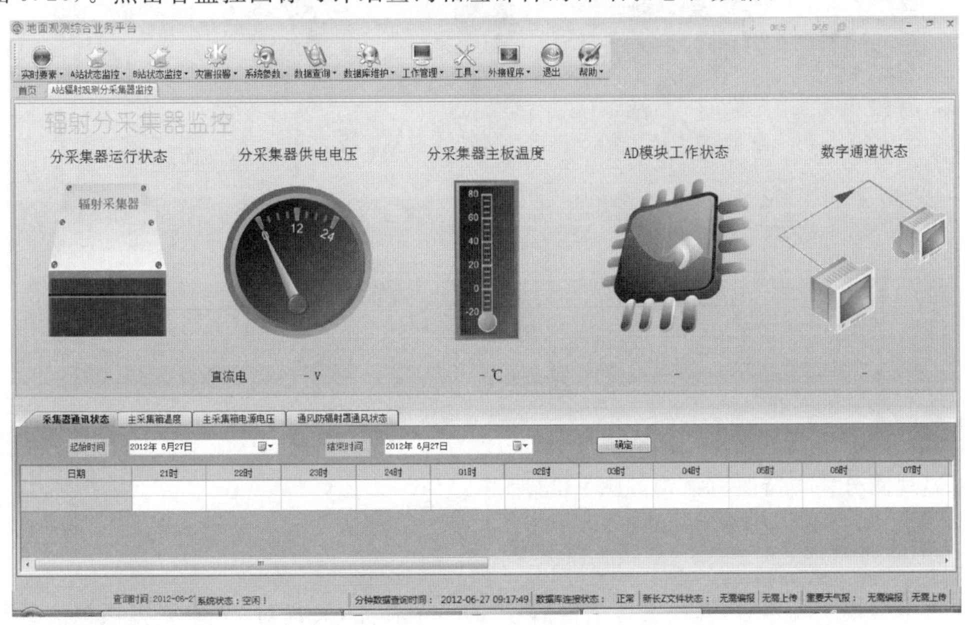

图 9.20　辐射观测分采集器

辐射观测分采集器逻辑结构如图 9.21。

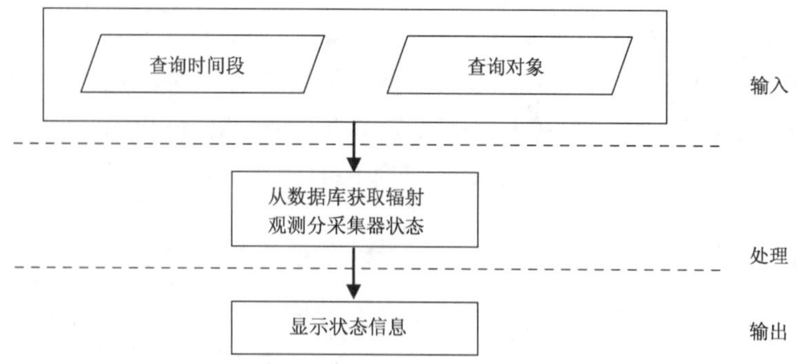

图 9.21 辐射观测分采集器逻辑

9.6.4.5 地温观测分采集器

系统地温观测分采集器是对自动站地温观测分采集器的各重要系统部件进行监控。包括分采集器运行状态、分采集器电源电压、分采集器主板温度、AD 模块工作状态、计数器模块状态(图 9.22)。点击各监控图标可详细查询相应部件的详细状态和数据。

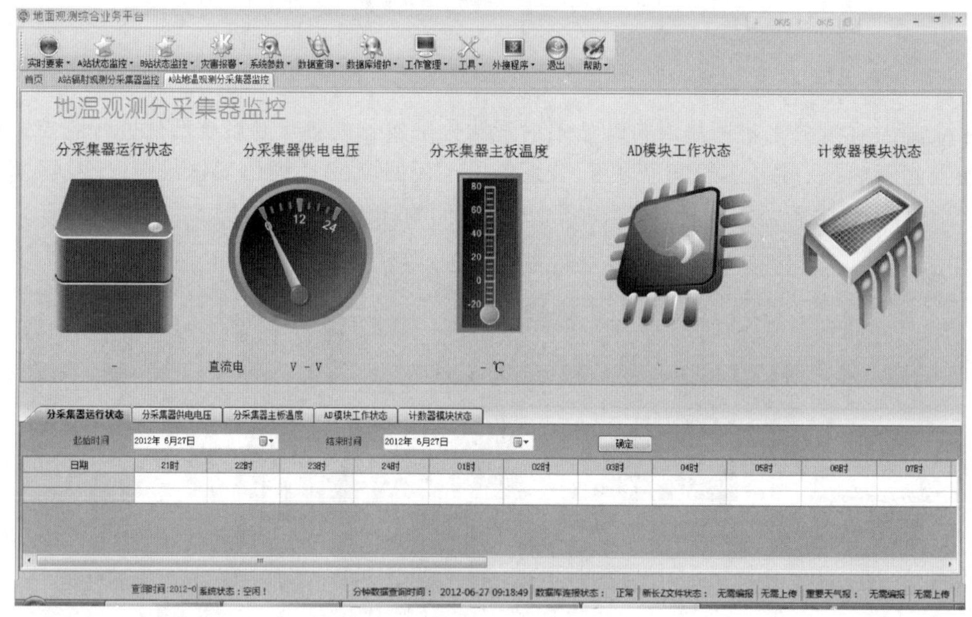

图 9.22 地温观测分采集器

地温观测分采集器逻辑结构如图 9.23。

9.6.5 灾害报警

灾害报警模块既是对“气象灾害预警信号”的一个补充，又是对“气象灾害预警信号”所描述内容的一种监测。利用数据库中的信息资料，可以对高温、暴雨、冰冻、大风、暴雪等灾害以声音和文字的形式进行及时提示报警。

我国地域辽阔，气候类型复杂，季节变化差异较大，鉴于这些差别，在进行灾害报警模块设计时，为了报警信息更准确符合各地气候情况，灾害发生的条件由用户自己定义。根据用户设

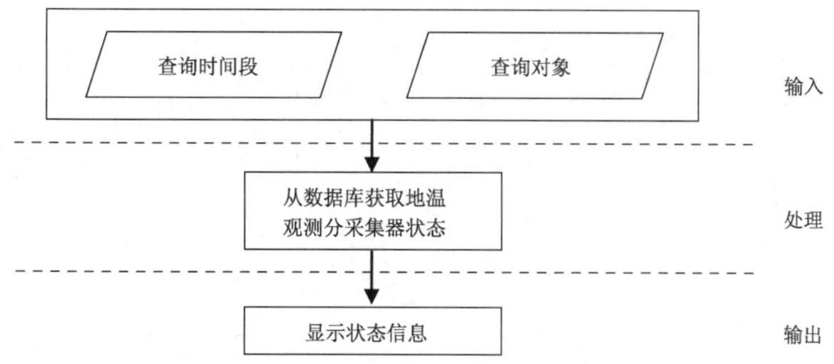

图 9.23　地温观测分采集器逻辑

置的本地灾害参数数据和实时自动站数据，判断当前是否可能发生灾害。若自动站数据满足灾害发生条件，软件将自动提示灾害预警信息。灾害报警模块包括灾害参数输入、灾害报警历史信息、灾害实时监控信息几个模块(图 9.24)。

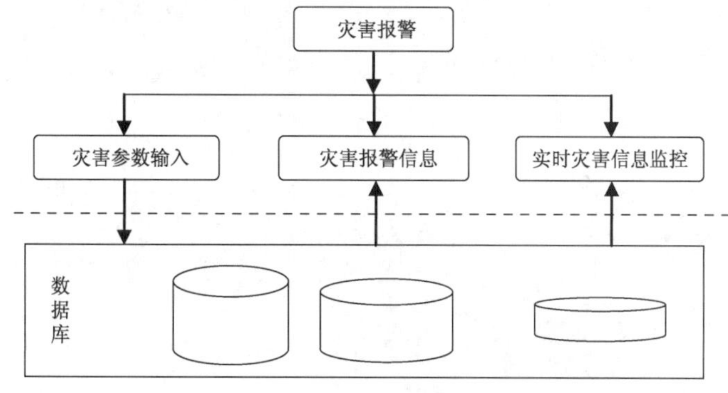

图 9.24　灾害报警

9.6.5.1　灾害参数输入

灾害参数输入子模块提供用户自定义灾害发生条件。用户可以根据当地情况，自行定义灾害。包括灾害名、灾害发生的相关要素、要素类型、灾害发生时间段设置、灾害的相关备注说明等。用户可根据需要设置多个灾害发生条件和多个灾害。该模块在初始化时已将以前所有设置加载到列表中。新添加的灾害也被加载到该列表中。列表中的所有设置都可以重新进行编辑和删除。目前初步设置暴雨、暴雪、寒潮低温、大风、能见度低、高温六种灾害报警。灾害报警界面可录入的参数包括：灾害名、灾害相关要素类型、灾害报警持续时间，灾害发生阈值、灾害发生时段限制、灾害说明等(图 9.25)。

9.6.5.2　报警信息

用来显示所有历史报警信息。包括报警灾害名、报警时间、报警时的参数设置(图 9.26)。

9.6.5.3　灾害预警提示

该观测软件在每次将自动站数据读入缓存区时，都对相应要素进行判断。通过与用户设置的灾害发生条件来判断当前是否可能发生灾害。若满足了灾害发生条件，则以弹出对话框的形式进行灾害预警(图 9.27)。

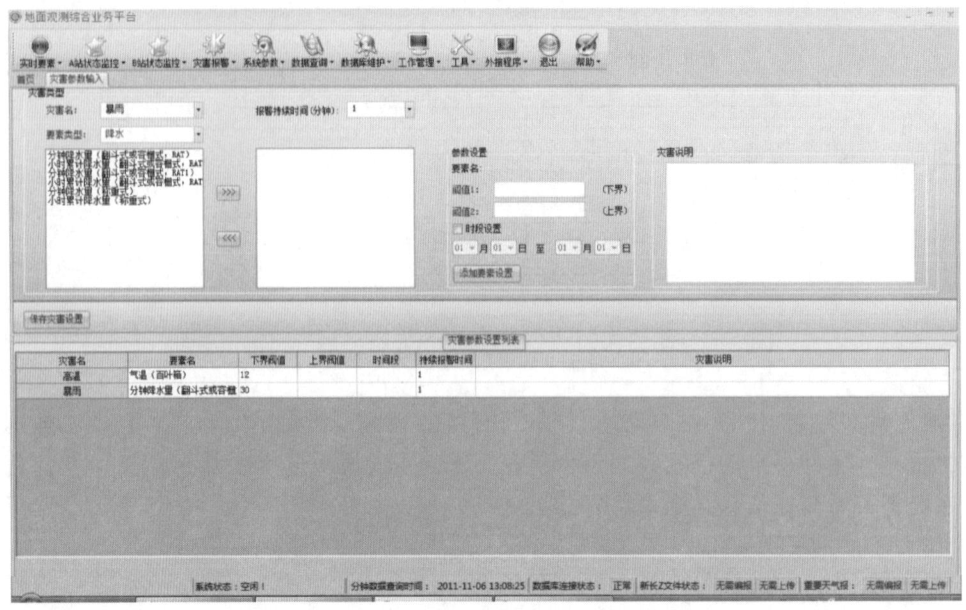

图 9.25 灾害参数输入

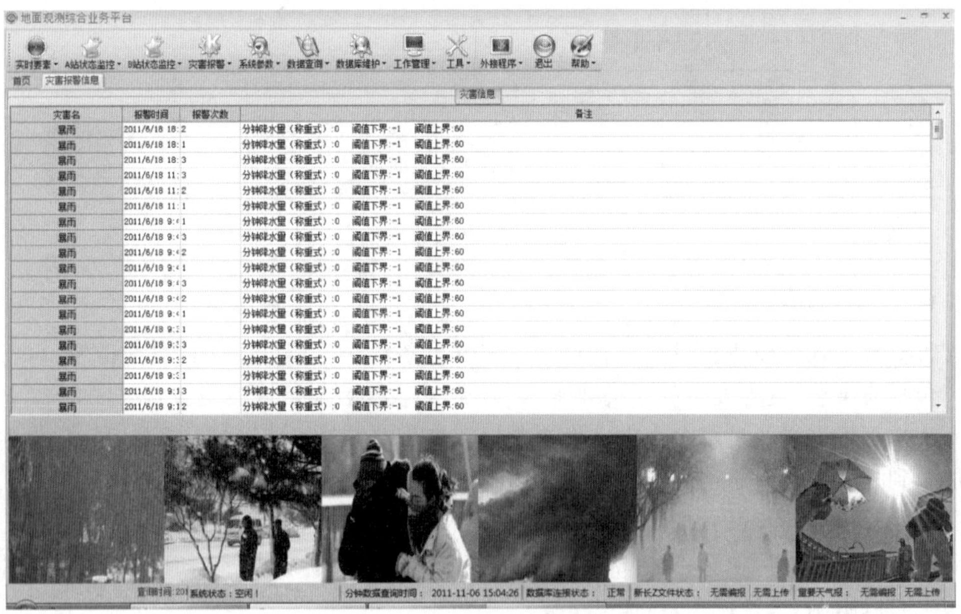

图 9.26 报警信息

9.6.6 系统参数设置

系统参数设置模块用来设置观测软件运行中需要的各种参数，具体包括的参数内容如图 9.28 所示。

9.6.6.1 台站参数模块

台站参数包括台站基本参数、定时编报参数、重要天气报参数(图 9.29)。台站参数是其

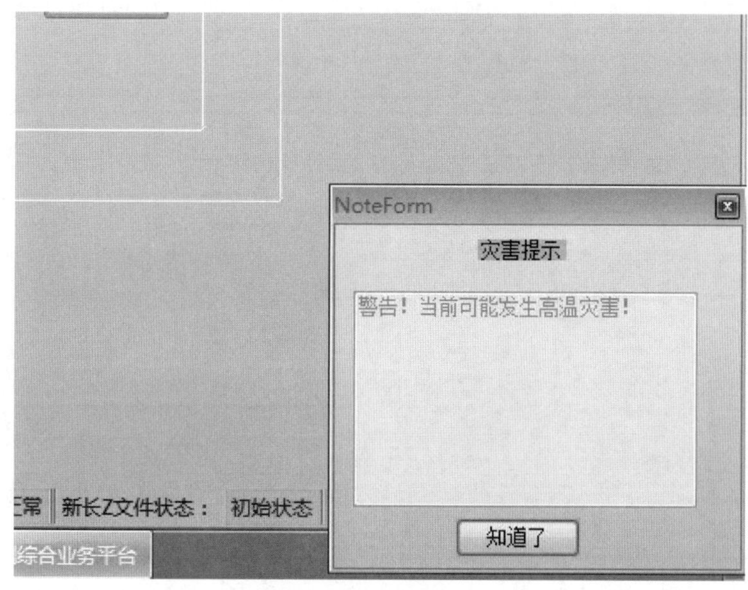

图 9.27　灾害预警提示

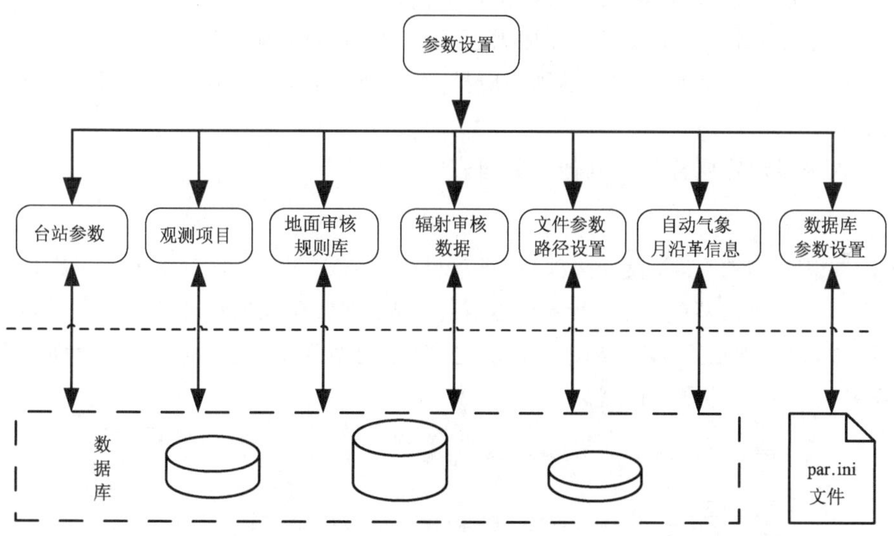

图 9.28　系统参数设置

他各项功能实现的基础，其数据的正确与否将直接影响到其他功能的正确实现。

对于键盘输入的项目，根据记录或数据可能出现的字符，对所输入的内容加以限制，以减少输入错误。这种限制是按两个层次进行的，第一个层次是输入非合法的字符时不予接受，第二个层次是输入完后进行记录合法性检查，若记录不合法，提示出错原因，用户确定后，返回原输入项重新输入。例如：区站号必须为 5 位的数字或字母，则除数字外其他字符均不能键入，且完成本项输入不足 5 位时，立即提示出错；又如台站名必须为汉字、台站字母代码必须为英文字母等，当输入该项内容时，对不满足相应条件的字符不予接受。

当输入项的内容为英文大写字母时，无论键盘是否处于字母大写状态，键入相应字母时均自动转为大写字母给出；当输入项的内容为汉字时，若从键盘输入的是半角字符，则自动将其

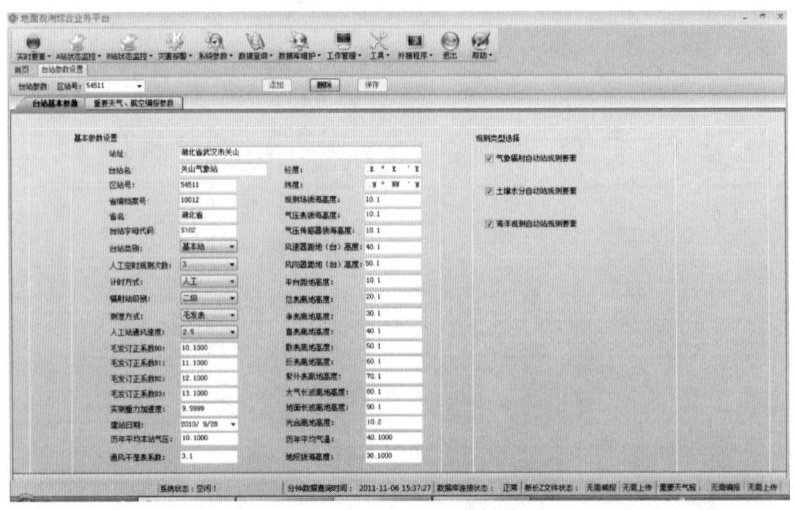

图 9.29 台站参数模块

转化为全角字符。

在有关记录值的输入中，除第一页按实际值输入外，其他各页中有小数位的记录值均扩大10倍输入。如：在本站基本参数中的观测场拔海高度、历年平均气温必须有一位小数；在重要天气报发报标准中有关降水量的标准则均应扩大10倍输入，极大风速、积雪深度、冰雹直径等均按整数输入。

上述输入一般规定同样适应其他相关内容的输入。

9.6.6.2 观测项目

设定需要观测的项目，以及这些项目对应仪器的参数(图 9.30)。用于对正在使用的人工观测的常规地面观测仪器(有仪器器差订正值的仪器)和气象辐射仪器检定证数据的维护。在人工站观测中，常规地面观测仪器须全部登记；在自动站观测中，只需登记《地面气象观测规范》规定需要进行人工补测的仪器。

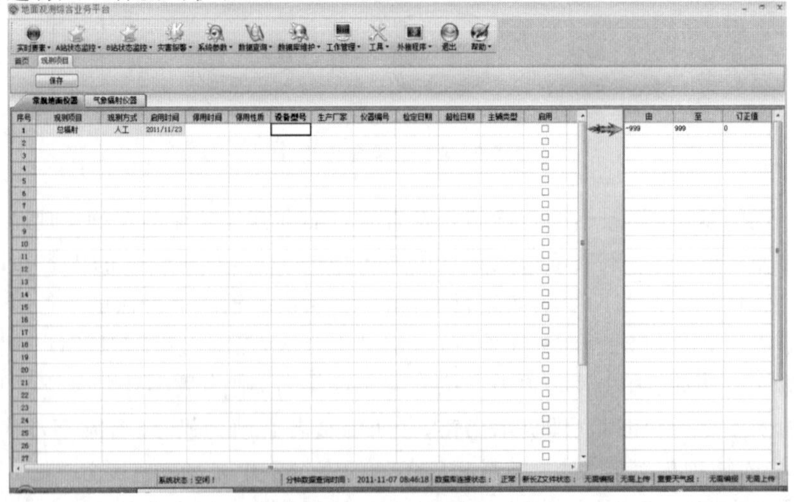

图 9.30 观测项目

点击年、月、日要修改的位置，修改数据时，可以直接用键盘输入，也可以用鼠标点击输入框右边的上下按钮进行递增或递减。按回车(Enter)键，则进入订正值表。

订正值表：完全按照仪器检定证的形式给出，但只要求输入各段订正值的上限值和相应的订正值，即表中所示的“至”值和“订正值”。每种仪器第一段的开始值，除气压表为“0”外，其他仪器都为“－999”，最后一段的结束值除气压表为“19999”外，其他仪器都为“999”，中间某一段的开始值(即由值)总是在它前一段的结束值(即至值)的基础上加“1”，均由程序自动产生。

各输入值按实际值扩大 10 倍输入。每一段内“至”值必须大于“由”值，相邻段之间订正值的绝对差值必须为 1，否则会提示错误。错误提示有两种方式，若“至”值小于等于“由”值或“订正值”的当前值与前一段值的绝对差值不为 1，则为绝对错误，要求返回重新输入；若“订正值”的当前值与后一段值的绝对差值不为 1，则提示错误后继续正常执行所做的操作。

9.6.6.3　地面审核规则库

地面审核规则库用来设置和修改地面常规要素的审核参数。用户可根据需要进行修改。包括数据增加、删除、导入、修改、保存等(图 9.31)。

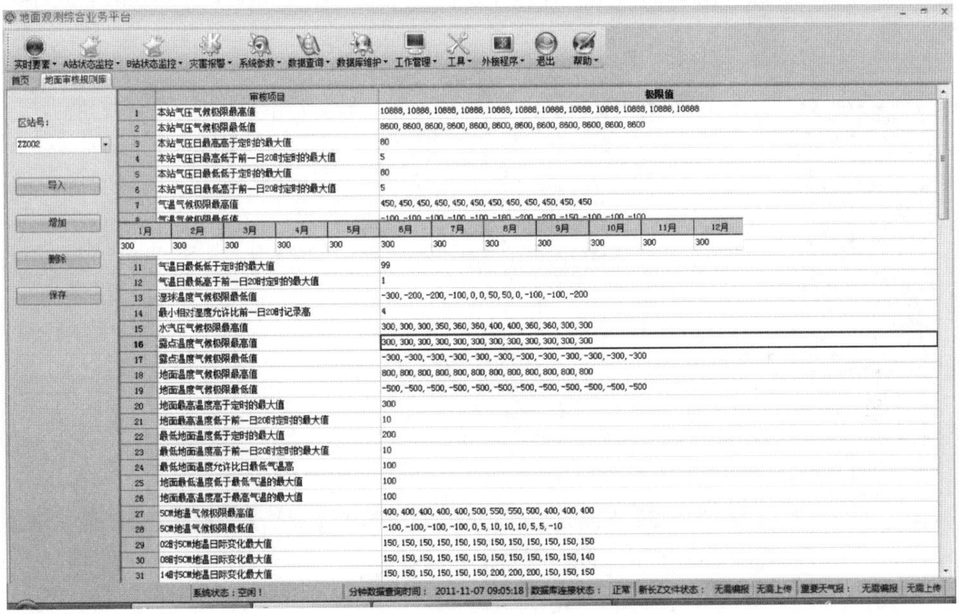

图 9.31　地面审核规则库

地面审核规则库用于地面气象观测定时记录输入时对记录极值的判断和月年地面气象数据文件的审核。为了满足台站和上级审核部门的需要，地面审核规则库是按台站分别建立的，对于台站只需建立本站的内容，而对审核部门必须建立所属气象站的内容。

在本系统中，地面常规采集要素的极值范围也取自本地面审核规则库中相应要素的气候极大值和极小值。

该模块提供了友好、全面的常规数据输入与维护界面，记录取小数一位的要素扩大 10 倍输入，取整数的要素则照实输入。例如：本站气压气候极限最高值为 1050.0hPa，则输入 10500；最小相对湿度允许比前一日 20 时记录高 5%，则输入 5。

各项的输入以电子报表的方式给出，窗口项目可用表格右边的滚动条来回滚动，可用鼠标左键点击相应单元格进行选择。当选择项目为按月输入时，弹出按月输入小窗口。按月输入的数据在表格中各数据之间用逗号“,”分隔，若要详细查看必须将光标移动到相应位置，通过弹出窗口查看。

在输入各项要素时，按照《地面气象观测规范》记录取小数一位的要素扩大10倍输入，取整数的要素则照实输入。例如：本站气压气候极限最高值为1050.0hPa，则输入10500；最小相对湿度允许比前一日20时记录高5%，则输入5。

9.6.6.4 辐射审核规则库

辐射审核规则库用来设置和修改辐射要素的审核参数，包括总辐射、净全辐射、散射辐射、直接辐射、水平辐射、反射辐射等辐射要素。用户可根据需要进行修改，包括数据增加、删除、导入、修改、保存等（图9.32）。

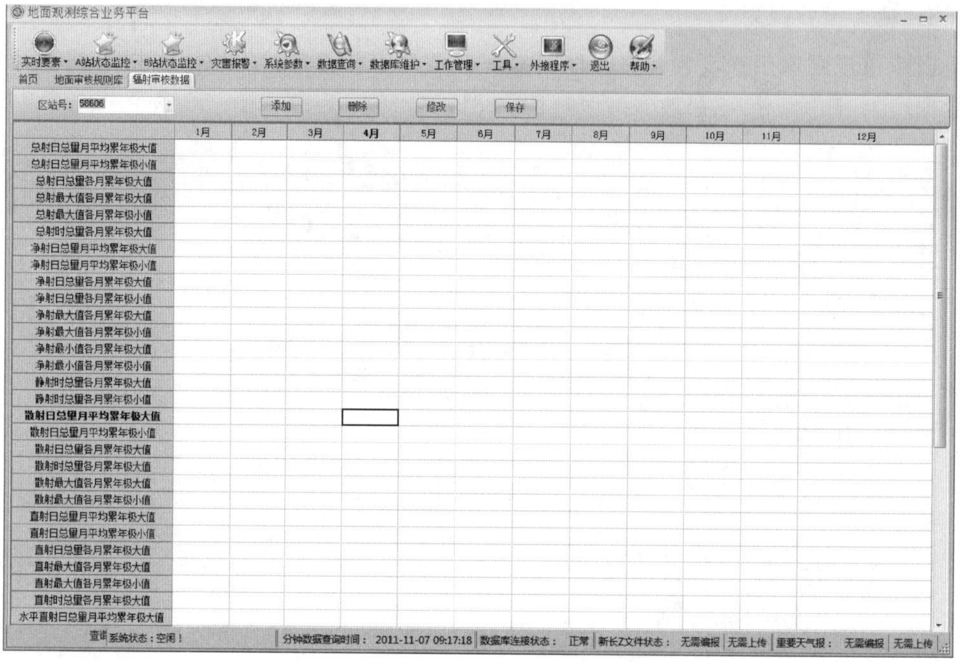

图9.32 辐射审核规则库

辐射审核数据用于气象辐射数据文件的审核，包括各月总辐射、净全辐射、散射辐射、直接辐射和反射辐射的日总量月平均极值和极端值、时总量的极端值、辐照度的月极端值，这些历史资料是指从气象辐射仪器换型以后的近几年辐射资料中挑取的有关值，它是在月辐射数据审核中进行质量控制的重要依据之一。为了满足台站和上级审核部门的需要，辐射审核数据与地面审核规则库一样，也是按台站分别建立的，台站只需建立本站的内容，而审核部门必须建立所属气象站的内容。没有气象辐射观测任务的气象站，本参数库内容可以不进行维护。

该模块提供了友好、全面的常规数据输入与维护界面，取两位小数，其值扩大100倍，各辐照度最大值的极值取整数照实输入。

在各记录输入中，日总量月平均极值和时总量极值即曝辐量的极值按照《地面气象观测规范》的规定，取两位小数，其值扩大100倍，各辐照度最大值的极值取整数照实输入。

9.6.6.5 文件参数路径设置

用来设置传输文件所需要的各种参数，包括传输的文件类别、传输方式、连接名、IP 地址、端口号、用户名、密码、远程路径(图 9.33)。并可对这些参数进行增加、删除，修改等操作。

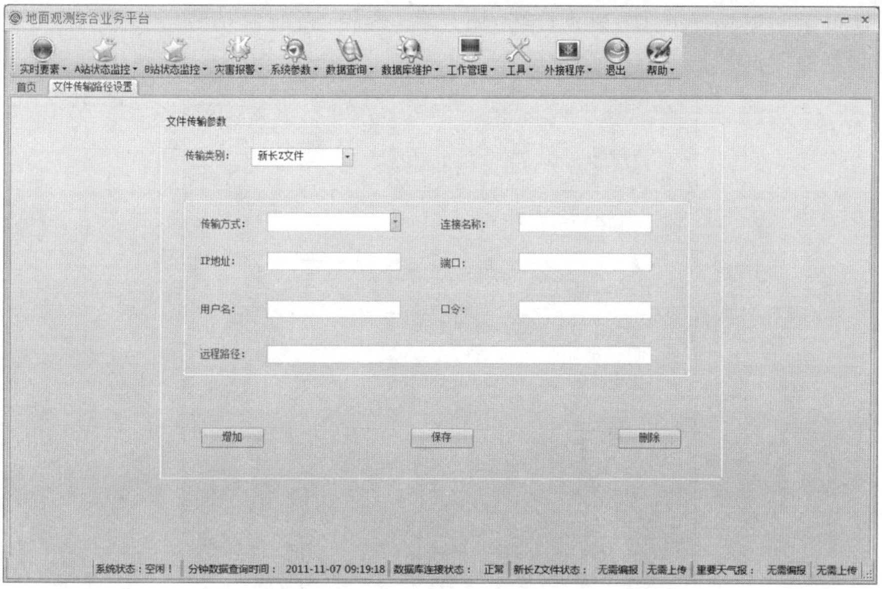

图 9.33 文件参数路径设置

9.6.6.6 自动气象月沿革信息

自动气象月沿革信息是用来记录台站的所有历史信息，信息包括 135 个类别，详细记载了台站的环境、位置等变迁情况(图 9.34)。

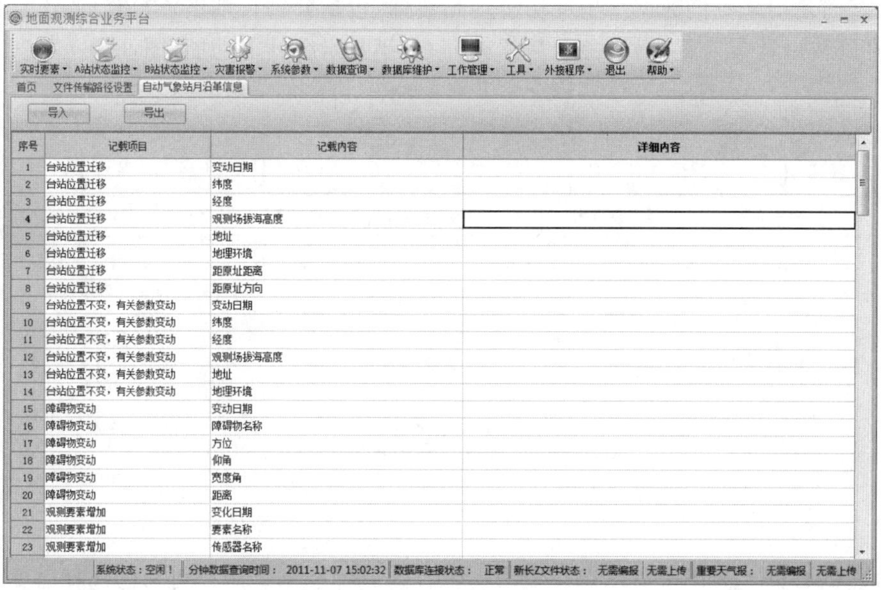

图 9.34 自动气象月沿革信息

在各输入项中，根据需要记载的内容，输入到对应的详细内容中，汉字、数字、英文都可输入，无格式要求。

9.6.6.7 数据库参数设置

用来设置访问数据库的IP，数据库名，用户名，密码，当前台站号等参数(图9.35)。用户也可利用此界面测试数据库连接是否正常。

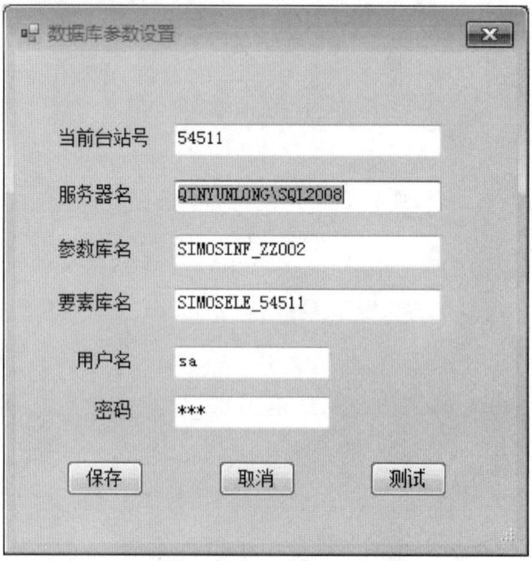

数据库参数设置

当前台站号 54511

服务器名 QINYUNLONG\SQL2008

参数库名 SIMOSINF_ZZ002

要素库名 SIMOSELE_54511

用户名 sa

密码 ***

保存 取消 测试

图9.35 数据库参数设置

9.6.7 数据查询

数据查询是用来查询数据库中的历史观测数据，包括分钟自动站资料查询、正点自动站资料查询、红外测云数据查询、激光测云数据查询、月年要素统计等功能(图9.36)。

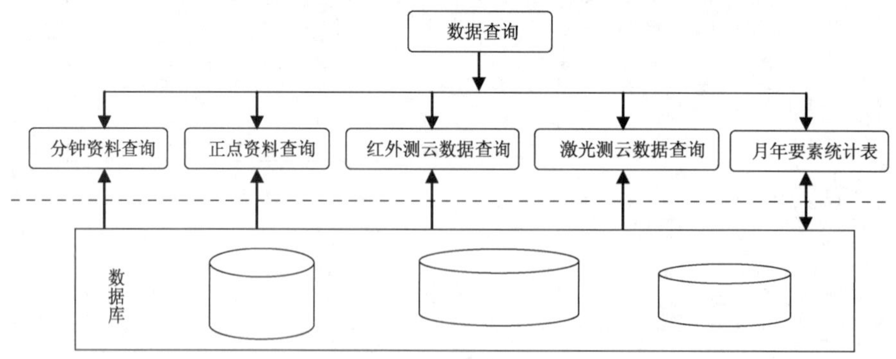

图9.36 数据查询

9.6.7.1 分钟数据查询

分钟数据查询界面用于显示单个要素一个月的分钟数据。用户可自己选择需要查询的要素和月份。缺失的数据，表格中以空白表示。所有数据都直接显示数据库中原始数据。查询的数据内容包括分钟常规气象要素、分钟气象辐射数据、分钟土壤水分数据和分钟海洋观测数据(图 9.37)。

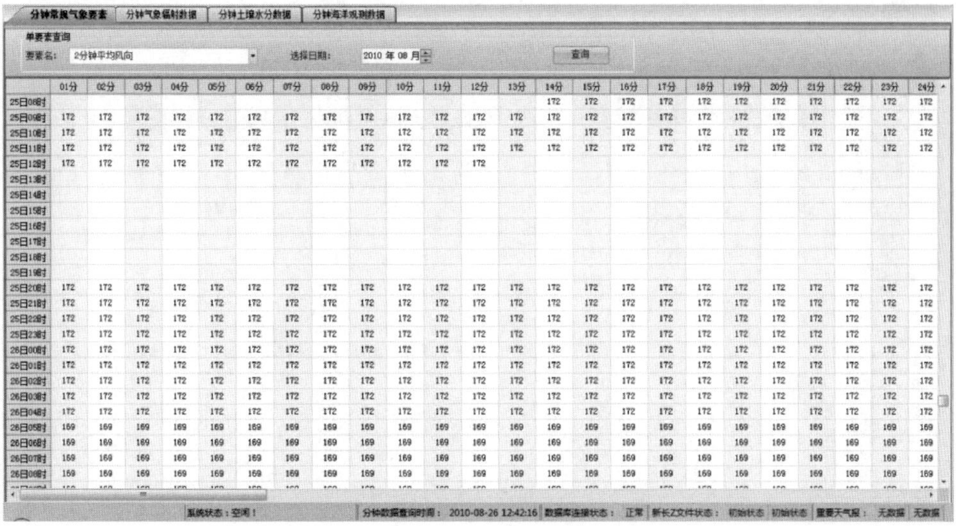

图 9.37　分钟数据查询

9.6.7.2　小时数据查询

小时数据查询界面用于显示所有要素一个月的小时数据。用户可自己选择需要查询的月份。缺失的数据,表格中以空白表示。所有数据都直接显示数据库中原始数据。查询的数据内容包括小时常规气象要素、小时气象辐射数据、小时土壤水分数据和小时海洋观测数据(图 9.38)。

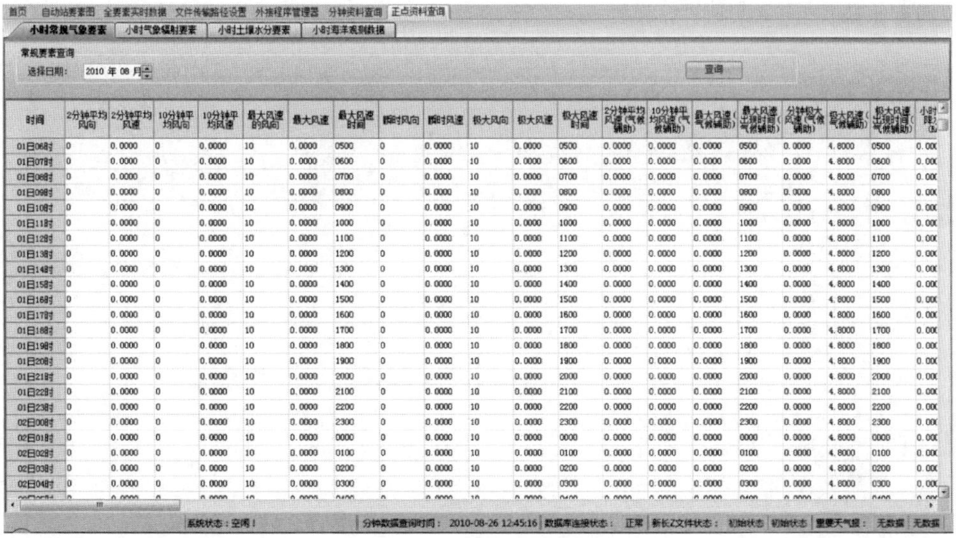

图 9.38　小时数据查询

9.6.7.3　红外测云数据查询

用来查询一个月内所有的红外测云数据。缺测以“/”表示。数据内容包括:高云高度、高云状、高云量、中云高度、中云状、中云量、低云高度、低云状、低云量、总云量(图 9.39)。

	高云高度	高云状	高云量	中云高度	中云状	中云量	低云高度	低云状	低云量	总云量
20日04时59分										
20日05时14分		/	0		/	0	1505	Sc	10	10
20日05时29分		/	0		/	0	952	Sc	10	10
20日05时44分		/	0		/	0	918	Sc	10	10
20日05时59分		/	0		/	0	1181	Sc	10	10
20日06时14分		/	0		/	0	707	Sc	10	10
20日06时29分		/	0		/	0	1067	Sc	10	10
20日06时44分		/	0		/	0	1012	Sc	10	10
20日06时59分		/	0		/	0	1058	Sc	10	10
20日07时14分		/	0		/	0	705	Sc	10	10
20日07时29分		/	0		/	0	1092	Sc	10	10
20日07时44分		/	0		/	0	879	Sc	10	10
20日07时59分		/	0		/	0	1204	Sc	10	10
20日08时14分		/	0		/	0	365	Sc	10	10
20日08时29分		/	0		/	0	1299	Sc	10	10
20日08时44分		/	0		/	0	1394	Sc	10	10
20日08时59分		/	0	2621	Ac	10		/	0	10
20日09时14分		/	0		/	0	1860	Sc	10	10
20日09时29分										
20日09时44分		/	0	3079	Ac	10		/	0	10
20日09时59分		/	0		/	0	1487	Sc	10	10
20日10时14分										
20日10时29分		/	0		/	0	1386	Sc	10	10
20日10时44分		/	0	2623	Ac	10		/	0	10
20日10时59分		/	0		/	0	1992	Sc	10	10
20日11时14分		/	0		/	0	1969	Sc	10	10

图 9.39 红外测云数据查询

9.6.7.4 激光测云数据查询

用来查询一个月内所有的激光测云数据。缺测以“/”表示。数据内容包括:第一层云高值、第一层云厚、第二层云高值、第二层云厚、第三层云高值、第三层云厚、垂直能见度、低云量、中云量、高云量、总云量(图 9.40)。

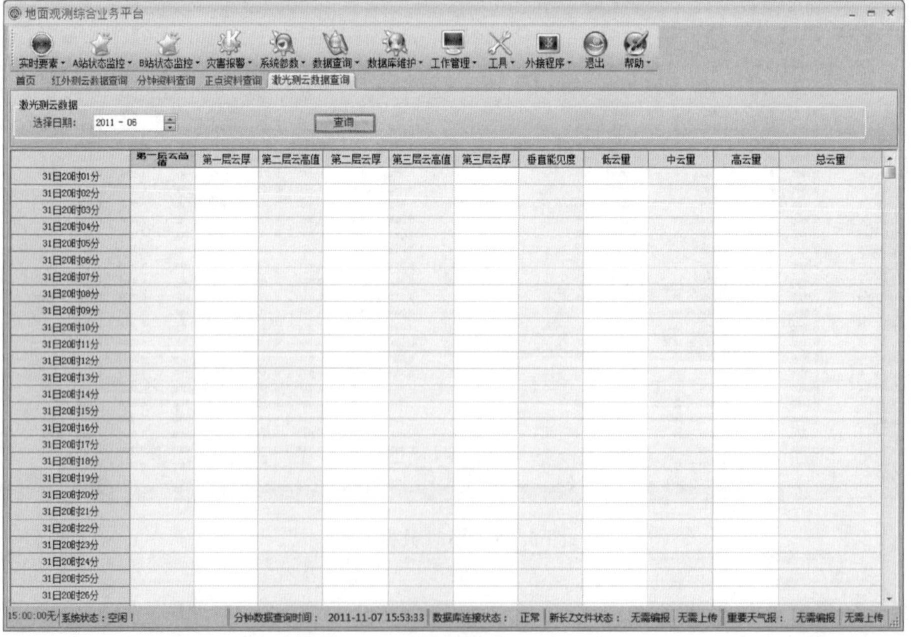

	第一层云高值	第一层云厚	第二层云高值	第二层云厚	第三层云高值	第三层云厚	垂直能见度	低云量	中云量	高云量	总云量
31日20时01分											
31日20时02分											
31日20时03分											
31日20时04分											
31日20时05分											
31日20时06分											
31日20时07分											
31日20时08分											
31日20时09分											
31日20时10分											
31日20时11分											
31日20时12分											
31日20时13分											
31日20时14分											
31日20时15分											
31日20时16分											
31日20时17分											
31日20时18分											
31日20时19分											
31日20时20分											
31日20时21分											
31日20时22分											
31日20时23分											
31日20时24分											
31日20时25分											
31日20时26分											

图 9.40 激光测云数据查询

9.6.7.5　天气现象数据查询

用来查询一个月内所有天气现象数据(图 9.41)。

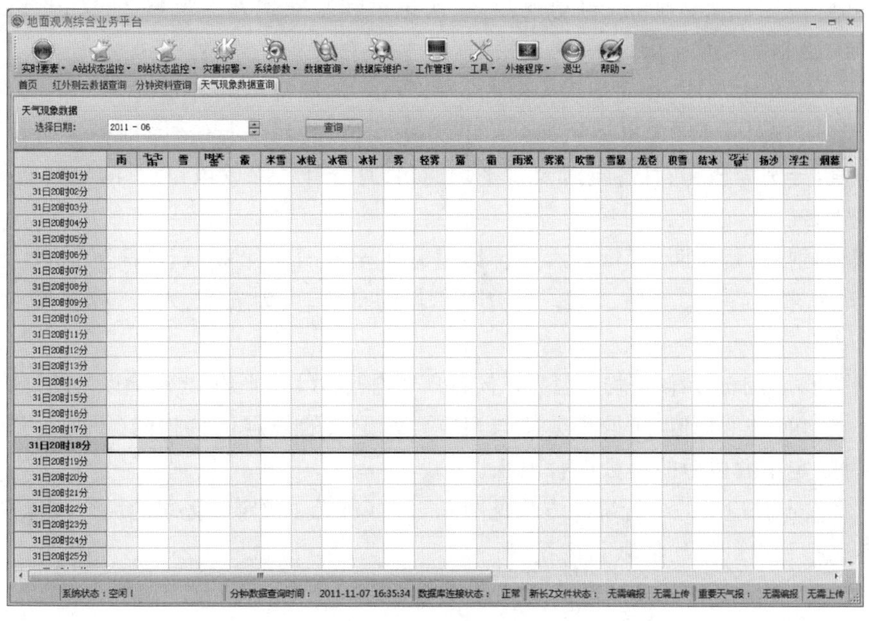

图 9.41　天气现象数据查询

9.6.7.6　月年要素统计

用来统计某个要素月和年数据统计平均值。用户选择相应的月份和需要统计的要素类型即可完成数据统计功能。当 12 个月数据统计完成后,就可进行年平均统计。统计方式按照地面观测规范标准执行。统计完成后,点击保存,即可将数据保存到数据库中(图 9.42)。

图 9.42　要素统计

(1)日、候、旬、月平均值的统计

1)气压、气温、水汽压、相对湿度、总低云量、风速、地温等项的日平均值为该日相应要素各定时值之和除以定时次数而得;自动观测 24 次记录和基准站人工观测 24 次记录,须同时做 02 时、08 时、14 时、20 时 4 次日平均。

2)气压、气温、水汽压、相对湿度、总低云量、风速、地温等项的各定时及日平均,每旬应作旬平均,月终应作月平均(含自记风速)。旬、月平均值,均用纵行统计,即各定时及日平均的旬、月平均值,分别为该旬、月各定时及日平均的旬、月合计值除以该旬、月的日数而得。

3)候平均气温

①候期的划分:每旬两候,每月六候。即每月 1 至 5 日为第一候,6 日至 10 日为第二候,……26 日至月末最后一日为第六候。每月第六候的日数,可为五天、六天,或三天、四天(候降水量同)。

②候平均气温的统计:候平均气温为该候各日平均气温(4 次平均)之和除以候的日数而得。

4)日、候、旬、月平均值,所取小数位与相应要素记录的规定位数相同(平均云量取一位小数),计算时规定小数位后的小数四舍五入。

每天 24 次定时记录的纵行统计方法见图 9.42。(每天 4 次定时记录的纵行统计方法同)。

(2)不完整记录的平均值项目的统计

1)4 次(或 3 次)定时记录平均值的统计规定

①一日中定时记录缺测一次或以上时,该日不做日平均,但该日其他各定时记录仍参加各定时的候、旬、月统计。

②一候中某定时的气温缺测一次时,各定时按实有记录作候统计,日平均栏的候平均值按横行统计;缺测两次或以上时,该候不做候统计,按缺测处理。

③一旬中某定时的记录缺测两次或以下时,各定时按实有记录作旬统计,日平均栏的旬平均值按横行统计;缺测三次或以上时,该旬不做旬统计,按缺测处理。

④一月中某定时的记录缺测六次或以下时,各定时按实有记录作月统计,日平均栏的月平均值按横行统计;缺测七次或以上时,该月不做月统计,按缺测处理。

⑤一年中有一个月或以上记录不做月统计时,该年不做年统计,按缺测处理。

⑥日平均栏的候、旬、月平均值的横行统计方法:日平均栏的候、旬、月平均值,分别为该候、旬、月各定时的候、旬、月平均值除以每日记录次数而得。横行统计方法见图 9.42。

2)24 次定时记录平均值的统计规定

①一日中,若 24 次定时记录有缺测时,该日按 02 时、08 时、14 时、20 时四次定时记录作日平均;若四次定时记录缺测一次或以上、但该日各定时记录缺测五次或以下时,按实有记录作日统计;缺测六次或以上时,不做日平均,但该日其他各定时记录仍参加各定时的候、旬、月平均值统计。

②一候、旬、月中,某定时记录分别缺测一次、二次、六次或以下时,各定时按实有记录作候、旬、月统计;缺测两次、三次、七次或以上时,该定时不做候、旬、月统计。

③日平均栏的候、旬、月平均值的横行统计方法:一候、旬、月中,各定时平均值缺测五个或以下时,日平均栏按实有定时平均值作候、旬、月统计;缺测六个或以上时,日平均栏不做候、旬、月统计(遇日平均值按 02 时、08 时、14 时、20 时四次定时记录统计时,则日平均栏的候、旬、月平均值按四次定时记录的统计规定进行统计)。

9.6.8　数据库维护

数据库维护实现对生成的观测数据进行管理维护。是对数据库中的一些正点和日数据进行审核维护，生成相应的业务上传文件(A、J、Y、R 文件)。同时对这些文件进行审核维护，也可对数据库数据进行备份和清除操作(图 9.43)。

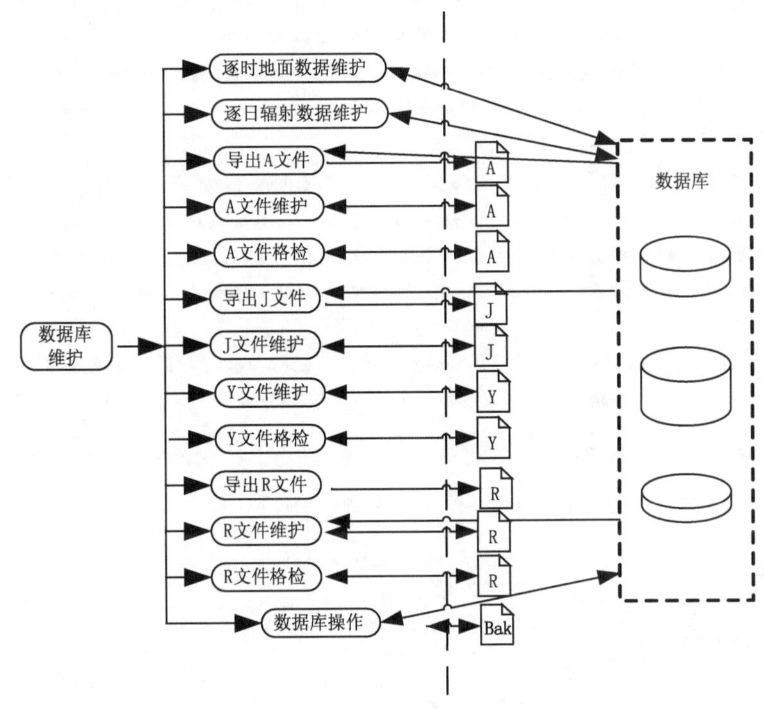

图 9.43　数据库维护

9.6.8.1　逐时常规数据维护

对自动站小时数据进行维护。包括修改、保存、打印。自动站小时数据被分为 3 个部分：温度、气压和风、其他(图 9.44)。

9.6.8.2　文件维护

A 文件维护用于建立或修改 A 文件(图 9.45)。对 A 文件中的参数部分、观测数据部分和附加信息部分均可由输入修改，质量控制段和更正数据段由程序自动处理形成。

A 文件涉及的台站参数较多，若对已存在的 A 文件进行维护，各参数均取自于被加载的数据文件，若新建 A 文件，则各参数从数据库读取。

进行维护的交互窗口基本按照《地面气象记录月报表》的格式设计，根据所选 A 文件的台站类别、观测方式和观测项目给出不同的页面，基本按《地面气象记录月报表》的顺序排列，每个页面的标签名给出了该页中要素项目，通过点击标签页名可以很方便地切换到所要操作的项目。

在数据输入中，各项输入规定除另作说明外，一律按“采集编报”和“逐日地面数据维护”中的规定执行，尽管某些数据的输入规定与 A 文件中表示的不一样，但在数据存盘时会自动转化为 A 文件格式的要求

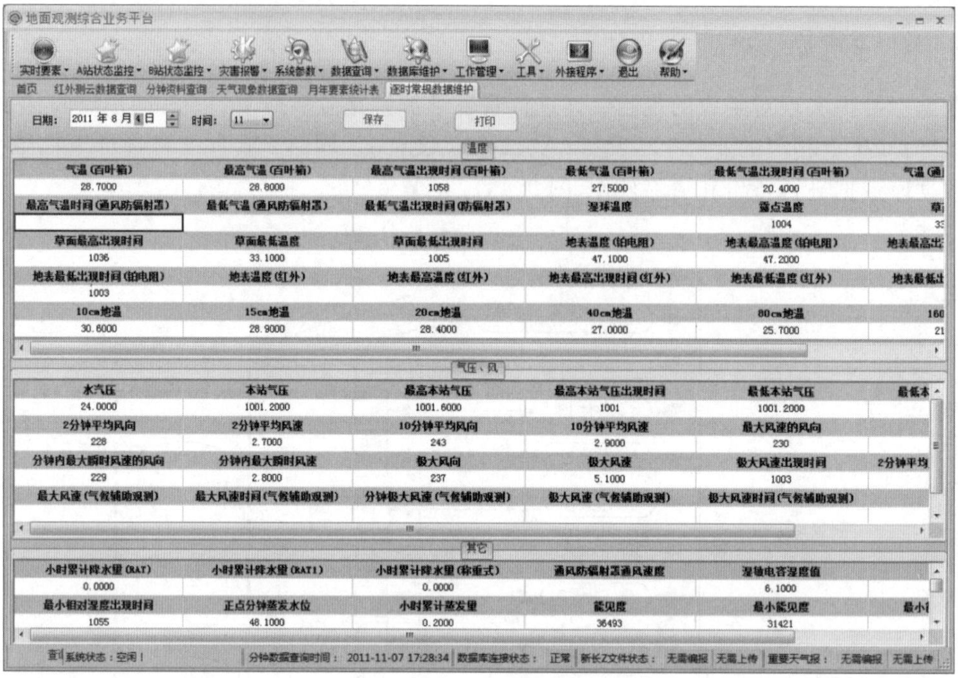

图 9.44　逐时常规数据维护

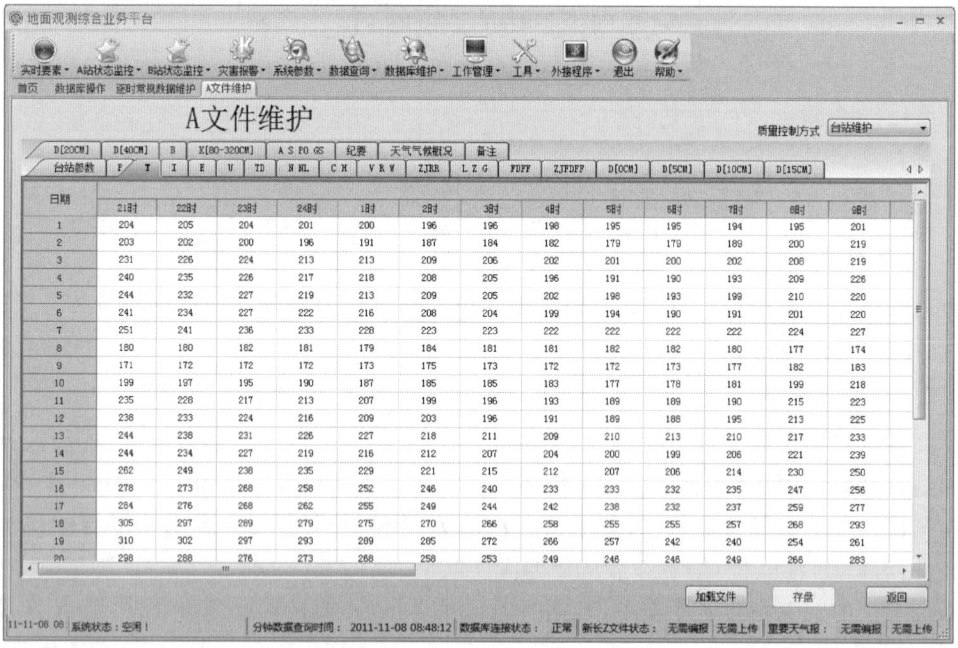

图 9.45　A 文件维护

A 文件选择界面如图 9.46 所示。

A 文件维护逻辑结构如图 9.47 所示。

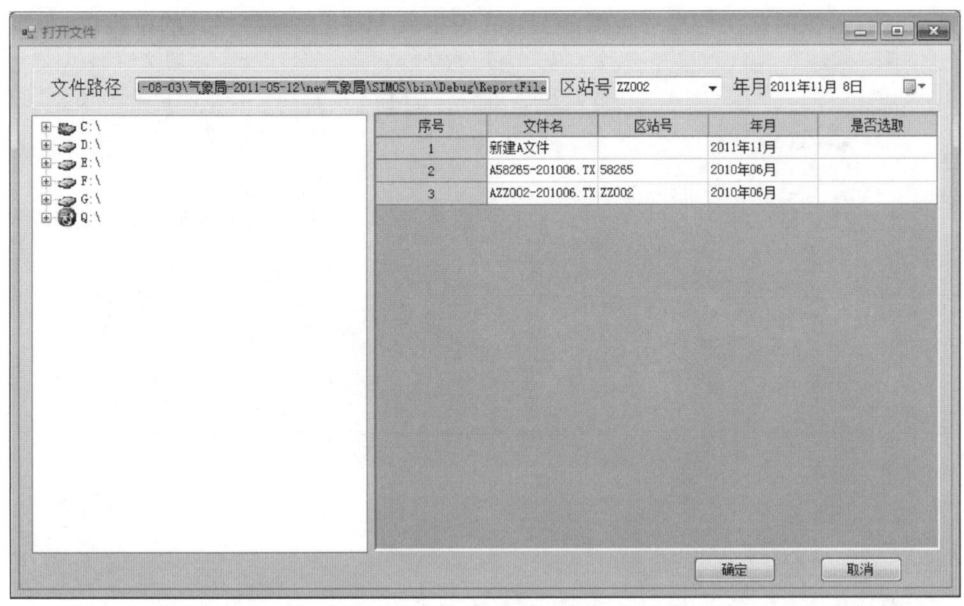

图 9.46 文件选择界面

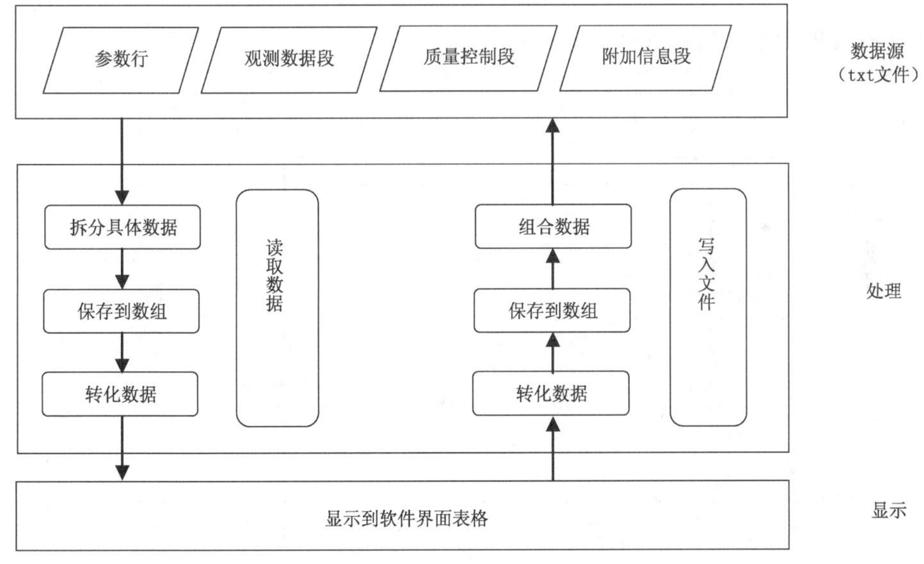

图 9.47 A文件维护逻辑图

9.6.8.3 J文件审核维护

J文件审核维护用于对J文件的全部数据进行格式检查，对记录进行相关审核，并对全部数据进行维护(图 9.48)。因为J文件格式较简单，所以将审核和维护放在了一起。J文件由自动气象站采集分钟数据文件转换得到，由于自动气象站采集分钟数据文件属原始采集文件，不能进行修改，所以当分钟数据不正确时，只能在J文件中对其进行修改。

审核信息保存在审核疑误信息文件中，文件名为JAIIiiiMM.YYY，其中JA为识别码(J表示J文件，A表示审核)，表示J文件的审核信息文件，IIiii为区站号，MM为月份，YYY为年份的后三位，审核的疑误信息还可形成 Excel 表格或 Html 文档等格式的审核单。

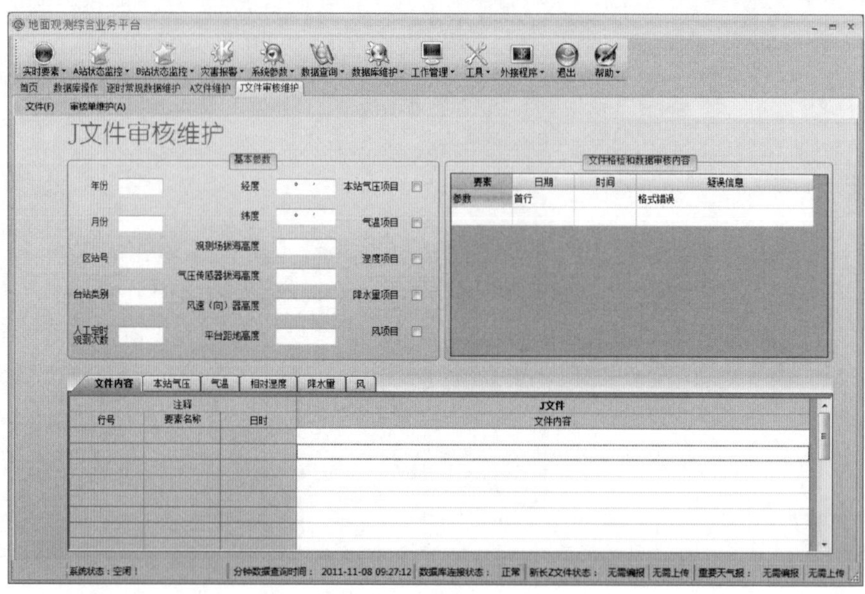

图 9.48　J 文件审核维护

J 文件审核维护逻辑结构如图 9.49 所示。

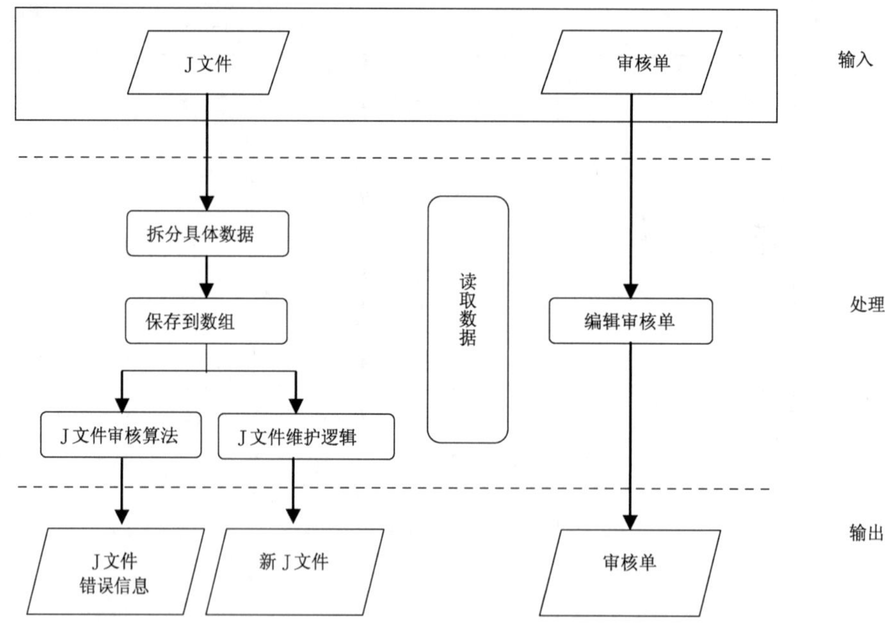

图 9.49　J 文件审核维护逻辑图

9.6.8.4　Y 文件维护

Y 文件维护用于建立或修改 Y 文件(图 9.50)。Y 文件的观测数据部分除年时段最大降水量外均可由 A 文件统计得到，参数部分从当年 12 月份的 A 文件中读取，年时段最大降水量可从 J 文件中自动挑取。

若对已存在的 Y 文件进行维护，各参数均取自于被加载的数据文件，若新建 Y 文件，则各参数从数据库中读取。

进行维护的交互窗口基本按照《地面气象记录年报表》(气表－21)的格式设计，各页面也按《地面气象记录年报表》的顺序排列，每个页面的标签名给出了该页中要素项目，通过点击标签页名可以很方便地切换到所要操作的项目。

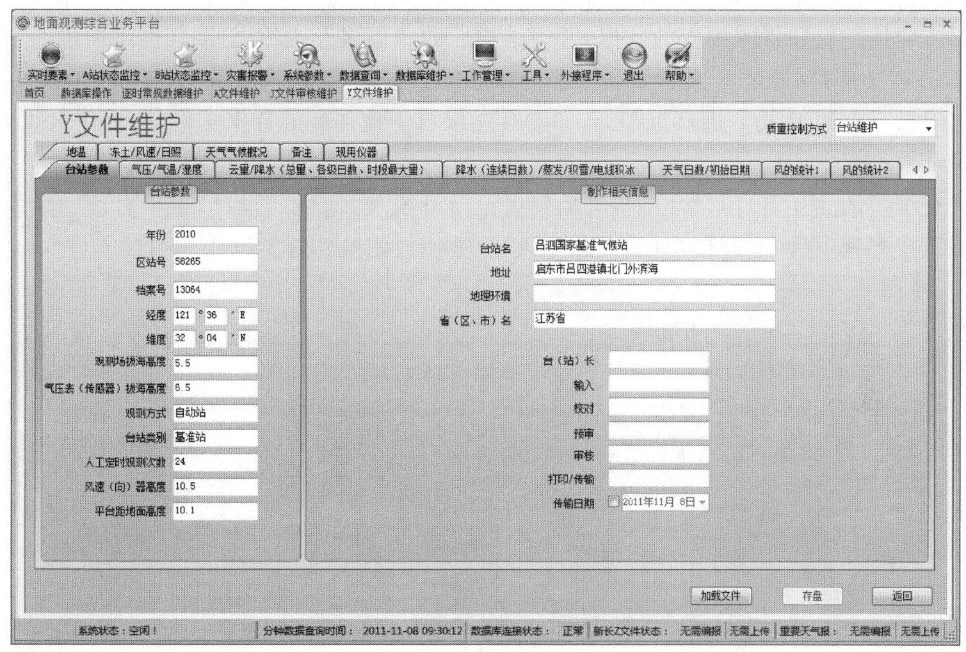

图 9.50　Y 文件维护

Y 文件维护逻辑结构如图 9.51 所示。

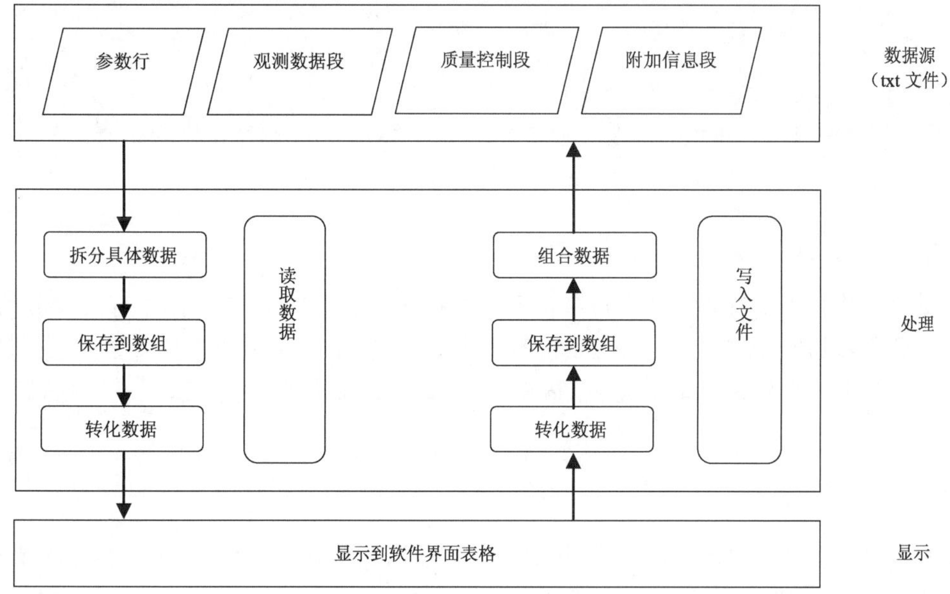

图 9.51　Y 文件维护逻辑图

9.6.8.5　R文件维护

该模块用于维护和新建R文件(图9.52)。提供R文件加载、新建界面和数据维护界面，通过加载按钮在加载界面中选定需要维护的R文件，可将R文件数据显示在数据维护界面中。数据维护界面分为多个分页面显示。包括：台站参数、总辐射、净全辐射、散射辐射、直接辐射、反射辐射、现用仪器数据、备注、作用层状态及场地环境变化等界面。通过清晰友好的界面可以方便地编辑和修改相应的数据，并将维护后的结果保存为R文件。也可通过加载界面直接新建R文件，并通过R文件维护界面输入相关数据，并保存为R文件。

若对已存在的R文件进行维护，台站参数均取自于被加载的数据文件，若新建R文件，则各参数从数据库中读取。

进行维护的交互窗口基本按照《气象辐射记录月报表》的格式设计，每个页面的标签名给出了该页中要素项目，通过点击标签页名可以很方便地切换到所要操作的项目。

图9.52　R文件维护

9.6.8.6　数据库操作

数据库操作是用来对数据库进行备份和清除操作(图9.53)。备份操作可对参数库和要素库进行备份数据库、差异备份、日志备份等操作。清除操作是对数据库的要素表进行数据清理操作。用户选择需要清理的数据表、区站号以及清理的时间段可对数据库数据进行清理维护。

9.6.9　工作管理

工作管理内容包括用户登录、交接班登记、值班日记、台站值班任务、地面测报值班任务、系统日志查看器(图9.54)。

用于对操作员(包括软件管理员和值班员)数据库进行维护，可以增加、删除操作员。用于

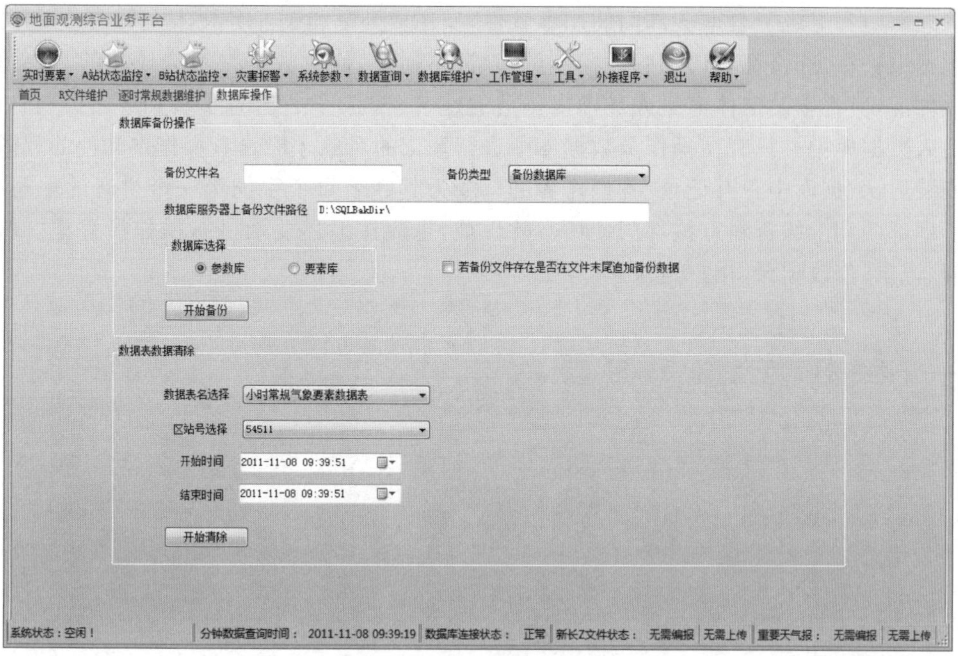

图 9.53　数据库操作

确定值班人员和上下值班员的交接班时间。用于查阅值班日记内容和本班值班日记的记载，包括工作时段、班次、对上一班的意见、本班值班情况、下班注意事项、本班工作任务清单和本班工作质量等内容。地面测报质量维护用于台站或省地级业务管理部门进行地面气象测报质量统计和编制地面气象测报质量报告表。用于系统日志查看等。

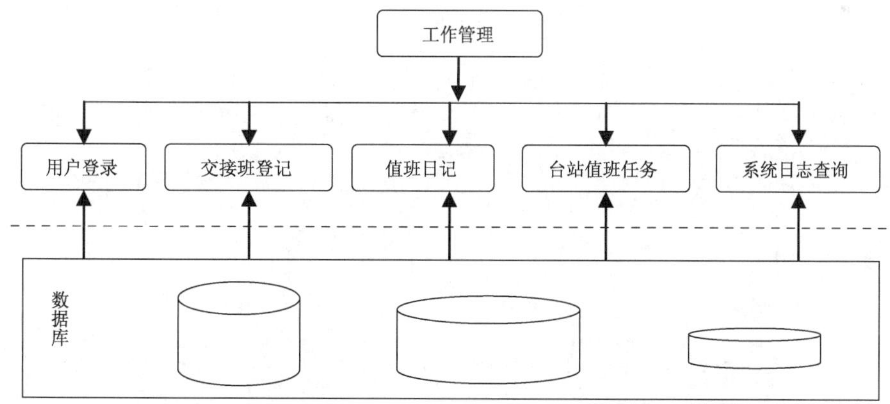

图 9.54　工作管理

9.6.9.1　用户登录

用于限制用户操作权限，只有登录的用户才有管理权限(图 9.55，图 9.56)。登录后，若为管理员用户，可进行用户的增加、修改、删除管理。

用于对操作员(包括软件管理员和值班员)数据库进行维护，可以增加、删除操作员，当班值班员修改自己的口令。在气象站，操作员为所有测报人员和测报业务系统的管理人员。若业务管理部门和上级资料审核部门使用本软件，操作员则是相关业务技术人员，在进行文件转化和数据维护存盘时，都会遇到验证操作员，验证不通过，修改数据是不会成功的。台站在使用本软件前，应将本站全体值班人员即操作员的姓名、级别(软件管理员级和普通级)和口令等内容输入数据库中。只有在操作员数据库中进行登记的对象才能具有操作本软件的权限。本软件安装后，数据库中存有记录，各操作者的口令为其姓名每个字的第一个拼音的小写字母。业务管理部门和上级资料审核部门使用本软件前，也应按上述要求进行操作员登记。增加记录、删除记录、修改记录、用户记录。

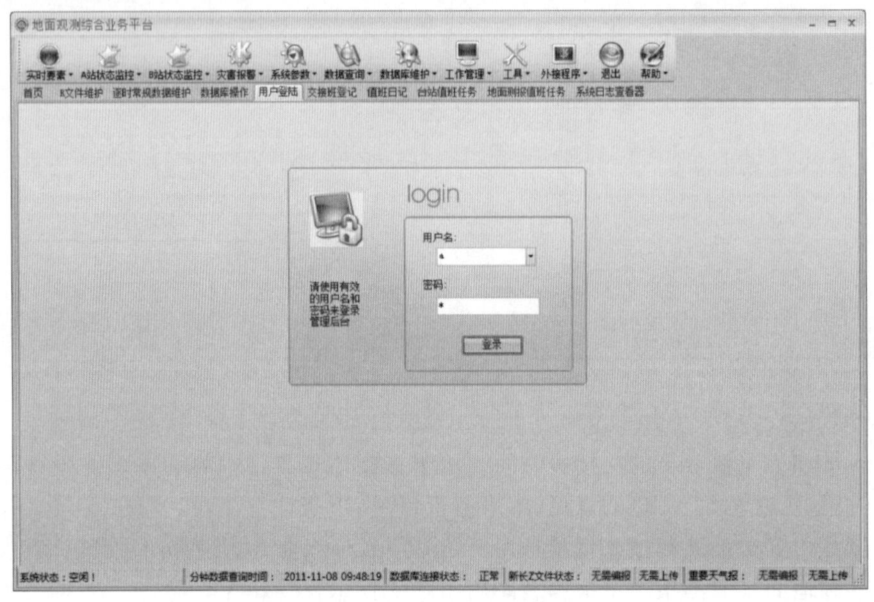

图 9.55　用户登录

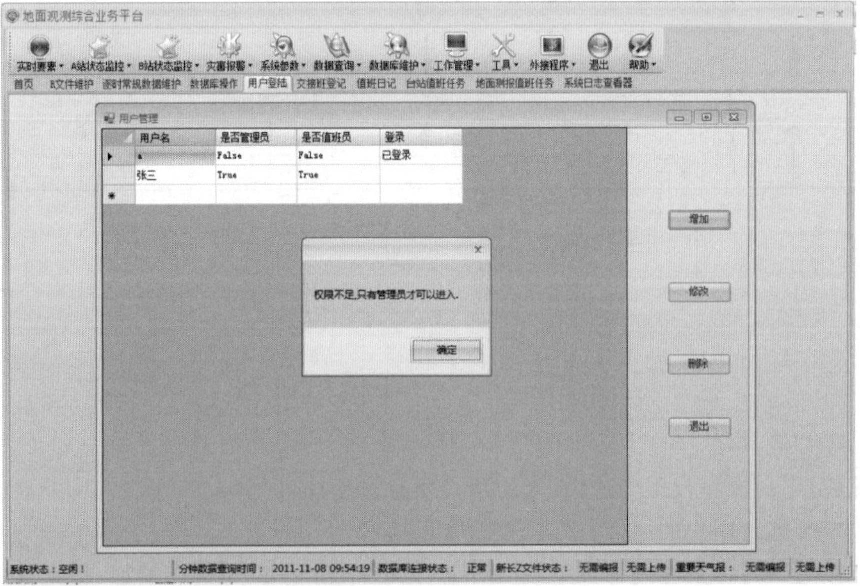

图 9.56　用户登录权限

9.6.9.2　交接班登记

用于确定值班人员和上下值班员的交接班时间。交接班时间存入值班日记中。

在交接班时必须进行此项工作，这类似于登录注册。因在值班中涉及数据存盘时均需要验证操作员口令，若不进行交接班登记，由于无法输入正确的口令将使记录无法存盘。

分别由交班员和接班员输入自己的口令后，用鼠标左键点击“确定”按钮，即可完成交接班工作。输入口令不正确时，提示错误，返回重新输入(图 9.57)。

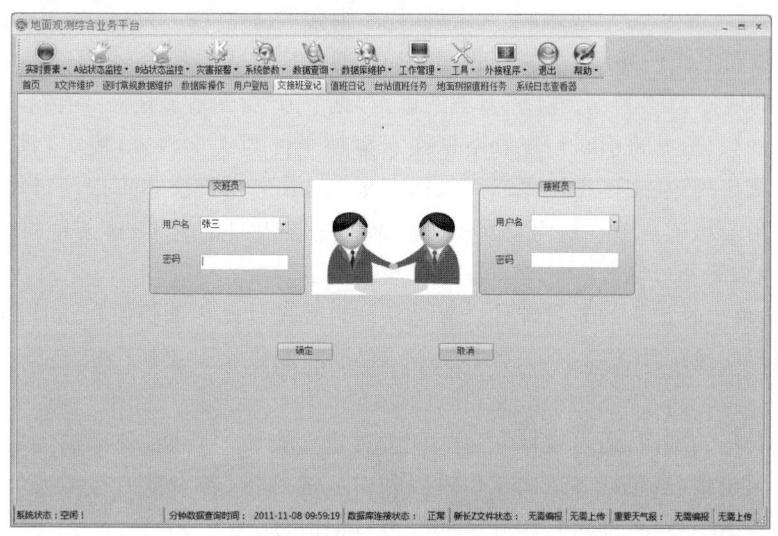

图 9.57　交接班登记

9.6.9.3　值班日记

用于查阅值班日记内容和本班值班日记的记载，包括工作时段、班次、对上一班的意见、本班值班情况、下班注意事项、本班工作任务清单和本班工作质量等内容。值班日记的全部内容存入数据库(图 9.58)。

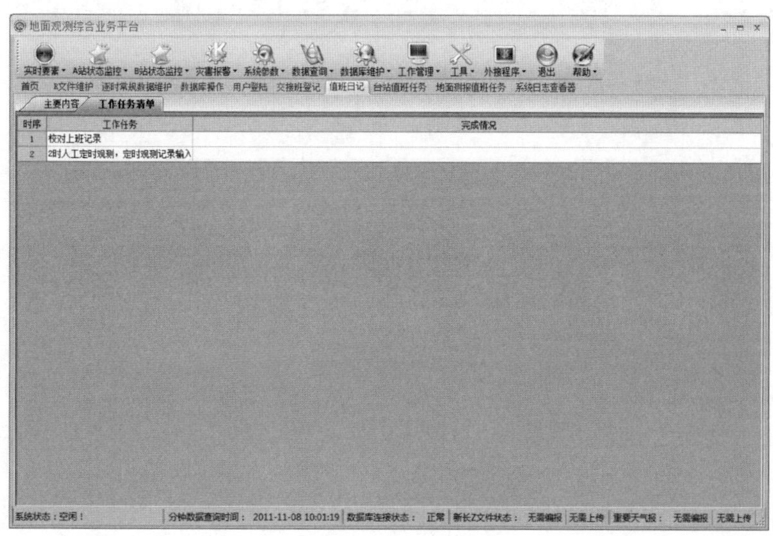

图 9.58　值班日记

用于查阅值班日记内容和本班值班日记的记载，包括工作时段、班次、对上一班的意见、本班值班情况、下班注意事项、本班工作任务清单和本班工作质量等内容。

本班质量统计：包括选择本班对应的工作班次，输入重大差错和观测、发报、操作和报表等工作质量。各项工作基数分为固定和临时两种，固定基数是指台站每天某个班次(时段固定)，一些日常固定的值班工作所对应的工作基数的总和；在实际值班过程中，没有被列入日常固定值班工作的工作所对应的工作基数之和称为临时基数，固定基数和临时基数，在输入值班日记内容时，首先必须选择“对应班次”，“对应班次”选定后，程序则会从已建立的台站值班工作任务中读取本班固定工作基数和工作任务，填入“本班质量统计”的相应输入框和“工作任务清单”的表格中。台站值班班次的划分、工作任务和工作基数的确定，见下节“台站值班任务”的内容。

对上一班的意见、本班值班情况和下班注意事项全部为文字内容，按实际情况输入，除一般的文本输入规定外，在文本框中可以敲入回车键＜Enter＞，即文本可以换行输入。

值班日记由当班值班员在班内填写。一旦新的交接班登记完毕，这条记录将作为历史数据保存，且只能查阅不可修改。

特别说明：值班日记中的质量统计内容是实现自动统计站内测报工作质量的基础，台站要尽可能保证每班质量统计正确，有关操作方法见“地面测报质量维护”和“连续无错情质量统计”内容。

上班值班日记的查阅：通过窗口左边的日历选定要查阅的日期，日期选定后，日历下面将会显示出该日值班情况，包括各班次工作时段和对应值班员，若一日内有多人值班时，则只需点击相应班次行的单元格，即可查阅其全部值班日记内容。

9.6.9.4　台站值班任务

用于对设定台站值班班次、固定基数、各班固定工作任务、临时工作任务列表及其对应基数，它是在“值班日记”中实现每班次工作基数统计和确定工作任务的基础。台站值班任务的信息存入数据库(图 9.59)。

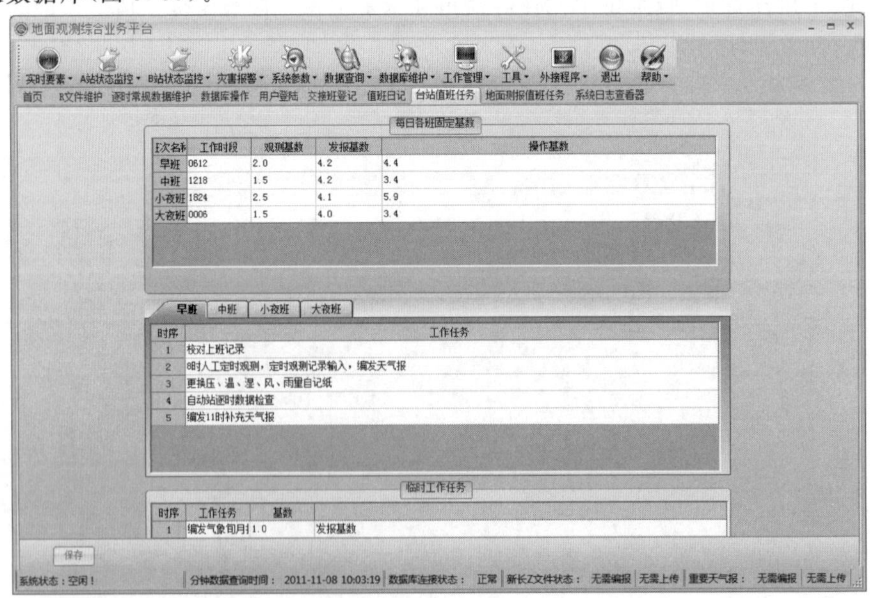

图 9.59　台站值班任务

用于对设定台站值班班次、固定基数、各班固定工作任务、临时工作任务列表及其对应基数，它是在“值班日记”中实现每班次工作基数统计和确定工作任务的基础。

输入维护内容有三部分，即每日各班固定工作基数、每日各班次对应的固定工作任务和临时工作任务。

每日固定班次最多可设定五个，班次名称可按台站的习惯定义，每个班次对应有工作时段、观测基数、发报基数和操作基数。工作时段在输入时为4位数字，为开始和结束时间的时数，开始时和结束时各2位，当输入焦点不在工作时段单元格时，则显示为“××时至××时”；观测基数、发报基数和操作基数均为带1位小数的数字；人工观测站没有操作基数不应输入。

当班次名称改变后，焦点离开每日固定班次表格，对应班次固定工作任务标签页的内容也会随之改变，标签页名总是与固定班次名称相对应。每班固定工作任务最多可以输入30条，按照台站习惯逐条按时序输入。

临时工作任务是指没有被列入各班次固定工作任务的其他需要计算基数的工作，例如：气象旬月报只在每旬初编报，尽管它是固定任务，但不能固定在何班次；还有某些项目是在出现时才观测，并记观测基数，报表制作可以按输入、校对、打印和预审等内容分别列入临时工作任务，并分别设定报表基数。临时工作任务最多可以输入40条，每条记录需输入任务内容、对应基数和基数种类。已记入固定工作基数的，不能再设置为临时工作任务。

各项任务维护完毕后，点击窗口底部的“存盘”命令按钮，管理员的口令验证通过后，即可完成值班任务的存盘。

9.6.9.5　系统日志查看

系统日志是指软件执行过程中，记录的对数据文件有重要影响的操作，它由程序自动写入，每月形成一个文件，保存在安装系统的下级文件夹“Log”中。文件名为SIMOS－YYYYMM.log，其中SIMOS为标识符，表示地面气象测报业务软件的日志，YYYY为年，MM为月，log为日志文件的专用扩展名。文件由若干条记录组成，每条记录包括运行时间和具体操作等内容。

在“文件”菜单中包括打开日志文件、保存日志文件、导出文本文件、导出Excel、页面设置、打印预览和打印等功能(图9.60)。

打开日志文件：即打开任意一个系统日志文件。

保存日志文件：即对日志显示区的内容重新写入被打开的文件。

导出文本文件：即对日志显示区的内容按文本文件的格式写入指定文件名。

导出Excel：即将日志显示区的内容输出为指定路径下的Excel Workbook格式文件(不需要Excel运行库的支持)。

页面设置、打印预览和打印为日志内容输出的操作，与值班日记相关内容相同。

9.6.10　工具

工具模块是提供给用户进行相关要素计算和操作的一些功能。包括毛发表订正系数计算、降水量五分级计算、重力加速度、湿度/气压计算、大气浑浊度计算、可照时数计算、日出日落时间表、气压简表、遮蔽图制作、文件传输(图9.61)。

9.6.10.1　毛发表订正系数计算

毛发表订正系数用来对毛发湿度表(计)读数进行订正求取相对湿度。当冬季用毛发湿度

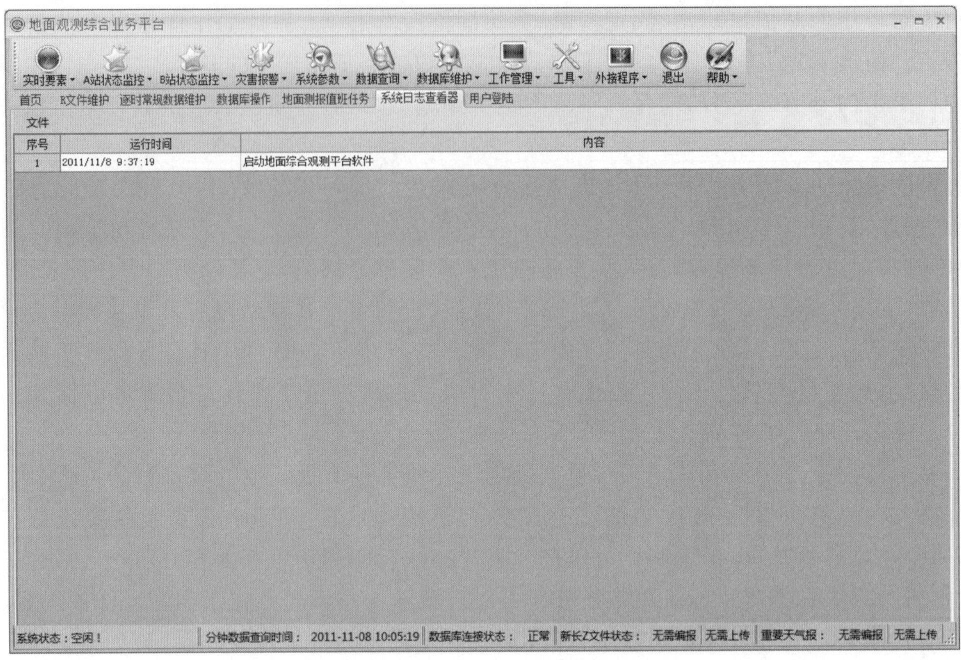

图 9.60　系统日志查看

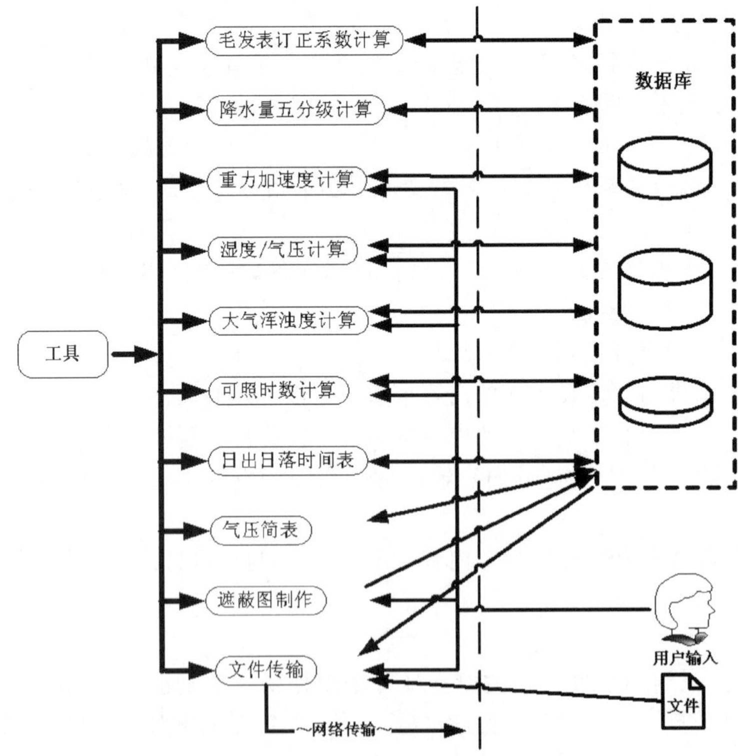

图 9.61　工具

表或湿度计测湿时，为了获得较精确的相对湿度，必须利用毛发表订正系数的订正图进行订正。

毛发表订正系数的计算，必须在气温降至－10.0℃之前的一个半月内，每天定时观测相对湿度(由干湿球温度表测得)和毛发湿度表读数构成一对相关数据，根据《地面气象观测规范》规定，用于毛发表订正系数的数据对必须在 100 对以上。利用这些数据对作为计算因子，经多元线性回归算法可以得到毛发表订正系数(图 9.62)。

地面观测综合业务平台

实时要素 · A站状态监控 · B站状态监控 · 灾害报警 · 系统参数 · 数据查询 · 数据库维护 · 工作管理 · 工具 · 外接程序 · 退出 · 帮助

首页　R文件维护　逐时常规数据维护　数据库操作　地面测报值班任务　系统日志查看器　用户登陆　毛发表订正系数计算

制作时间 2011 / 11 / 8　计算　保存

	1	2	3	4	5	6	7	8	9	10	11	
序号	1	2	3	4	5	6	7	8	9	10	11	12
毛发读数	95	95	97	97	97	97	94	94	95	94	95	96
相对湿度	91	100	100	100	100	98	93	97	95	96	96	94
序号	21	22	23	24	25	26	27	28	29	30	31	32
毛发读数	89	90	92	88	95	97	96	96	97	93	86	84
相对湿度	89	82	89	85	96	96	98	98	98	89	83	80
序号	41	42	43	44	45	46	47	48	49	50	51	52
毛发读数	93	91	95	92	83	95	97	85	92	90	97	93
相对湿度	92	91	93	94	84	96	95	90	93	91	97	93
序号	61	62	63	64	65	66	67	68	69	70	71	72
毛发读数	86	79	84	80	97	96	96	83	75	87	93	96
相对湿度	84	76	82	80	98	92	92	78	75	86	92	93
序号	81	82	83	84	85	86	87	88	89	90	91	92
毛发读数	98	98	98	83	84	86	95	87	98	96	92	87
相对湿度	99	95	93	81	86	86	92	86	96	90	82	84
序号	101	102	103	104	105	106	107	108	109	110	111	112
毛发读数	97	96	88	80	79	93	89	85	75	80	85	86
相对湿度	95	87	84	81	80	91	88	85	77	81	88	86
序号	121	122	123	124	125	126	127	128	129	130	131	132
毛发读数	97	98	97	98	93	96	96	93	90	81	86	88
相对湿度	98	100	100	100	92	101	98	94	90	81	84	86
序号	141	142	143	144	145	146	147	148	149	150	151	152
毛发读数	97	97	96	83	72	97	98	71	57	69	88	87

系统状态：空闲！　分钟数据查询时间：2011-11-08 10:24:19　数据库连接状态：正常　新长Z文件状态：无需编报　无需上传　重要天气报：无需编报　无需上传

图 9.62　毛发表订正系数

当毛发表读数和相对湿度的数据对达到 100 个时，点击窗口底部的“计算”按钮，上述窗体便切换为毛发表订正图(图 9.63)。

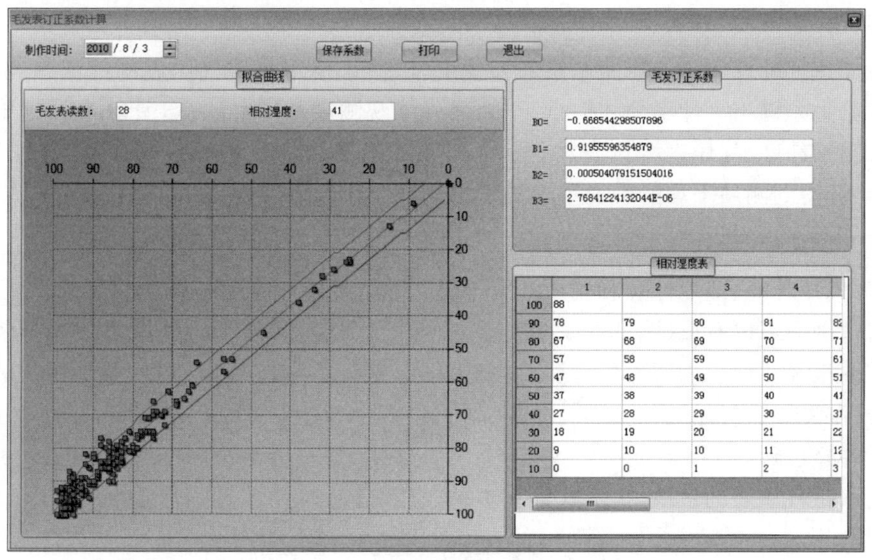

图 9.63　打印保存系数

保存系数：用于将毛发表订正系数存入台站参数表中。

打印：用于打印本窗体的内容，此时所使用的打印机是由操作系统的控制面板中的设置来决定。若打印机已正确联机，点击该按钮，即可将窗体内容输出。

9.6.10.2　降水量五分级计算

降水量五分级，它是利用本站前 30 年逐月降水量数据统计出来的，并作为台站参数保存，用于编发气候月报(图 9.64)。

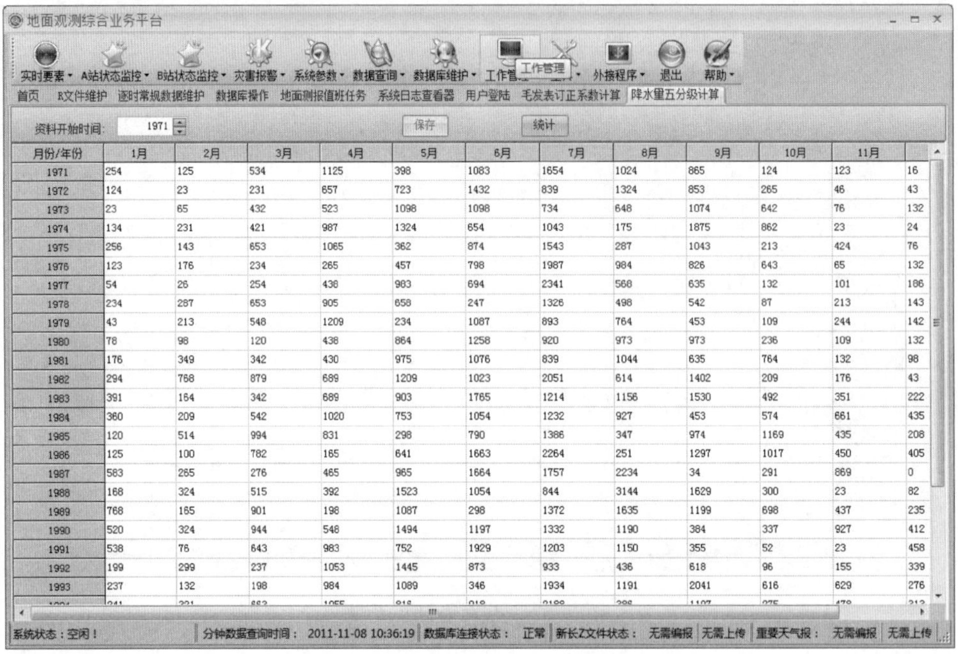

月份/年份	1月	2月	3月	4月	5月	6月	7月	8月	9月	10月	11月	
1971	254	125	534	1125	398	1083	1654	1024	865	124	123	16
1972	124	23	231	657	723	1432	839	1324	853	265	46	43
1973	23	65	432	523	1098	1098	734	648	1074	642	76	132
1974	134	231	421	987	1324	654	1043	175	1875	862	23	24
1975	256	143	653	1065	362	874	1543	287	1043	213	424	76
1976	123	176	234	265	457	798	1987	984	826	643	65	132
1977	54	26	254	438	983	694	2341	568	635	132	101	186
1978	234	287	653	905	658	247	1326	498	542	87	213	143
1979	43	213	548	1209	234	1087	893	764	453	109	244	142
1980	78	98	120	438	864	1258	920	973	973	236	109	132
1981	176	349	342	430	975	1076	839	1044	635	764	132	98
1982	294	768	879	689	1209	1023	2051	614	1402	209	176	43
1983	391	164	342	689	903	1765	1214	1156	1530	492	351	222
1984	360	209	542	1020	753	1054	1232	927	453	574	661	435
1985	120	514	994	831	298	790	1386	347	974	1169	435	208
1986	125	100	782	165	641	1663	2264	251	1297	1017	450	405
1987	583	265	276	465	965	1664	1757	2234	34	291	869	0
1988	168	324	515	392	1523	1054	844	3144	1629	300	23	82
1989	768	165	901	198	1087	298	1372	1635	1199	698	437	235
1990	520	324	944	548	1494	1197	1332	1190	384	337	927	412
1991	538	76	643	983	752	1929	1203	1150	355	52	23	458
1992	199	299	237	1053	1445	873	933	436	618	96	155	339
1993	237	132	198	984	1089	346	1934	1191	2041	616	629	276

图 9.64　降水量五分级计算

9.6.10.3　重力加速度计算

重力加速度计算用来计算测站重力加速度，以便于使用水银气压表的气象站在计算本站气压进行重力差订正。计算公式取自于《地面气象观测规范》的“7.2.3 计算本站气压”。

输入测站纬度、气压表海拔高度、测站 150km 范围内的平均海拔高度后，点击“计算”按钮，即可计算得到测站平均海平面重力加速度和测站重力加速度(图 9.65)。

9.6.10.4　湿度/气压计算

湿度/气压计算、湿度计算和气压计算都是用来计算湿度或气压的专用工具。

从窗口画面可以看出(图 9.66)，将“湿度/气压”、“湿度”和“气压”用了三个标签页给出，可根据需要很灵活地进入所要的计算。当选择“湿度计算”或“气压计算”菜单项进入时，初始页面则为“湿度”或“气压”页。

(1)本站气压

使用水银气压表的台站，按下式计算本站气压

$$P_h = (P + C) \times \frac{g_{\varphi,h}}{g_n} \times \frac{1 + \lambda t}{1 + ut} \tag{9.1}$$

式中，P_h 为本站气压(hPa)；P 为水银气压表读数(hPa)；C 为器差订正值(hPa)；$g_{\varphi,h}$ 为测站重

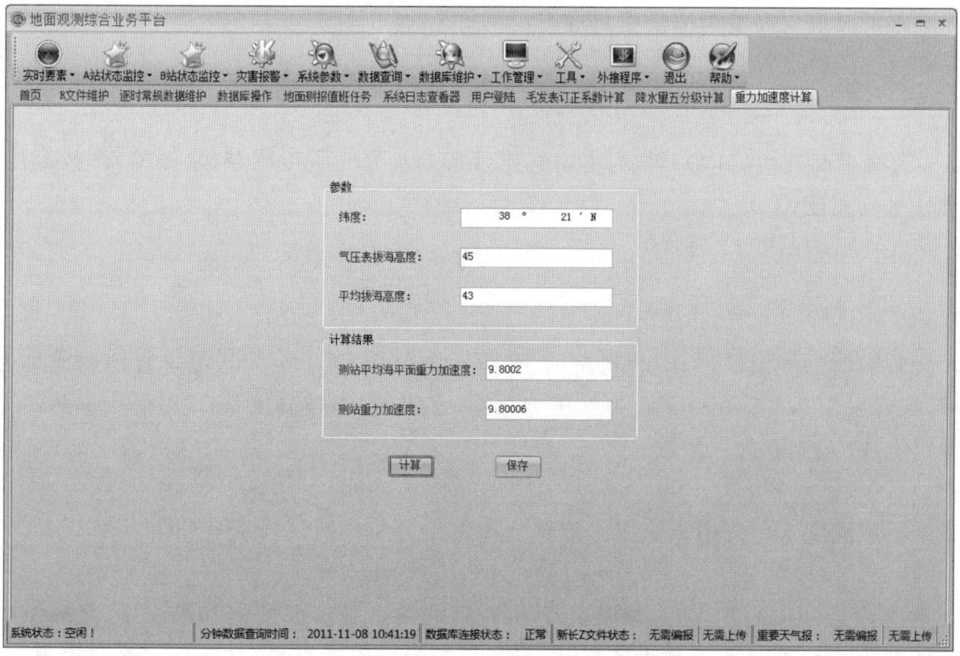

图 9.65　重力加速度计算

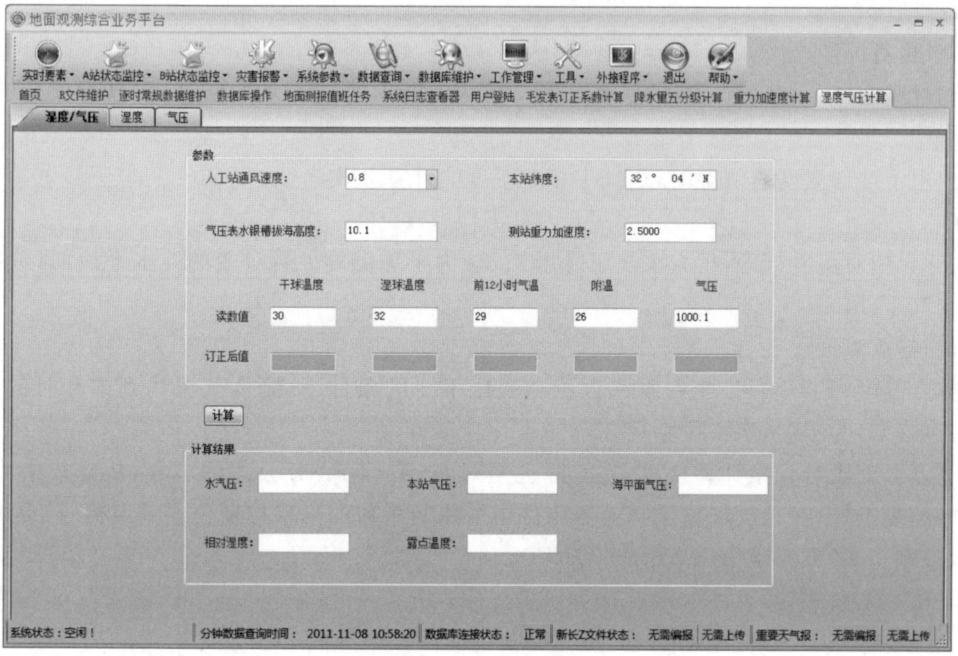

图 9.66　湿度/气压计算

力加速度；g_n 为标准状态下的标准重力加速度，其值为 9.80665(m/s^2)；μ 为水银膨胀系数，其值为 0.0001818/℃；t 为经器差订正后的水银气压表附温表读数(℃)。

(2)海平面气压

为了便于天气分析，需将地面气象观测站不同高度的本站气压值订正到海平面高度。我国以黄海海平面平均高度为海平面基准点。

海平面气压的计算公式为

$$P_0 = P_h \times 10^{h/[18400(1+\frac{t_m}{273})]} \tag{9.2}$$

式中，P_0 为海平面气压(hPa)；P_h 为本站气压(hPa)；h 为气压传感器(水银槽)海拔高度(m)；t_m 为气柱平均温度(℃)。

计算气柱平均温度 t_m 公式为

$$t_m = \frac{t+t_{12}}{2} + \frac{\gamma h}{2} = \frac{t+t_{12}}{2} + \frac{h}{400} \tag{9.3}$$

式中，t 为观测时的气温(℃)；t_{12} 为观测前 12 小时的气温(℃)；γ 为气温垂直梯度或称为气温直减率，规定采用 0.5℃/100m；h 为气压传感器(水银槽)海拔高度(m)，对于一个测站来说，h 是一个定值，故 $h/400$ 为一常数。

(3)水汽压

用干湿球温度求空气中水汽压的计算公式为

$$e = E_{tw} - A \cdot P_h(t - t_w) \tag{9.4}$$

式中，e 为水汽压(hPa)；E_{tw} 为湿球温度 t_w 所对应的纯水平液面的饱和水汽压，湿球结冰且湿球温度低于 0℃时，为纯水平冰面的饱和水汽压；A 为干湿表系数($℃^{-1}$)，由干湿表类型、通风速度及湿球结冰与否而定，其值见干湿表系数表；P_h 为本站气压(hPa)；t 为干球温度(℃)；t_w 为湿球温度(℃)。

(4)相对湿度

相对湿度(U)——空气中实际水汽压与当时气温下的饱和水汽压之比，以百分数(%)表示，取整数。

使用干湿球温度表测湿时，空气中相对湿度的计算公式为

$$U = (E/E_w) \times 100\% \tag{9.5}$$

式中，U 为相对湿度(%)；E 为水汽压(hPa)；E_w 为干球温度 t 所对应的纯水平液面(或冰面)饱和水汽压(hPa)。

(5)露点温度

露点温度(T_d)——空气在水汽含量和气压不变的条件下，降低气温达到饱和时的温度。以摄氏度(℃)为单位，取一位小数。

露点温度没有直接计算公式，它实际上是对 Goff－Gratch 公式的求解，从公式中可以看到求解的复杂性，在地面气象测报业务软件中采用新系数的马格拉斯公式求出初值，再用逐步逼近(最多三次)方法求出露点温度 T_d(℃)。

马格拉斯公式为

$$E_w = E_o \times 10^{\frac{a \times T_d}{b + T_d}} \tag{9.6}$$

$$T_d = \frac{b \times \lg \frac{E_w}{E_o}}{a - \lg \frac{E_w}{E_o}} \tag{9.7}$$

式中，E_w 为饱和水汽压；E_0 为 0℃时的饱和水汽压，为 6.1078hPa；a 为系数，取 7.69；b 为系

数，取 243.92。

经验算：初值精度为 $-80 < T_d < 40$，误差为±0.14；$40 \leqslant T_d < 50$，误差为±0.2。因此这种新系数的马格拉斯公式具有一定的实用价值。

9.6.10.5　可照时数计算

在可照时数计算窗口中（图 9.67），提供了“经度”、“纬度”、“年”、“月”、“日”等输入项，它们的初值取自台站参数库和系统当前的时间，用户可以修改输入任意经度、纬度和时间，输入完毕后，点击“计算”按钮，程序将计算出与时间有关的年、月、日、旬可照时数值。

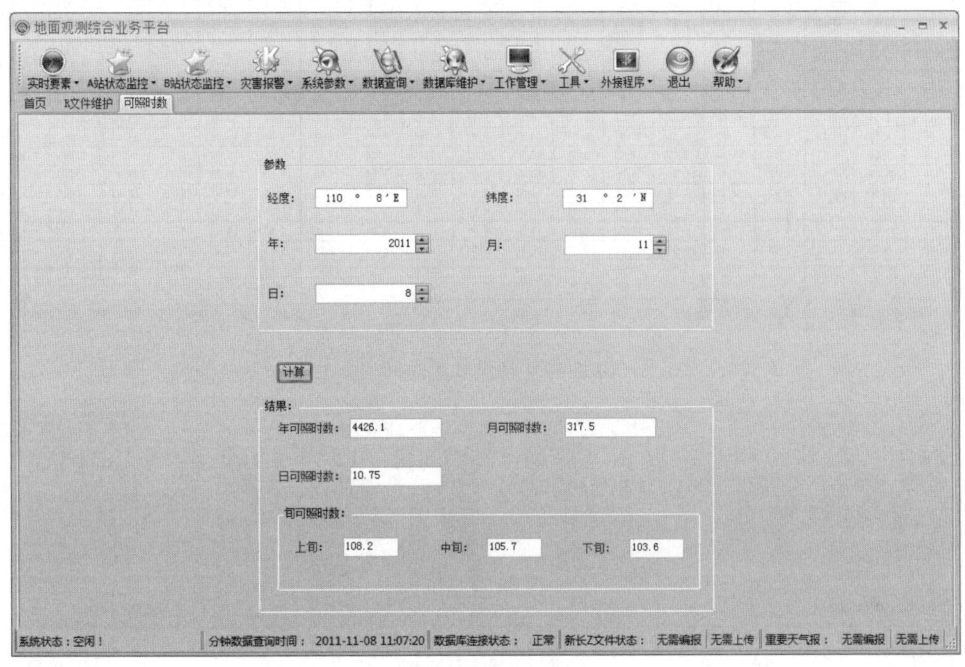

图 9.67　可照时数计算

9.6.10.6　日出日落时间表

日出日落时间表是根据经度、纬度和年份计算出全年逐日日出和日落时间，并形成可以输出表格，日出日落时间可以以真太阳时、地方平均太阳时和本地时区时（对我国而言即北京时）三种时制输出（图 9.68）。本功能还可计算不同太阳高度角时的太阳所在方位，当太阳高度角为 0°时，即可得到日出日落时太阳所在方位，通过此功能可以判断四周障碍物对日照记录影响的程度。

9.6.10.7　气压简表制作

气压简表制作是根据纬度、气压表海拔高度和气压变化范围，制作出台站常用的本站气压和海平面气压简表（图 9.69）。

该窗体由菜单栏、基本参数和简表显示区三个部分组成。菜单项由计算和打印组成，基本参数为与输出和计算简表有关的值，简表显示区是根据基本参数计算得到的简表内容。

在基本参数中，区站号、纬度和气压表海拔高度的初值从台站参数库中读取，气压和附温初值根据本站地面审核规则库的本站气压和气温气候极限值经过一定的放大处理确定。用户

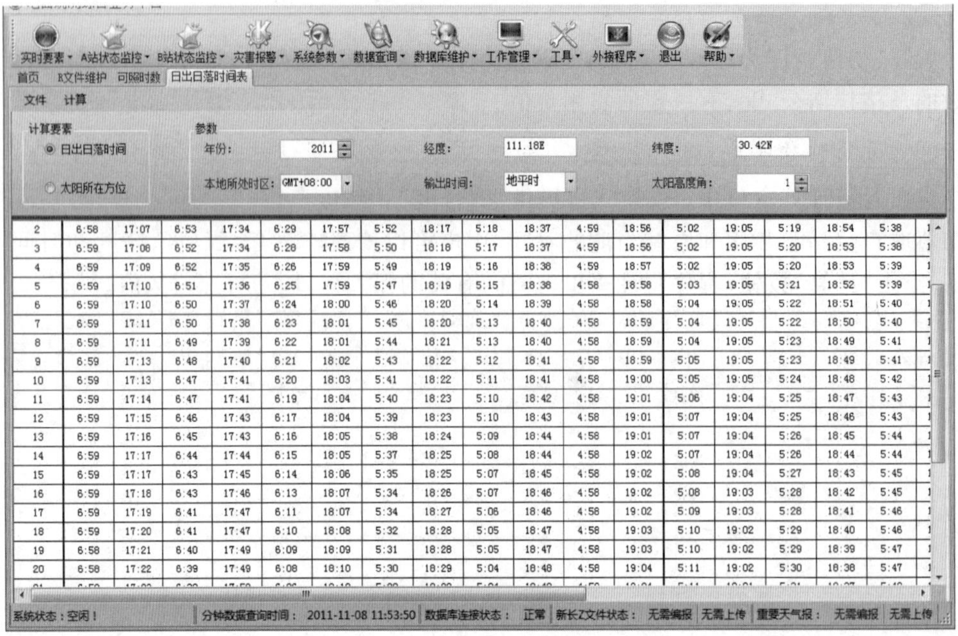

图 9.68 日出日落时间表

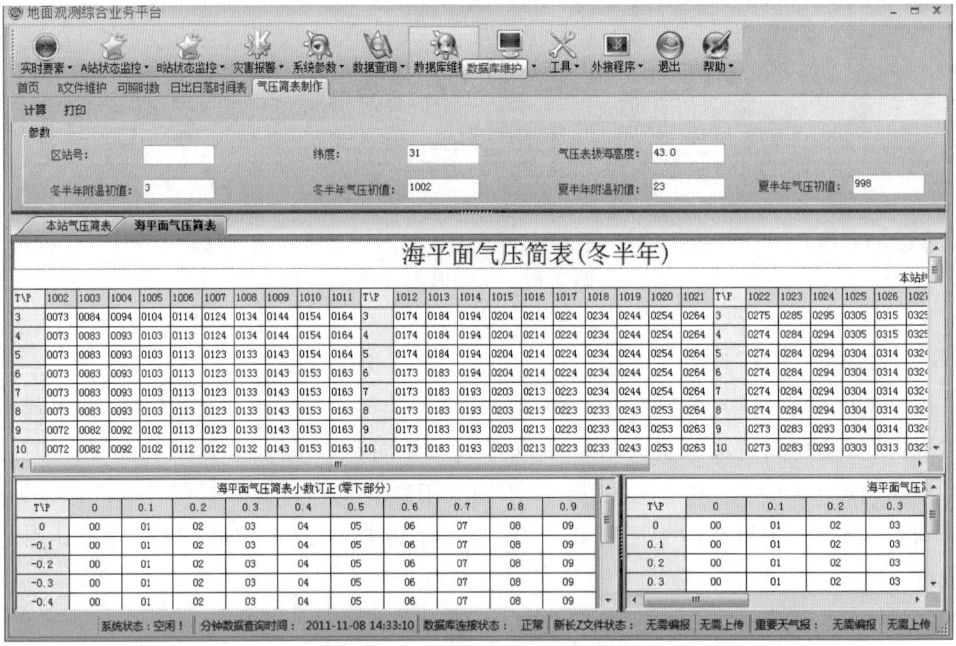

图 9.69 气压简表制作

可以根据需要任意修改上述各输入项和选择项。区站号对简表的计算不起作用，主要为了标明简表针对何站而制作。考虑到打印和使用的方便，将简表按夏半年和冬半年分别输出，每半年简表的气压跨度为30hPa，温度跨度为30℃，在修改气压和附温初值时，要注意保证简表的内容能够完全包含本站可能出现的气压和温度，同时尽可能使夏半年和冬半年的内容有多一些的重叠。对于气压和温度变化幅度较大的台站,按夏半年和冬半年不能满足需要时,可以分两次启动"气压简表制作",按每季度输出一张简表。

在"计算"菜单中,包括全部计算、本站气压计算、海平面气压计算、选取冬半年和选取夏半年等菜单项。基本参数输入完毕后,根据需要点击相应菜单项,即可将计算得到的本站气压和海平面气压显示在简表区,图 9.69 是同时选取冬半年和夏半年后,点击"全部计算"按钮后的计算结果。

9.6.10.8　遮蔽图制作

遮蔽图窗口由数据区、图形区、添加特征圈和命令按钮等部分组成(图 9.70)。数据区为观测场四周各障碍物的方位及仰角,由人工在表格中逐项输入和修改,至少每隔 10°输入一组数据,当某个方位障碍物的宽度角小于 10°时,应该加输仰角改变的方位的数据,点击"存盘"按钮可将其内容保存在软件安装文件夹下,图形区是根据数据区的方位和仰角,自动绘制的地平圈遮蔽图,该图标题中的站名取自台站参数中设置的本站站名,地平圈(0°)外围的数字为该方位(每隔 10°一个)上障碍物的仰角,当某方位仰角>10°时,会标出该障碍物的名称,在遮蔽图的空白区点击鼠标左键,则会将该空白区用斜线填充。添加特征圈是为在遮蔽图中给出某个特征圈而设置的,特征圈可以设置两个,有 5.71、7.13、18.44 三个值可选,均为地面气象观测站规定的保护标准。

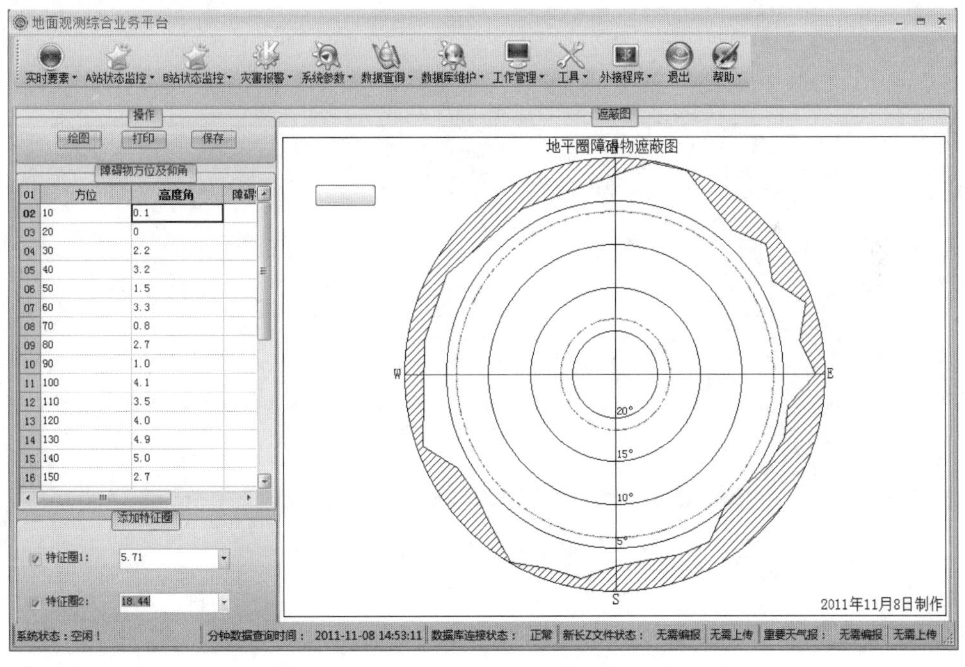

01	方位	高度角	障碍
02	10	0.1	
03	20	0	
04	30	2.2	
05	40	3.2	
06	50	1.5	
07	60	3.3	
08	70	0.8	
09	80	2.7	
10	90	1.0	
11	100	4.1	
12	110	3.5	
13	120	4.0	
14	130	4.9	
15	140	5.0	
16	150	2.7	

图 9.70　遮蔽图制作

9.6.10.9　文件传输

文件传输是指通过网络共享文件夹和 FTP 服务进行网络内或远程文件传输,与接收计算机或服务器的连接包括局域网、公用数据分组交换网、远程拨号和 VPN 等。

在窗口中(图 9.71),传输方式、连接名称、IP 地址、端口、用户名、口令、远程路径等内容从"文件传输路径设置"中调取,当选择的"传输文件类别"改变时,这些内容也随之改变,也可由用户根据需要任意修改。

传输方式有直接复制和FTP传输两种，直接复制是指在计算机网络中通过共享文件夹来实现文件传输，在传输文件时，必须保证接收文件的计算机在网络中，通过提供的IP地址、用户名、口令和远程路径能够实现与该计算机的连接，远程路径给出的共享文件夹完全可写；FTP传输是指在计算机网络中接收文件的计算机提供了FTP服务，通过FTP文件传输协议实现文件传输，在传输文件时，除直接复制对接收文件计算机的要求外，还要求端口号与FTP服务器提供的端口号一致。当传输方式选择为直接复制时，文件传输与传输模式的内容和端口无关，传输模式的内容和端口变为灰显。

连接名称是为了实现网络连接而设定的，它是本地计算机上已经建立的拨号连接的名称，建立远程连接的方式一般有直接拨号(MODEM)、异步专线(x.28)、ADSL和VPN等，无论是直接复制还是FTP传输是否进行拨号连接是根据连接名称判断的，当“连接名称”的文本框为空或该连接已通时，则不启动拨号连接，否则通过启动拨号连接建立网络连接。若建立过拨号连接，文件传输结束会自动切断该拨号连接。

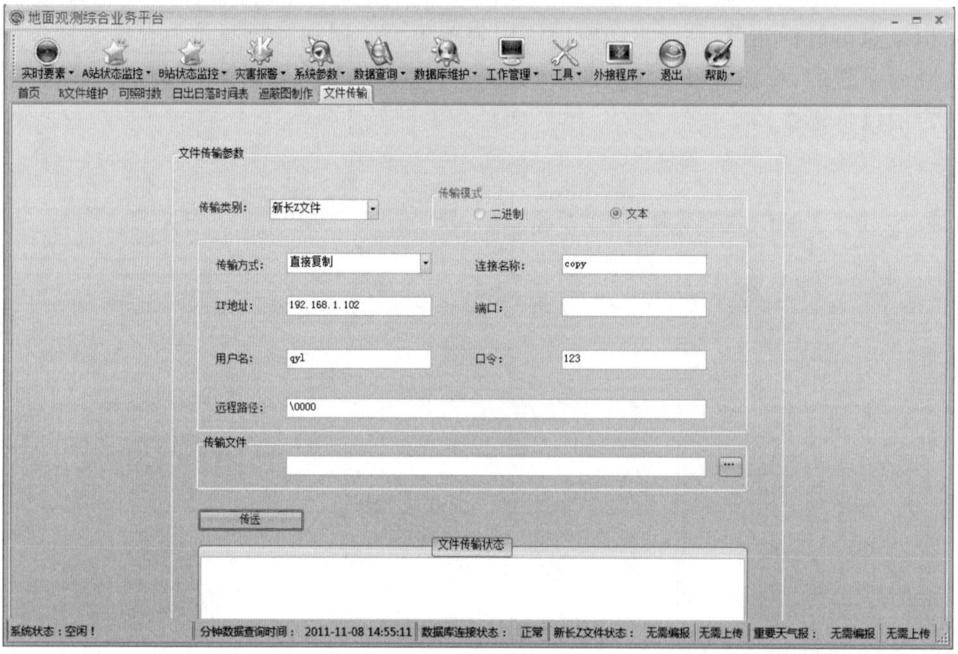

图 9.71　文件传输

9.6.11　外接程序

外接程序管理器的主要功能是允许用户根据自己的需要注册一个或几个外接程序，加载到本软件的菜单项中。加载或卸载的外接程序可以通过该菜单项下的“外接程序管理器”进行维护。

在“外接程序”菜单中选择“外接程序管理器”，即会弹出交互窗口画面，如图 9.72 所示。

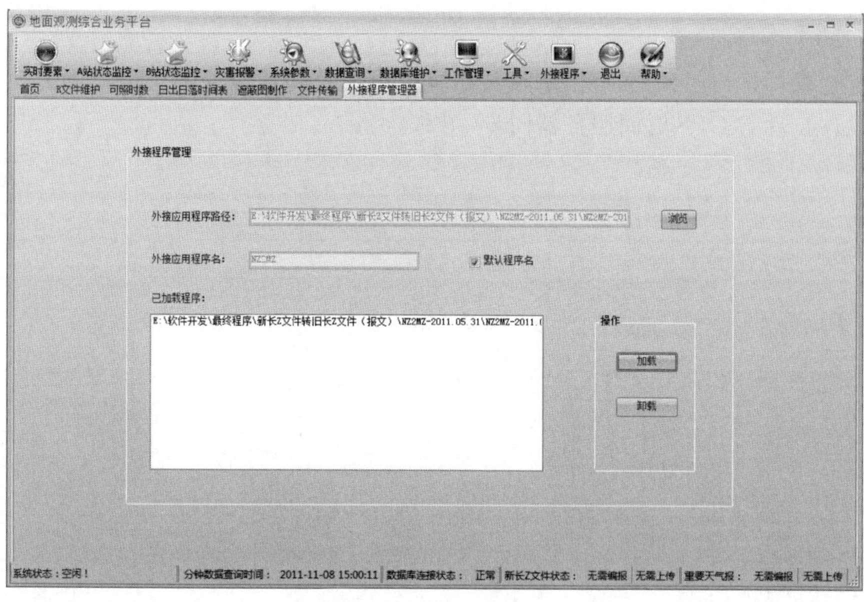

图 9.72　外接程序

9.6.12　帮助

帮助模块用来执行一些辅助功能。包括更新、时间校正服务、内容、修改说明、关于等(图 9.73)。

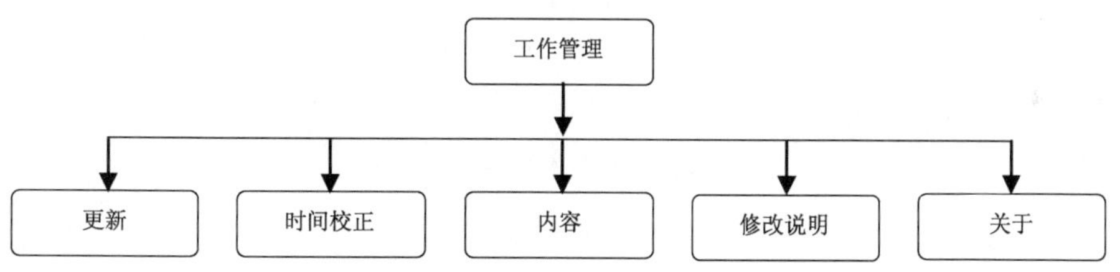

图 9.73　帮助模块

9.6.12.1　更新

更新功能是为了方便用户直接从远端服务器下载并更新最新的软件版本所用。用户点击更新菜单后确定，即可自动从远端服务器下载最新的软件版本(图 9.74)。

图 9.74　更新功能

9.6.12.2　时间校正

为了保证软件运行时间的一致性，该观测软件提供时间校正服务。用户可进行手动同步或设置为软件自动与GPS时间服务器同步(图9.75)。

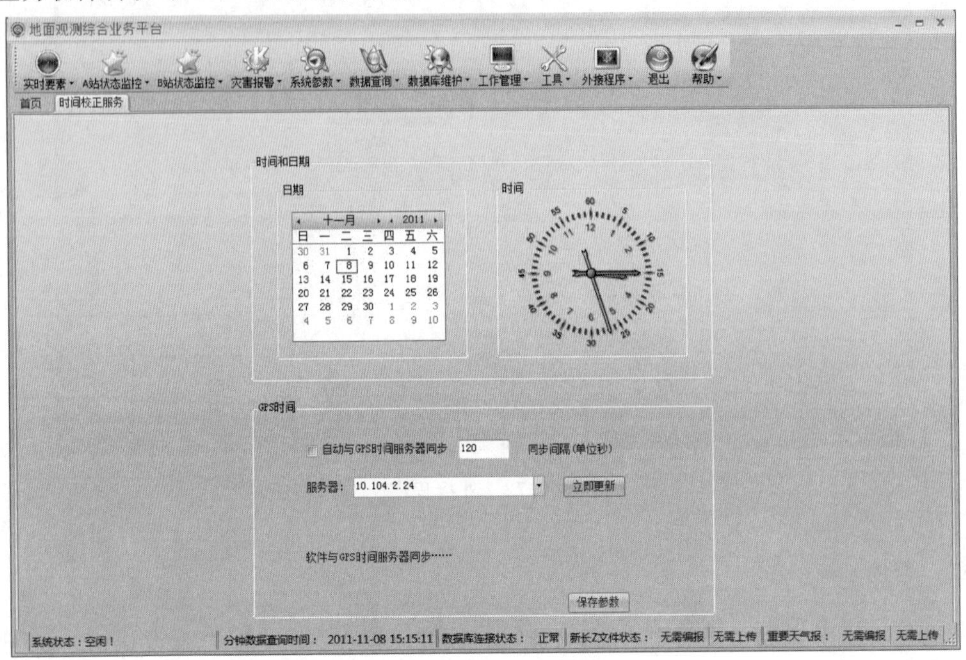

图9.75　时间校正

第三编　实验部分

第10章 测试环境要求

10.1 外围设备

10.1.1 供电电源

大气能见度仪和大气电场仪采用市电220VAC供电，其他传感器支持供电范围为直流9～28V，一般采用12V或者24V太阳能电池对铅蓄电池进行充电，并使用3.7V锂电池作为备份电池（北部极寒地区采用低温锂电池或者镍氢电池电池），采集器集成完善可靠的电池管理电路，实现对电池充放电控制并延长充电电池寿命。

10.1.2 百叶箱或通风防辐射罩

固定台站使用标准百叶箱来放置温湿度传感器，移动站则采用能够符合气温观测规范要求的通风防辐射罩。

10.2 实验工作环境

10.2.1 气候条件

气温：－35～＋50℃；
地面温度：－40～＋80℃；
相对湿度：10％～100％；
大气压力：450～1060hPa；
太阳辐射：1120W/m^2；
抗风能力：≤75m/s；
降水强度：6mm/min。

10.2.2 生物条件

智能气象站应采取适当的防霉菌措施，但除非使用在特殊的环境条件或使用方有要求时，不必通过长霉试验来鉴定其抗霉菌能力。

智能气象站应采取适当的防止动物损坏措施，如鼠咬、蚁啃等。

10.2.3 化学活性物质

工作在正常大气条件下的智能气象站，应在材料、表面涂覆和工艺上采取相应的措施，使其具有一定的抗化学活性物质危害的能力。

工作在沿海、海岛、海船或海上浮标的自动气象站，必须考虑大气中盐雾对智能气象站的影响，在材料、表面涂覆和工艺上采取必要的措施，使其具有足够的抗化学活性物质危害的能力，在产品寿命期内不致因腐蚀而引起产品的失效。

盐雾试验时间应不少于48小时，其他试验条件符合有关行业或国家标准的要求。

10.2.4 机械条件

正弦稳态振动：位移1.5mm；

加速度：$5m/s^2$；

频率：2～9Hz；9～200Hz；

非稳态振动（冲击）：峰值加速度 $40m/s^2$；

自由跌落：高度0.25m；

倾跌角度：30°。

10.3 电磁兼容性

10.3.1 电磁传导骚扰

智能气象站电源端口和信号端口的传导骚扰限制要求分别见表10.1和表10.2。

表10.1 电源端口传导骚扰限值

频率范围(MHz)	限值(dBμV)	
	准峰值	平均值
0.15～0.5	66～56	56～46
0.5～5	56	46
5～30	60	50

表10.2 信号端口传导共骚扰限值

频率范围(MHz)	电压限值(dBμV)		电流限值(dBμA)	
	准峰值	平均值	准峰值	平均值
0.15～0.5	84～74	74～64	40～30	30～20
0.5～30	74	64	30	20

10.3.2 电磁辐射骚扰

智能气象站电源端口和信号端口的辐射骚扰限值应满足表10.3的要求。

表10.3 在10m距离测量的辐射骚扰限值

频率范围(MHz)	限值[dB(μV/m)]
30～230	30
230～1000	37

10.3.3 电磁抗扰度要求

智能气象站各端口电磁抗扰度要求应满足表 10.4 的要求。

表 10.4　端口电磁抗扰度要求

内　容	试验条件		
	交流电源端口	直流电源端口	控制和信号端口
1.2/50μS(电压) 8/20μS(电流) 浪涌冲击抗扰度	线对地:±2kV	线对地:±1kV	线对地:±1kV
电快速瞬变脉冲群抗扰度	±2kV,5kHz	±1kV,5kHz	±2kV,5kHz
射频电磁场辐射抗扰度	0.15～80MHz 3V 80% AMk(1kHz)	0.15～80MHz 3V 80% AMk(1kHz)	0.15～80MHz 3V 80% AMk(1kHz)
静电放电抗扰度	接触放电:±4kV 空气放电:±8kV	接触放电:±4kV 空气放电:±8kV	接触放电:±4kV 空气放电:±8kV

10.3.4 防雷要求

10.3.4.1　一般要求

应具备防直接雷击和防雷击电磁脉冲的措施,防雷安全要求和设计应符合行业标准的要求。

防雷类别的确定:根据《QX 4—2000 气象台(站)防雷技术规范》第 6 条的规定确定防雷类别。

10.3.4.2　直接雷击的防护措施

第二代自动气象站的传感器、室外采集器、供电系统、无线通信的天线等,应处在接闪器的保护范围内。引下线和金属风杆接到地网上。防直接雷击的冲击接地电阻应不大于 10Ω。

10.3.4.3　雷击电磁脉冲的防护

传感器的信号线应采用屏蔽电缆,采用非屏蔽电缆时,应外穿金属管。电缆的屏蔽层和金属管下端应接到地网上。第二代自动气象站到室内的电缆线应敷设在电缆沟内。敷设电缆沟有困难时,在入户前应穿金属管埋地,埋地水平距离宜大于 15m。

当各传感器分散布设时,应采用共用接地系统(地网),将所有金属部件就近连接到该接地系统上。共用接地系统(地网)的接地电阻应不大于 4Ω。

10.3.4.4　电涌保护措施

供电系统的电涌保护措施

(1)采用电网或自备发电机供电时,应在交流配电盘处加装冲击通流量 I_{imp} 不小于

12.5kA 的电涌保护器(SPD)；

(2)在室内微机电源用电插座上，加装标称通流量 I_n 不小于 5kA 的 SPD；

(3)在室外采集器电源用电箱内，加装标称通流量 I_n 不小于 20kA 的 SPD；

(4)供电系统的电涌保护器的安装要求，应符合相关标准的规定。

信号系统电涌保护措施

(1)采集器的传感器的进口端应加装适配的信号 SPD；

(2)采集器的 RS232 输出端口上应加装适配的信号 SPD；

(3)采集器与局域网连接的输出端口上应加装适配的网络信号 SPD；

(4)采集器与无线网或卫星连接的输出端口上应加装适配的天馈线信号 SPD；

(5)室内微机与采集器连接的输入端口上应加装适配的计算机信号 SPD；

(6)信号系统电涌保护器的性能技术指标和安装要求，应符合相关标准的规定。

第 11 章 系统静态测试

11.1 系统测试

11.1.1 电源测试

电源测试主要针对整个系统运行时电源的稳定性、功耗、噪声以及充电管理和电源自动切换。通过测试结构对整个电源管理部分进行分析,得出运行是否具有很好的可靠性。

测试环境:室内温度 25℃;

稳压电源:JC2735D(0～30V,0～5A);

测试仪器:TEK DS1002 100MHz,1GS/s 双踪数字示波器;

Agilent 34401A 6½数字万用表;

UNT－T UT58A 3½数字万用表。

11.1.1.1 供电测试

供电电压测试在传感器正常工作时进行,使用示波器直接测量 15V 和 3.3V 供电电压,测量结果如图 11.1 所示。可以看出输出电压值符合要求。

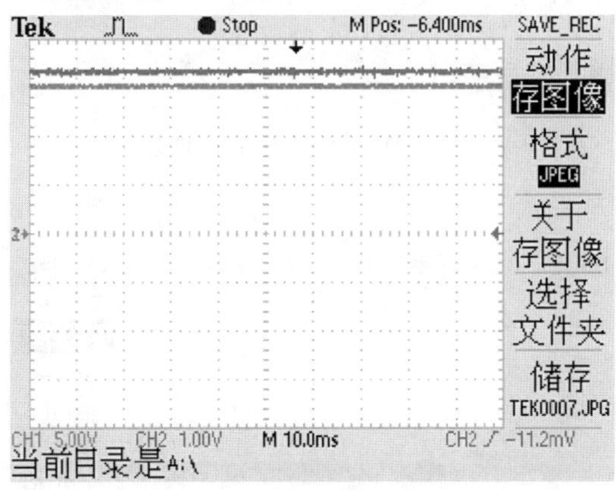

图 11.1 供电电源电压

选择示波器交流耦合,分别测量 3.3V、15V 和模拟地线的噪声如图 11.2、图 11.3 和图 11.4 所示。可以看出,电源纹波已经基本滤除,开关冲击噪声也得到极好地控制,噪声最大的 15V 升压电路冲击大小也不过 100mV 左右,而地线噪声小到堪比使用线性稳压电源。这说明电源管理部分达到了理想的效果,可以为系统提供稳定、干净的供电。

对整套系统进行供电测试,测试结果如表 11.1 所列。

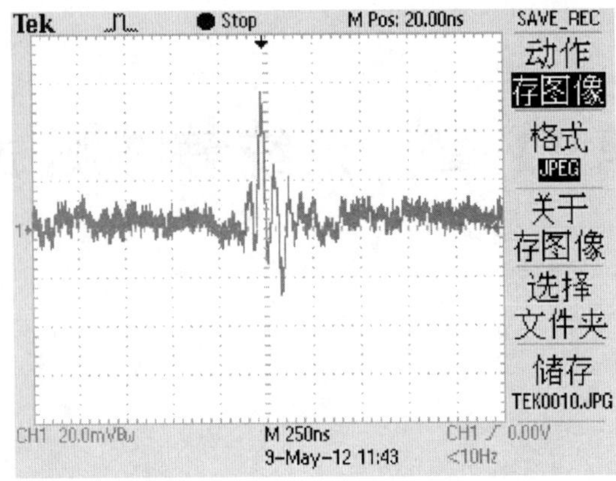

图 11.2　3.3V 电源冲击脉冲噪声

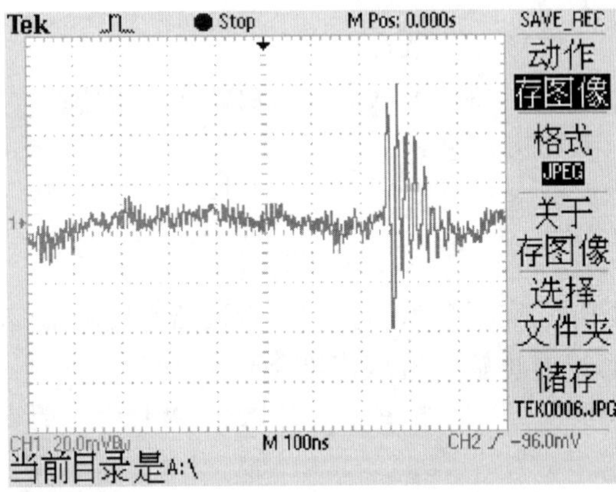

图 11.3　15V 电源冲击脉冲噪声

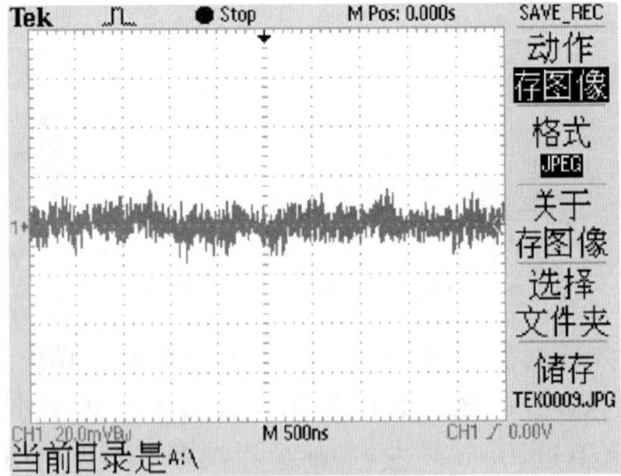

图 11.4　模拟地噪声

表 11.1　供电测试结果

名称	输入电压(V)	15V 输出		3.3V 输出		地线噪声(mV)
		电压(V)	纹波(mV)	电压(V)	纹波(mV)	
智能雨量站	12.0	—	—	3.3	10.9	9.6
智能地温测量仪	12.0	—	—	3.3	11.1	9.6
智能风测量站	12.0	15.1	23.5	3.3	17.5	12.3
智能气压计	12.0	15.0	21.1	3.3	15.8	10.2
智能湿度计	12.0	—	—	3.3	12.3	9.9
PT1000 温度计	12.0	—	—	3.3	13.8	10.1
石英晶体温度计	12.0	—	—	3.3	16.2	11.5

11.1.1.2　系统功耗测试

在室温下(25℃)，对系统功耗进行了测试，此时系统处于正常工作状态，带 LCD12864 显示屏但不开背光。采用可调电源，其中电源电压采用 6½ 万用表，根据需求，去小数点后两位，低位采用四舍五入；电源采用 3½ 万用表，电压稳定后，每隔 10 秒取一个数据，连续取 2 分钟，计平均值，保留一位小数。

智能雨量站功耗测试结果见表 11.2。

表 11.2　智能雨量站功耗测试结果

电压(V)	10.05	11.05	12.04	13.01	14.09	15.0	16.02	17.07	18.03
静态电流(mA)	1.22	1.19	1.23	1.28	1.28	1.30	1.31	1.35	1.40
电流(mA)	13.7	12.9	12.1	11.3	10.7	10.3	10.0	9.8	9.7
功耗(mW)	137.69	142.55	145.68	147.01	150.76	154.50	160.20	167.29	174.89

智能风测量站功耗测试结果 I 见表 11.3。此数据带 WMT52 超声风传感器，EL18 型联合风传感器及 EL15—1A 型杯式风速传感器。由于超声风传感器采样时消耗功率远大于非采样时刻，去其 4Hz 采样率(最大采样率)，并且同时记录采样及不采样时功率消耗。

表 11.3　智能风测量站功耗测试结果 I

电压(V)	10.06	11.04	12.03	13.02	14.08	15.08	16.07	17.08	17.99
静态电流(mA)	1.05	1.12	1.20	1.22	1.22	1.25	1.26	1.33	1.41
电流 1(mA)	47.3	43.1	39.4	37.3	35.1	33.3	31.8	30.3	30.3
电流 2(mA)	56.5	52.3	48.5	44.5	41.1	39.2	37.4	36.6	35.2
功耗 1(mW)	475.84	475.82	473.98	485.65	494.21	502.16	511.03	517.52	545.10
功耗 2(mW)	568.39	577.39	583.46	579.39	578.69	591.14	601.02	625.13	633.25

注：电流 1 为超声风不采样时电流，电流 2 为超声风采样时电流，功耗 1 为超声风不采样功耗，功耗 2 为超声风采样时功耗。

智能风测量站功耗测试结果Ⅱ见表 11.4。此数据只带 WMT52 超声单一传感器。由于超声风传感器采样时消耗功率远大于非采样时刻，去其 4Hz 采样率(最大采样率)，并且同时记录采样及不采样时功率消耗。

表 11.4　智能风测量站功耗测试结果Ⅱ

电压(V)	10.09	11.00	12.08	13.03	14.02	14.99	16.08	17.05	18.01
静态电流(mA)	1.05	1.11	1.21	1.22	1.22	1.25	1.26	1.33	1.41
电流 1(mA)	16.7	15.7	14.5	13.9	13.0	12.5	11.9	11.6	11.3
电流 2(mA)	27.0	24.2	22.5	21.5	19.9	19.6	17.9	17.2	16.2
功耗 1(mW)	168.50	172.70	175.16	181.12	182.26	187.38	191.35	197.78	203.51
功耗 2(mW)	272.43	266.20	271.80	280.15	280.00	293.80	287.83	293.26	291.76

注:电流 1 为超声风不采样时电流,电流 2 为超声风采样时电流,功耗 1 为超声风不采样功耗、功耗 2 为超声风采样时功耗。

智能地温测量仪功耗测试结果见表 11.5。

智能气压计功耗测试结果见表 11.6。

表 11.5　智能地温测量仪功耗测试结果

电压(V)	9.90	10.55	12.08	15.09	16.58	18.08
静态电流(mA)	1.00	0.96	0.97	1.00	1.00	1.00
电流(mA)	15.9	16.5	15.0	12.7	12	11.4
功耗(mW)	157.41	174.08	181.20	191.64	198.96	206.11

表 11.6　智能气压计功耗测试结果

电压(V)	10.05	11.01	12.03	13.06	14.06	15.01	16.02	17.05	18.05
静态电流(mA)	2.08	2.11	2.10	2.11	2.13	2.15	2.15	2.18	2.18
电流(mA)	76.6	70.8	65.3	61.2	57.5	54.3	51.4	49.8	47.3
功耗(mW)	769.83	779.51	785.56	799.27	808.45	815.04	823.43	849.09	853.77

智能湿度计功耗测试结果见表 11.7。

PT1000 温度计功耗测试结果见表 11.8。

石英晶体温度计功耗测试结果见表 11.9。

表 11.7　智能湿度计功耗测试结果

电压(V)	10.03	11.05	12.00	13.01	14.06	15.04	16.05	17.06	18.01
静态电流(mA)	1.58	1.62	1.63	1.62	1.66	1.68	1.68	1.69	1.68
电流(mA)	18.0	16.7	15.8	14.8	14.2	13.9	13.1	12.9	12.5
功耗(mW)	180.54	184.54	189.60	192.55	199.65	209.06	210.26	220.07	225.13

表 11.8　PT1000 温度计功耗测量结果

电压(V)	10.01	11.02	12.05	13.01	14.00	15.01	16.03	17.03	18.05
静态电流(mA)	1.23	1.23	1.24	1.23	1.25	1.25	1.25	1.27	1.27
电流(mA)	25.1	23.6	22.0	21.1	20.2	19.3	18.7	18.4	18.1
功耗(mW)	251.25	259.84	265.22	274.51	282.80	289.69	299.76	313.35	326.71

表 11.9　石英晶体温度计功耗测量结果

电压(V)	10.02	12.01	14.05	15.99	18.02	20.08	22.00	24.03
静态电流(mA)	5.01	5.01	5.03	5.02	5.06	5.15	5.18	5.32
电流(mA)	82.3	69.2	60.4	53.7	48.3	44.5	41.8	39.0
功耗(mW)	824.65	831.09	848.62	858.66	870.37	893.56	919.60	937.17

11.1.1.3　锂电池充电管理

采用 3700mAH，3.7V 标准锂电池，电池充分放电之后，连接到系统备份电源接口上，通 12V 直流电源，此时电源管理部分自动对电池进行充电。充电管理会自动通过恒流充电和涓流充电使电池达到 4.2V 浮充电压，完成锂电池充电过程。经测试，标准充电时间 8 小时，其中恒流充电 6 小时，涓流充电 2 小时。

11.1.1.4　紧急掉电备份电源自动切换

当主电源意外中断时，电源自动切换至备份电池供电。此切换过程自动发生且切换时间不大于 5μs；在电源输入端采用较大容量固体电容后，切换过程供电电压及噪声变化不会影响系统正常运行。

11.1.2　系统运行测试

本测试主要针对系统功能测试，对整个系统是否正常运行及其运行稳定性做了一个全面的测试。测试内容为数据写入及其读取，串口数据传输，数据处理，实时时钟，无线数据传输。

测试环境：室内温度 25℃；

稳压电源：JC2735D(0～30V，0～5A)；

测试仪器：TEK DS1002　100MHz，1GS/s 双踪数字示波器；

ATANA AT3020　20μHz～20MHz 信号源；

UNT－T UT58A　3½数字万用表。

11.1.2.1　数据写入及读取

图 11.5 为智能风测量站对存储数据连续读时示波器捕捉到的 E^2PROM 两线 SDA(CH2)和 SCL(CH1)的一段时序。可以看出软件 I^2C 时序正常，波形清晰，这决定了采集器数

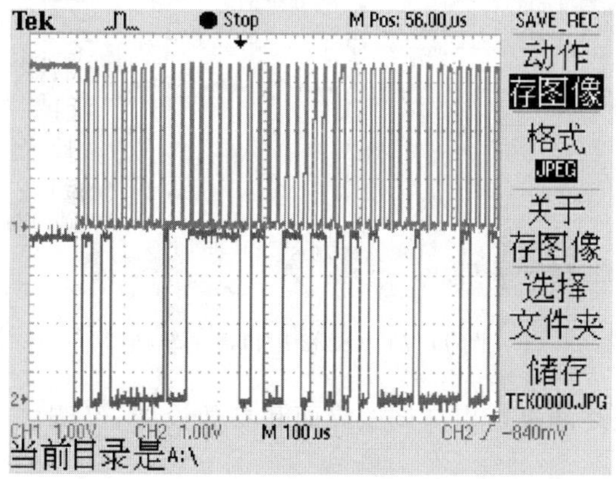

图 11.5　数据读取时序

据可以正常稳定的存取。图 11.6 为对应读取的数据显示，由于测试地点在室内，故风传感器读到的数据值大部分为 0，只有灵敏度很高且启动风速为 0.1m/s 的超声风传感器具有角度和风速的读数。但是，从连续时间和固定格式可以得出存储和读取正常。

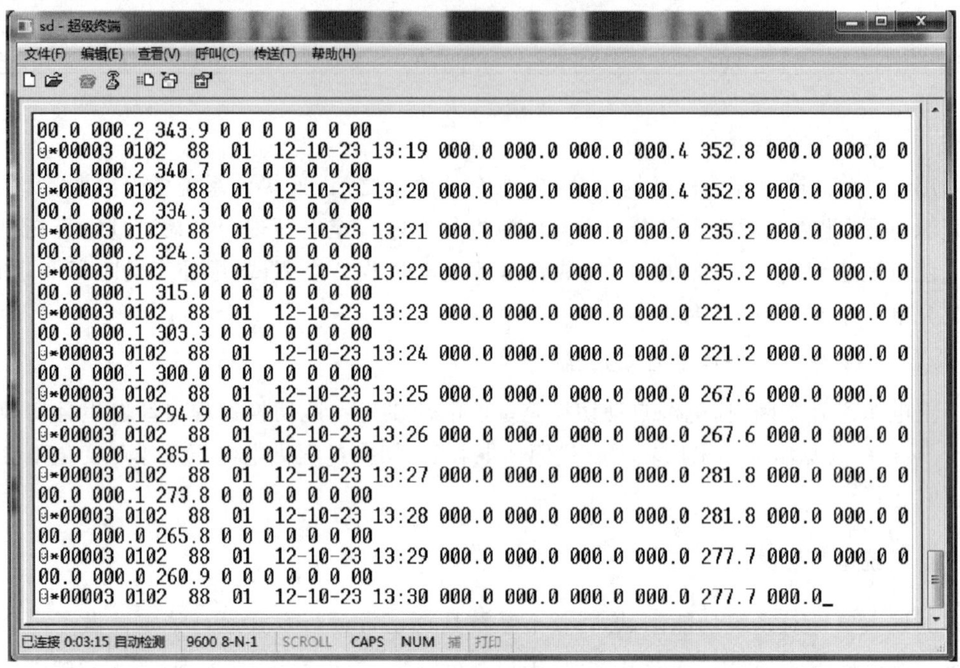

图 11.6　数据读取测试

11.1.2.2　串口数据传输

图 11.7 为串口电平转换，其中 CH1 为 MSP430 输出的 TTL 电平，CH2 为转换后符合 RS232 电平标准的串口通信电平。可以看出，串口电平转换正常。

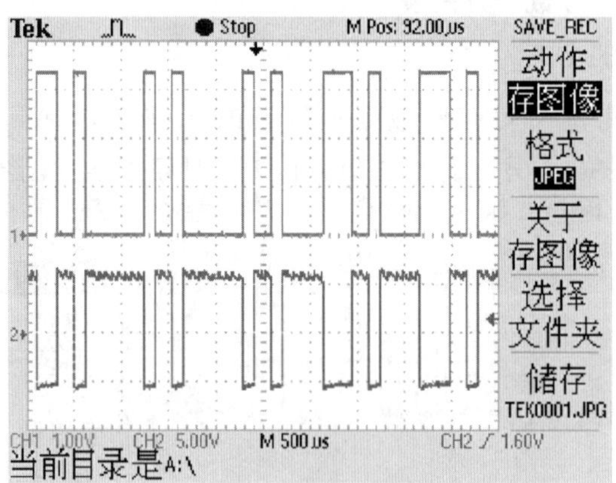

图 11.7　RS232 串口电平转换

图 11.8 为使用超级终端进行串口调试界面和参数设置，经测试，所有串口功能都能正常使用。

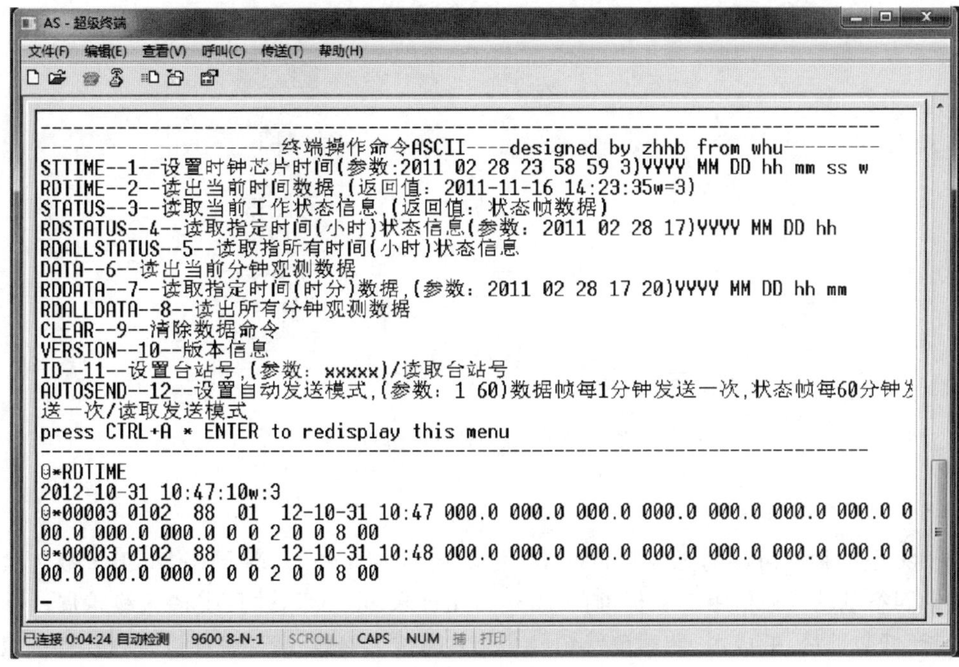

图 11.8　使用超级终端进行串口通信

11.1.2.3　单稳态多谐振荡电路

图 11.9 为脉冲处理电路实际测试波形，CH1 为传感器输出脉冲，CH2 为 74HC221D 转换后输出的固定宽度脉冲。图 11.10 为其中一个脉冲转换波形对比，预设 74HC221D 输出脉冲为 5kHz(脉宽 200μs)左右。这样，系统把很宽频率变化范围脉冲信号变为 5kHz 固定脉冲输出，这样使得 MCU 实现精确计数。且 74HC221D 为施密特触发输入，很好地消除噪声，使转换结果准确可靠。

由于传感器输入均为数字信号，故处理好了噪声，可避免系统出现二次误差。经测试，脉冲处理电路可有效消除噪声，从而智能传感器电路误差与采集器无关。只与传感器本身误差和 MCU 信号处理误差有关。

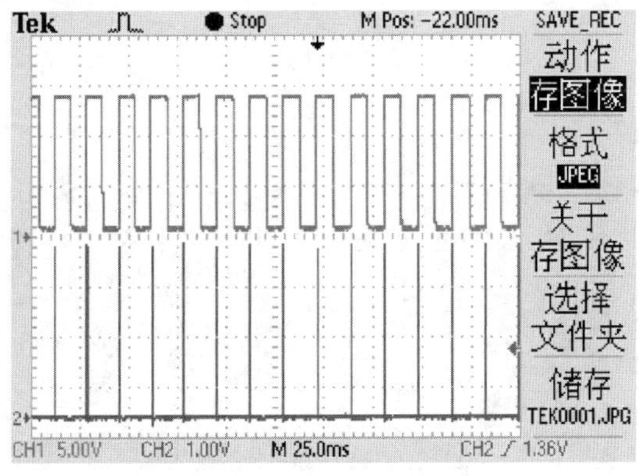

图 11.9　脉冲处理电路测试

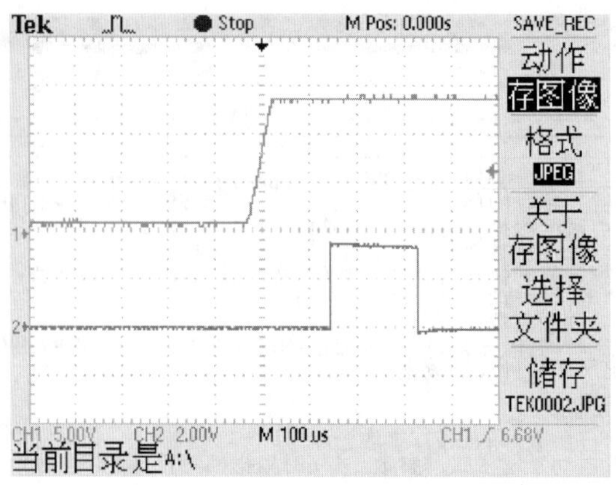

图 11.10 脉冲处理电路测试

11.1.2.4 无线传输测试

ZigBee 是一种高可靠的无线数传网络,类似于 CDMA 和 GSM 网络,ZigBee 数传模块类似于移动网络基站。通信距离从标准的 75m 到几百米、几千米,并且支持无线扩展。其特点是低功耗、低数据量、低成本、使用免费频段 2.4G、高抗干扰性、高保密性以及自动动态组网。

如图 11.11 所示,每个传感器的单片机在发送数据之前给 ZigBee 模块的 IO 端口一个信号,用此信号来控制休眠与唤醒。采用下降沿触发的休眠模式,并使用 ZigBee 芯片的 DIO20 端口,当传感器成功发送数据后,会收到中心站的正确反馈,然后就进入休眠状态(即低功耗状态);传感器在发送数据之前,单片机会首先给 ZigBee 芯片的 DIO20 端口发个下降沿的信号,唤醒 ZigBee,进入正常的工作状态,传感器的数据就可以成功地发送出去。采用 IO 口的硬件休眠模式,克服了采用定时器的时间不同步问题,保证数据的实时传输性。

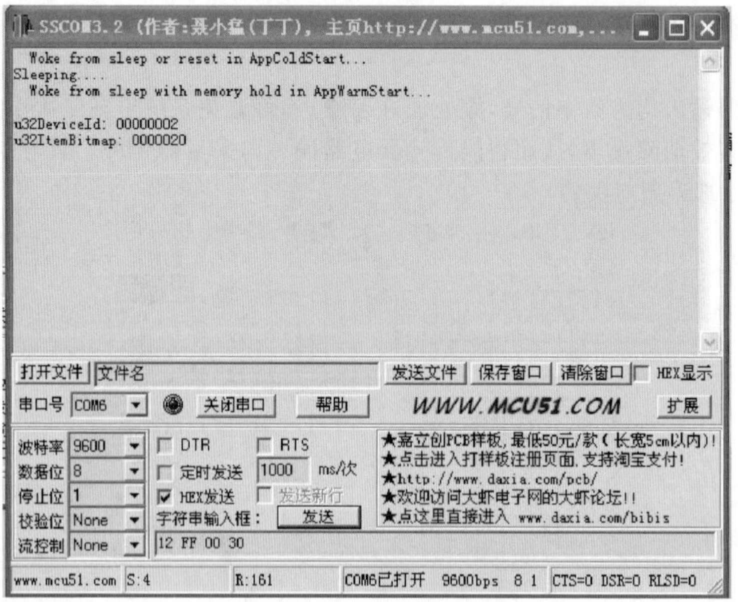

图 11.11 ZigBee 工作模式反馈

智能传感器包含两种数据格式，一种是数据帧数据格式，一种是状态帧数据格式。帧格式中，除了终端回车(0DH)和可选择的换行符(0AH)外，不包含任何的控制字符。帧长度不定长，帧头使用两个字节：EBH、90H；帧尾用两个字节：0DH、0AH(回车换行符)。

数据帧每分钟(或根据设置的传输间隔时间)发送一次；状态帧每小时(或根据设置的传输间隔时间)发送一次。

不同的传感器，其数据长度不同，而且每帧数据中包含有 ID 号、传感器类型、厂家信息、帧种类(状态帧还是数据帧)、数据的时间信息(年、月、日、小时、分钟)、数据平均值、帧校验和等信息。根据这些信息，可以区别出不同的数据，相应于不同的传感器。

图 11.12 为中心站接收到智能雨量站的数据。图 11.13 为中心站接收到气压计的数据。

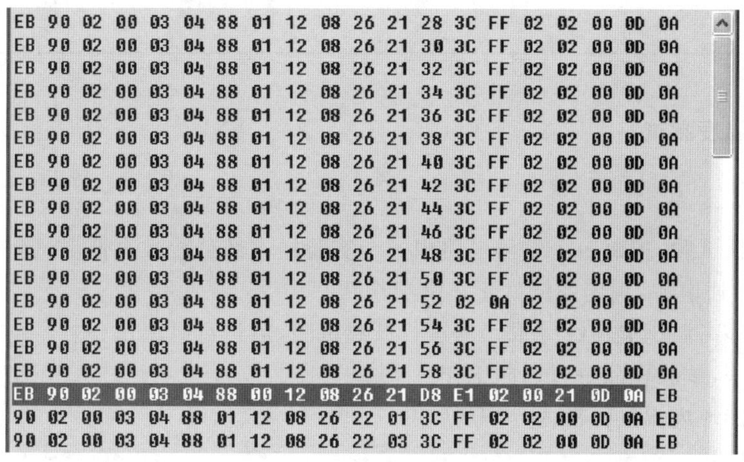

图 11.12　中心站接收到智能雨量站的数据

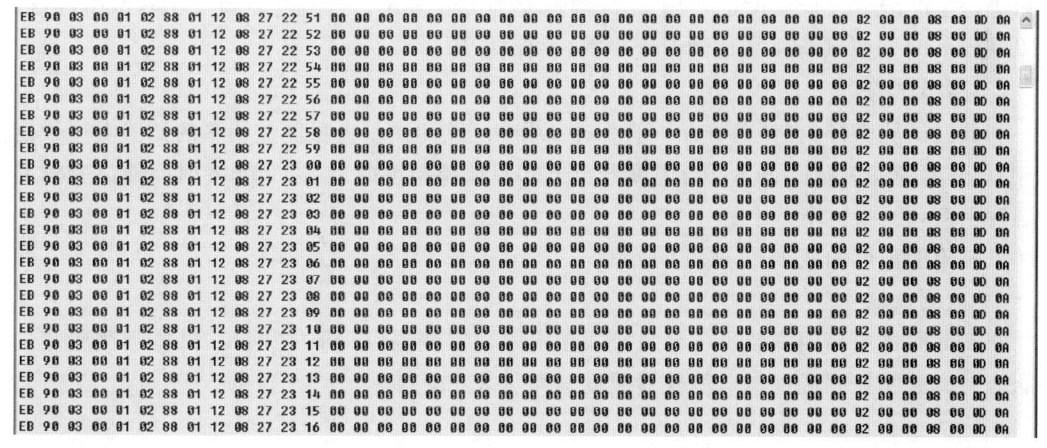

图 11.13　中心站接收到气压计的数据

对比图 11.12 和图 11.13，可以看出每个传感器的数据帧与《智能气象站功能规格书》里面的帧格式相一致，包括其开头、长度、时间等格式。

11.1.2.5　系统运行测试结论

系统运行结果见表 11.10。

表 11.10 系统运行结果

名称	数据存储及读取	串口数据传输	实时时钟	传感器信号采集及处理	无线数据传输
智能雨量站	正常	正常	偏差<3s/周	正常	正常
智能地温测量仪	正常	正常	偏差<3s/周	正常	正常
智能风测量站	正常	正常	偏差<3s/周	正常	正常
智能气压计	正常	正常	偏差<3s/周	正常	正常
智能湿度计	正常	正常	偏差<3s/周	正常	正常
PT1000 温度计	正常	正常	偏差<3s/周	正常	正常
石英晶体温度计	正常	正常	偏差<3s/周	正常	正常

11.1.3 高低温度测试

11.1.3.1 实验方法

通常为整机试验，把每一个整体电路当一个实验样本部分放入高低温试验箱，去掉电路的LCD 显示器，接通电源，确定系统处于正常工作状态。

低温试验和高温试验连续完成。先进行低温试验，后进行高温试验。

试验过程中，试验样品一直通电工作。

试验样品的环境温度范围为－40～60℃。

(1)低温试验

将试验样品放入试验箱内，按照工作状态要求连接，并一直保持工作状态。然后对温度试验箱进行温度调节。低温设定－40℃，降温速率为 1℃/min。当温度降到－40℃试验温度时，给以 30min 时间使试验样品达到温度平衡，并保持 2h。

(2)高温试验

和低温试验一样，在试验样品一直保持工作状态情况下，将温度试验箱的试验温度设定为＋60℃，升温速率为 1℃/min。当温度升至＋60℃试验温度时，给以 30min 时间使试验样品达到温度平衡，并保持 2h。

试验箱的温度曲线如图 11.14 所示。

(3)监测仪器

在高低温试验箱内安装了 1 台自校式铂电阻数字测温仪(No. 02064)，以监测试验箱的工作状态。试验箱控制温度与监测仪器温度对照见表 11.11。

11.1.3.2 实验结果

整个测试过程中，所有要素通过 ZigBee 无线发送的数据正常，所有要素在整个工作过程中正常运行。

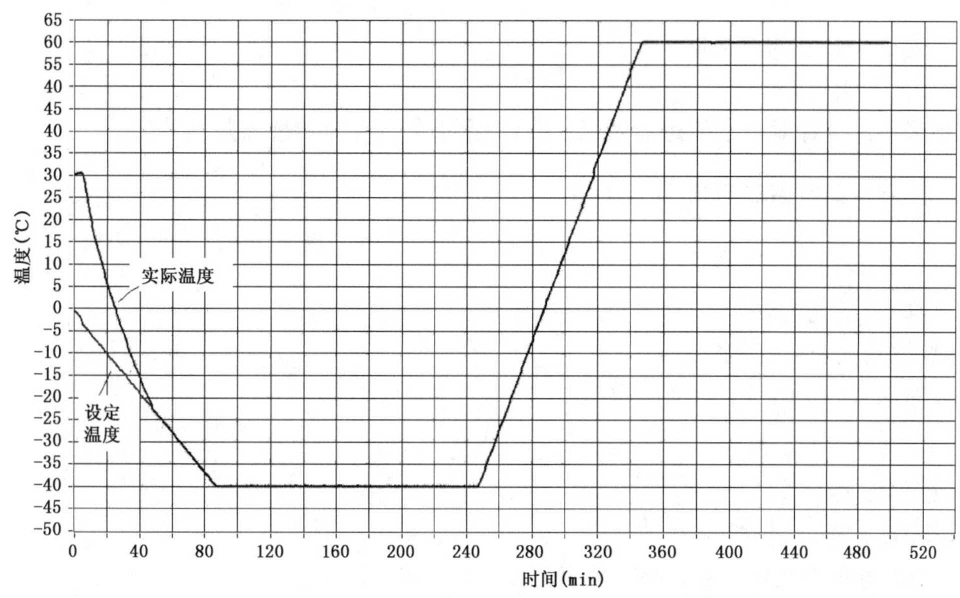

图 11.14　试验箱温度曲线

表 11.11　高低温试验箱温度控制与监测仪器温度对比

日期时间	2012 年 10 月 25 日　11:08—19:08		
温度读取方法	恒温保持 2 小时,每 10 分钟读一次数据		
设定温度:－40℃		设定温度:60℃	
自校式铂电阻数字测温仪(℃)	高低温试验箱测量数据(℃)	自校式铂电阻数字测温仪(℃)	高低温试验箱测量数据(℃)
－40.06	－40.00	59.35	60.00
－40.01	－39.95	59.33	60.01
－40.12	－40.03	59.32	60.02
－40.15	－40.06	59.30	60.03
－40.13	－40.08	59.29	60.01
－40.07	－40.01	59.30	59.98
－40.05	－39.98	59.29	60.04
－40.04	－39.99	59.31	60.01
－40.03	－39.89	59.28	60.02
－40.12	－39.96	59.31	60.03
－40.20	－40.05	59.30	60.00
－40.23	－40.07	59.28	59.97

11.2 传感器数据测试

数据采集测试针对每个传感器要素，测试数据采集情况及传感器数据精度。

11.2.1 温湿度类传感器测试

11.2.1.1 概述

测试部门：系统集成部；

测试人员：吴宏革、商宁；

测试时间：2012－7－10。

11.2.1.2 测试环境

(1)硬件环境

多套温度传感器，包括：

1)3 套温湿度智能传感器，探头(罗卓尼克 HC2－S3)；

2)3 套 PT1000 空气温度智能传感器，探头 PT1000；

3)3 套石英晶体空气温度智能传感器，探头石英晶体；

4)24 只地温智能传感器，探头 ADI ADT7410。

环境箱、酒精槽等检定设备。

(2)其他

串口调试助手 1 台。

(3)通信方式

RS232 串口通信：通过命令读取采样值。

11.2.1.3 测试结果

(1)测试目的

1)测试罗卓尼克温度传感器精度；

2)测试 PT1000 铂电阻传感器精度；

3)测试石英晶体温度传感器精度；

4)测试 ADT7410 地温传感器精度；

5)测试罗卓尼克湿度传感器精度。

(2)测试过程

1)接线：一体化智能传感器，不需要接线，连上电源即可测试。

2)测试方法：将传感器密封包装后放入酒精槽，调节酒精槽温度，按－40℃，0℃，50℃三个测试点进行温度测试。

3)将罗卓尼克温湿度传感器放入环境箱，进行湿度测试。

(3)测试结果见表 11.12，表 11.13，表 11.14，表 11.15。

表 11.12　智能传感器项目——温湿度传感器(探头:罗卓尼克 HC2－S3)测试记录

湿度						
测试点	测序	序列号	直采值	标准值	实测值	误差
30%	1	HPV100A	30.6	31	32	1
	2	HPV100B	30.6	31	32	1
	3	HPV100C	30.2	31	31	0
50%	1	HPV100A	51.2	50	52	2
	2	HPV100B	52	50	52	2
	3	HPV100C	51	50	52	2
70%	1	HPV100A	72	69	72	3
	2	HPV100B	71.6	69	72	3
	3	HPV100C	71.3	69	71	2
90%	1	HPV100A	93.2	90	93	3
	2	HPV100B	94	90	94	4
	3	HPV100C	93.6	90	94	4
98%	1	HPV100A	99	98	100	2
	2	HPV100B	100	98	100	2
	3	HPV100C	100	98	100	2

温度					
测试点	测序	序列号	标准值	实测值	误差
50℃	1	HPV100A	49.75	49.8	0.05
	2	HPV100B	49.75	49.78	0.03
	3	HPV100C	49.75	49.78	0.03
0℃	1	HPV100A	－0.14	－0.1	0.04
	2	HPV100B	－0.14	－0.1	0.04
	3	HPV100C	－0.14	－0.1	0.04
－40℃	1	HPV100A	－39.94	－39.9	0.04
	2	HPV100B	－39.94	－39.9	0.04
	3	HPV100C	－39.94	－39.9	0.04

表 11.13　智能传感器项目——PT1000(探头:PT1000 铂电阻)测试记录

测试点	测序	序列号	标准值	实测值	误差
50℃	1	PT1000A	49.75	49.85	0.1
	2	PT1000B	49.75	49.81	0.06
	3	PT1000C	49.75	49.83	0.08
0℃	1	PT1000A	－0.14	－0.1	0.04
	2	PT1000B	－0.14	－0.12	0.02
	3	PT1000C	－0.14	－0.2	－0.06
－40℃	1	PT1000A	－39.94	－40.02	－0.08
	2	PT1000B	－39.94	－40.04	－0.1
	3	PT1000C	－39.94	－40.04	－0.1

表 11.14 智能传感器项目——石英晶体测试记录

测试点	测序	序列号	标准值	实测值	误差
50℃	1	QZV100A	49.75	49.85	0.1
	2	QZV100B	49.75	49.8	0.05
	3	QZV100C	49.75	49.84	0.09
0℃	1	QZV100A	−0.14	−0.06	0.08
	2	QZV100B	−0.14	−0.13	0.01
	3	QZV100C	−0.14	−0.07	0.07
−40℃	1	QZV100A	−39.94	−40.02	−0.08
	2	QZV100B	−39.94	−39.84	0.1
	3	QZV100C	−39.94	−39.84	0.1

表 11.15 智能传感器项目——地温(探头 ADT7410)测试记录

测试点	测序	序列号	标准值	实测值	误差
60℃	1	GTV1001	59.8	59.95	0.15
	2	GTV1002	59.8	59.89	0.09
	3	GTV1003	59.8	59.88	0.08
	4	GTV1004	59.8	59.89	0.09
	5	GTV1005	59.8	59.89	0.09
	6	GTV1006	59.8	59.98	0.18
	7	GTV1007	59.8	59.8	0
	8	GTV1008	59.8	59.98	0.18
50℃	1	GTV1001	49.75	49.8	0.05
	2	GTV1002	49.75	49.7	−0.05
	3	GTV1003	49.75	49.8	0.05
	4	GTV1004	49.75	49.8	0.05
	5	GTV1005	49.75	49.8	0.05
	6	GTV1006	49.75	49.85	0.1
	7	GTV1007	49.75	49.8	0.05
	8	GTV1008	49.75	49.8	0.05
0℃	1	GTV1001	−0.14	−0.2	−0.06
	2	GTV1002	−0.14	−0.2	−0.06
	3	GTV1003	−0.14	−0.1	0.04
	4	GTV1004	−0.14	−0.2	−0.06
	5	GTV1005	−0.14	−0.1	0.04
	6	GTV1006	−0.14	−0.2	−0.06
	7	GTV1007	−0.14	−0.21	−0.07
	8	GTV1008	−0.14	0	0.14

续表

测试点	测序	序列号	标准值	实测值	误差
−40℃	1	GTV1001	−39.94	−40	−0.06
	2	GTV1002	−39.94	−39.9	0.04
	3	GTV1003	−39.94	−39.95	−0.01
	4	GTV1004	−39.94	−40.02	−0.08
	5	GTV1005	−39.94	−40	−0.06
	6	GTV1006	−39.94	−39.9	0.04
	7	GTV1007	−39.94	−40.02	−0.08
	8	GTV1008	−39.94	−40.08	−0.14

11.2.1.4　评估和建议

(1)根据气温测量指标，在−50～50℃范围内，±0.2℃(天气观测)，±0.1℃(气候观测)的指标，所有空气温度智能传感器的温度精度指标，设备合格。

(2)根据地温测量指标，在−40～60℃范围内，±0.3℃的指标，所有地温智能传感器设备合格。

(3)湿度传感器在5%～100%范围内，±3%(≤80%)±5%(>80%)指标，设备合格。

11.2.2　雨量传感器测试

11.2.2.1　概述

测试部门：系统集成部。

测试人员：吴宏革、商宁。

测试时间：2012−7−20。

11.2.2.2　测试环境

1)硬件环境

3套雨量智能传感器；

流量计。

2)其他

串口调试助手，1台。

3)通信方式

RS232串口通信：通过命令读取采样值。

11.2.2.3　测试结果

(1)测试目的

测试雨量智能传感器精度。

(2)测试过程

1)接线：一体化智能传感器，不需要接线，连上电源即可测试。

2)测试方法：设定流量计4mm雨强10mm雨量、4mm雨强30mm雨量、1mm雨强10mm

雨量、1mm 雨强 30mm 雨量，测试传感器输出值。

(3)测试结果见表 11.16。

表 11.16 智能传感器项目——雨量(探头:SL3－1)测试记录

测试点	测序	序列号	标准值	实测值	误差
1mm 雨强 10mm 雨量	1	R1001	100	100	0
	2	R1002	100	100	0
	3	R1003	100	100	0
1mm 雨强 30mm 雨量	1	R1001	300	300	0
	2	R1002	300	300	0
	3	R1003	300	300	0
4mm 雨强 10mm 雨量	1	R1001	99	100	1
	2	R1002	100	100	0
	3	R1003	100	100	0
4mm 雨强 30mm 雨量	1	R1001	298	300	2
	2	R1002	300	300	0
	3	R1003	300	300	0

11.2.2.4 评估和建议

(1)调整流量计雨强及雨量，测试智能传感器输出。脉冲信号本身是很好检测的，由于雨量筒本身的偏差，是导致 R1001 在 4mm 雨强 10mm 雨量及 4mm 雨强 30mm 雨量出现偏差的原因。

(2)根据 4mm 雨强 10mm 雨量误差小于±0.4mm，以及 4mm 雨强 30mm 雨量误差小于±4%的指标，系统测量合格。

11.2.3 风传感器测试

11.2.3.1 概述

测试部门：系统集成部。

测试人员：吴宏革、商宁。

测试时间：2012－7－21。

11.2.3.2 测试环境

(1)硬件环境

3 套风智能传感器；

风速校验仪。

(2)其他

串口调试助手，1 台。

(3)通信方式

RS232 串口通信：通过命令读取采样值。

11.2.3.3　测试结果

(1)测试目的

测试风智能传感器精度。

(2)测试过程

1)接线:一体化智能传感器,不需要接线,连上电源即可测试。

2)测试方法:设定风速校验器 2m/s 和 30m/s 的转速,测试传感器输出值。

(3)测试结果见表 11.17。

表 11.17　智能传感器项目——风(探头:EL15－1C)测试记录

测试点	测序	序列号	标准值	实测值	误差
2m/s	1	W1001	2	2.1	0.1
	2	W1002	2	2.1	0.1
	3	W1003	2	2	0
30m/s	1	W1001	30	30.1	0.1
	2	W1002	30	30.1	0.1
	3	W1003	30	30.2	0.2

11.2.3.4　评估和建议

按照 2m/s 风速,误差≤±0.3m/s,以及 30m/s 风速,误差≤±1.2m/s 的标准,传感器测量合格。

11.2.4　气压传感器测试

11.2.4.1　概述

测试部门:系统集成部。

测试人员:吴宏革、商宁。

测试时间:2012－7－10。

11.2.4.2　测试环境

(1)硬件环境

3 套气压智能传感器;

气压检定设备。

(2)其他

串口调试助手,1 台。

(3)通信方式

RS232 串口通信:通过命令读取采样值。

11.2.4.3　测试结果

(1)测试目的

测试气压智能传感器精度。

(2)测试过程

1)接线:一体化智能传感器,不需要接线,连上电源即可测试。

2)测试方法:将传感器进气嘴与气压计相连,调整气压值,检查输出值与设定值是否一致。气压测试点共七个:500、600、700、800、900、1000、1060。单位:hPa。

(3)测试结果见表11.18。

表11.18　智能传感器项目——气压(探头:PTB210)测试记录

测试点	测序	序列号	标准值	实测值	误差
500hPa	1	PTB1001	500	500	0
	2	PTB1002	500	500.02	0.02
	3	PTB1003	500	500.01	0.01
600hPa	1	PTB1001	600	600.01	0.01
	2	PTB1002	600	600.01	0.01
	3	PTB1003	600	600.02	0.02
700hPa	1	PTB1001	700.2	700.22	0.02
	2	PTB1002	700.2	700.23	0.03
	3	PTB1003	700.2	700.24	0.04
800hPa	1	PTB1001	800.1	800.14	0.04
	2	PTB1002	800.1	800.15	0.05
	3	PTB1003	800.1	800.15	0.05
900hPa	1	PTB1001	900	900.05	0.05
	2	PTB1002	900	900.05	0.05
	3	PTB1003	900	900.06	0.06
1000hPa	1	PTB1001	1000.2	1000.25	0.05
	2	PTB1002	1000.2	1000.26	0.06
	3	PTB1003	1000.2	1000.26	0.06
1060hPa	1	PTB1001	1060.1	1060.16	0.06
	2	PTB1002	1060.1	1060.16	0.06
	3	PTB1003	1060.1	1060.17	0.07

11.2.4.4　评估和建议

根据气压传感器450～1100hPa测量范围,±0.3hPa误差指标,设备合格。

11.3　标准文档

11.3.1　测试依据

GB/T 2421—1999　电工电子产品环境试验　第1部分:总则

GB/T 3187—1994　可靠性、维修性术语

GB/T 4797.6—1995　电工电子产品自然环境条件　尘、沙、盐雾

GB 5080.1—1986　设备可靠性试验　总要求

GB/T 5170.1—1995　电工电子产品环境试验设备基本参数检定方法　总则

GB/T 17624.1—1998　电磁兼容综述电磁兼容基本术语和定义的应用与解释

GB/T 2423.2—2008　电工电子产品环境试验　第 2 部分:试验方法　试验 B:高温

11.3.2　编写依据

中国气象局.地面气象观测规范.北京:气象出版社,2003.

中国气象局监测网络司.第二代自动气象站功能规格书.2008,4.

WMO CIMO.气象仪器和观测方法指南(第六版).1996.

NOAA. Automated Surface Observing System(ASOS)User's Guide. 1998,3.

第12章 台站运行实验

12.1 江西南昌站点

12.1.1 站点基本情况

12.1.1.1 基本情况

江西省大气探测技术中心作为“地面智能集成观测站及业务软件研发”项目组成员之一，承担了基地选址、设备安装、系统测试、运行监控、日常维护、数据收集、应用试验等任务。

2013年12月底，根据项目组安排和现场考察，最终确定试验基地设在南昌市艾溪湖湿地公园内。同期，江西省大气探测技术中心技术人员配合仪器研发人员完成了智能气象站安装调试。

智能传感器观测要素包括：温度、湿度、雨量、气压、风向、风速、地温、能见度、大气电场仪。各智能传感器均采用ZigBee无线通信技术，实现各要素与电脑终端的数据实时传输（表12.1）。

表12.1 江西南昌站点智能传感器安装情况

观测要素	建设数量	相关说明
风向风速	1	机械风＋一体风＋超声风
地温	8	深层和浅层各4只
温湿度	1	安装于百叶箱内
气压	1	
雨量	1	
能见度	1	安徽蓝盾
大气电场仪	1	华云东方

2014年2月，根据项目组安排，完成了仪器和业务软件的升级改造工作。4月，配合华云公司针对部分要素运行不稳定的状况，现场进行了仪器的调试和维护。

12.1.1.2 场地布局

该实验基地坐落于风景秀美的艾溪湖湿地公园，艾溪湖两岸水网密布，生物物种丰富，乔木、竹子、桃树等种植树木达160余种，亚热带温湿气候宜人，负氧离子含量达1000～2000个/cm^3，是市民游乐之地，候鸟越冬之所。是本项目气象探测环境的首选地。

2008年，江西省气象部门在该公园中心建设了一个气象观测站，主要用于气象观测和科普教育，地理位置经度为115°59′13″E，纬度为28°41′44″N，海拔高度为32m。该站为20m×20m，呈正方形，北、东两面为开阔地，种植有低矮树木，西面为一个池塘，南面20m处为气象办公小楼(图 12.1)。

本项目各智能传感器按照《地面气象观测规范》的要求和场内实际条件情况布设在观测场内(图 12.2)。

图 12.1　艾溪湖景观

图 12.2　智能传感器布局图

各智能传感器安装点见图 12.3—图 12.9。

图 12.3 能见度传感器

图 12.4 大气电场仪传感器

图 12.5 百叶箱

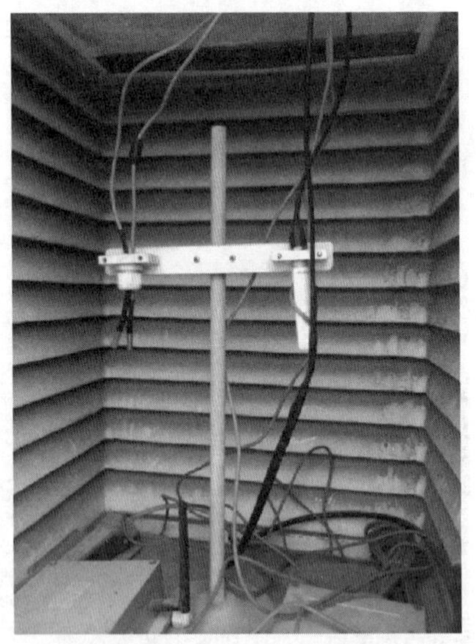

图 12.6 温湿度和气压传感器

12.1.1.3 日常维护

自建站以来，江西省大气探测技术中心加强实时监控，每月定期 2～3 次对该设备进行日常维护，现已开展维护工作 20 多次(图 12.10)。同时，积极配合项目组开展外场测试准备，协助远程调取数据分析。8 月 21 日，技术人员到南昌进行了彻底维护维修和升级工作，更换了所有采集器。截至目前，所有设备运行稳定正常，各类数据均已入库，数据量达几百兆(图 12.11)。

图 12.7　地温传感器

图 12.8　雨量传感器

图 12.9　风向风速传感器

图 12.10 日常维护

图 12.11 中心站服务器、通信及管理软件

12.1.1.4 对比台站介绍

智能气象站共有 9 种观测要素，包括：温度、湿度、雨量、气压、风向、风速、地温、能见度、大气电场仪。各智能传感器均采用 ZigBee 无线通信技术，实现各要素与电脑终端的数据实时传输处理入库。

自动气象站（以下简称：常规站）一套共有 7 种观测要素，采用无锡厂设备，要素包括：温度、湿度、雨量、气压、风向、风速、地温。采用 GPRS 通信，实时数据经中心站处理后入库。

智能气象站与自动气象站设备安装情况对比情况见表 12.2。

表 12.2　智能气象站与自动气象站设备安装情况对比

<table>
<tr><th rowspan="2">观测要素</th><th colspan="2">智能气象站</th><th colspan="2">自动气象站</th></tr>
<tr><th>建设数量</th><th>相关说明</th><th>建设数量</th><th>相关说明</th></tr>
<tr><td>风向</td><td>1</td><td rowspan="2">机械风＋一体风＋超声风(10m)</td><td>1</td><td rowspan="2">机械风(10m)</td></tr>
<tr><td>风速</td><td>1</td><td>1</td></tr>
<tr><td>温度</td><td>1</td><td rowspan="3">温度分为三种传感器，一是常规传感器，二是石英晶体传感器，三是PT1000 传感器。均在百叶箱内</td><td>1</td><td rowspan="2">温度为常规传感器，百叶箱内</td></tr>
<tr><td>湿度</td><td>1</td><td>1</td></tr>
<tr><td>气压</td><td>1</td><td>1</td><td>采集器箱内</td></tr>
<tr><td>雨量</td><td>1</td><td>地面</td><td>1</td><td>地面</td></tr>
<tr><td>地温</td><td>8</td><td>深层和浅层各 4 支</td><td>8</td><td>深层和浅层各 4 支</td></tr>
<tr><td>能见度</td><td>1</td><td>安徽蓝盾</td><td></td><td></td></tr>
<tr><td>大气电场仪</td><td>1</td><td>华云东方</td><td></td><td></td></tr>
</table>

12.1.2　台站数据分析

12.1.2.1　数据完整性

数据完整性取从 2014 年 9 月 1 日 00 时 00 分到 2015 年 1 月 27 日 23 时 59 分所有数据，其中：分钟数据为每分钟一条，小时数据为每小时一条。

下面列表说明江西南昌实验站点数据完整性情况，其中应测分钟(小时)数据为当月总分钟(小时)数，入库分钟(小时)数为通过数据库查询到的入库数据条数，有效分钟(小时)数据为入库数据中不为 NULL 的数据条数，缺测率为缺测分钟(小时)数据与应测分钟(小时)数据之比，即

$$缺测率 = (1 - \frac{有效分钟(小时)数据}{应测分钟(小时)数据}) \times 100\% \tag{12.1}$$

计算结果如表 12.3 和表 12.4 所示。

表 12.3　分钟数据缺测统计

月份	应测分钟数据(个)	入库分钟数据(个)	有效分钟数据(个)	缺测率(%)
2014/09	43200	43200	43193	0.016
2014/10	44640	44640	44634	0.013
2014/11	43200	43200	43188	0.028
2014/12	44640	44640	44634	0.013
2015/01	38880	38876	38871	0.023

表 12.4　小时数据缺测统计

月份	应测小时数据(个)	入库小时数据(个)	有效小时数据(个)	缺测率(%)
2014/10	744	744	743	0.13
2014/11	720	720	716	0.56
2014/12	744	744	742	0.27
2015/01	648	648	646	0.31

12.1.2.2　数据对比

按照以下公式计算并分析智能气象站与自动气象站数据偏差量值。

(1)对比差值:假设智能站数据为 U_i,自动站数据为 A_i,则偏差 x_i 为

$$x_i = U_i - A_i \quad (12.2)$$

(2)差值平均值:设两种观测仪器对比观测次数为 n,则对比差值的平均值 $\bar{x}$ 为

$$\bar{x} = \frac{\sum_{i=1}^{n} x_i}{n} \tag{12.3}$$

(3)差值标准差:对比差值的标准差 σ 为

$$\sigma = \left[\frac{1}{n-1}\sum_{i=1}^{n}(x_i - \bar{x})^2\right]^{\frac{1}{2}} \tag{12.4}$$

(4)雨量累计相对差值 $\bar{x}_R$ 为

$$\bar{x}_R = \frac{\sum_{i=1}^{n} x_i}{\sum_{i=1}^{n} A_i} \times 100\% \tag{12.5}$$

下面针对智能站数据库数据和与之对比的自动气象站数据库数据对比结果做图表分析。

(1)分钟数据列表分析

由于分钟数据量过大,通过图表对比很难直观显示出结果,选取一个月数据进行偏差均值以及偏差标准差计算。表 12.5 为 2014 年 12 月分钟数据的偏差均值和偏差标准差结果。

表 12.5 2014 年 12 月分钟数据的偏差均值和偏差标准差结果

气象要素	偏差均值	偏差标准差
强风 10min 风速	0.028	0.138
强风 10min 风向	−2.869	33.792
超声风 10min 风速	−0.056	0.067
超声风 10min 风向	−1.535	21.721
风杯 2min 风速	0.093	0.069
风杯 10min 风速	0.044	0.067
超声风 2min 风速	0.044	0.072
超声风 2min 风向	−1.845	25.157
强风 2min 风速	0.115	0.096
强风 2min 风向	−3.476	34.188
气压	0	0
5cm 地温	0.05	0.096
10cm 地温	0.05	0.096
15cm 地温	0.05	0.05
20cm 地温	0.05	0.05
40cm 地温	0.05	0.05
80cm 地温	0.05	0.05
160cm 地温	0.05	005
320cm 地温	0.05	0.05
空气温度	−0.45	0.055
石英晶体温度	−0.495	0.024
PT1000 温度	−0.25	0.051
空气湿度	0.498	0.5

(2)雨量小时累计

表 12.6 为江西南昌试验站 2014 年 11 月 1 日 0 时至 2015 年 1 月 27 日 23 时所有小时雨量数据累计结果。

表 12.6 小时雨量累计

月份	艾溪湖小时雨量累计(mm)	智能站小时雨量累计(mm)	相对差值(%)
2014/11	105.5	110.5	4.74
2014/12	13.5	14.4	6.67
2015/01	28.8	30	4.17

(3)小时数据对比

由于数据量太大,选取 2014 年 12 月小时数据进行数据对比,图 12.12—图 12.28 列出了对比结果。

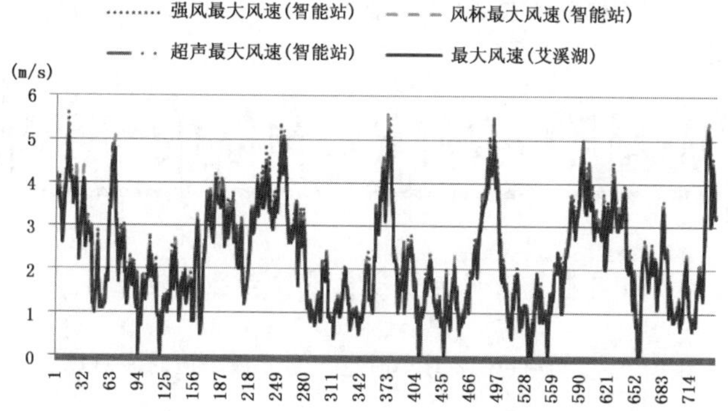

图 12.12 2014 年 12 月小时最大风速对比图

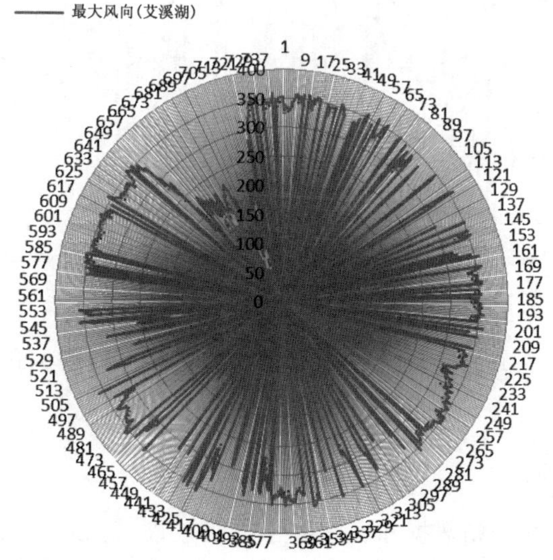

图 12.13 2014 年 12 月最大风速对应风向分析对比图

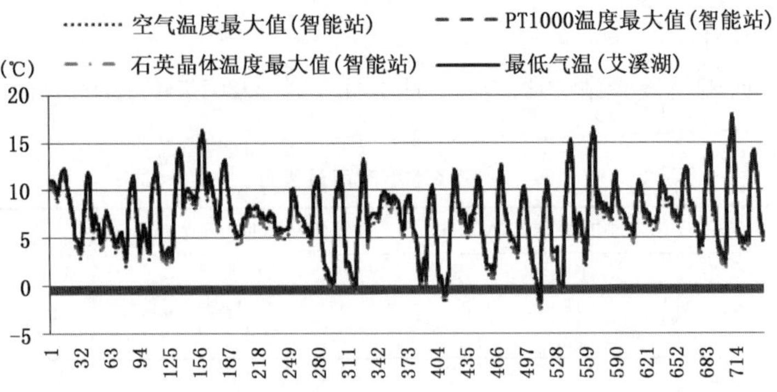

图 12.14 2014 年 12 月份小时空气温度最大值时序对比图

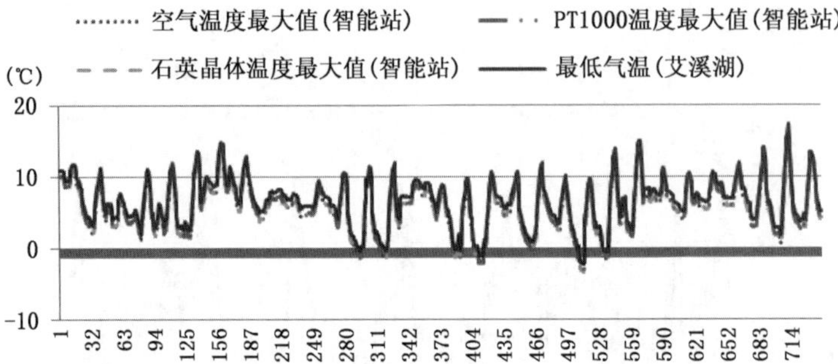

图 12.15 2014 年 12 月小时空气温度最小值时序对比图

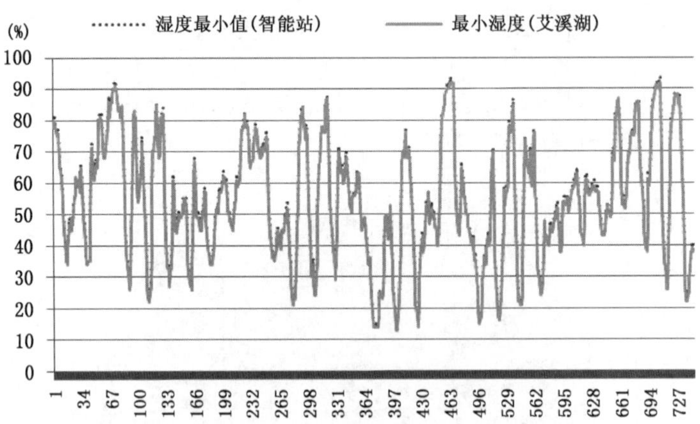

图 12.16 2014 年 12 月小时空气湿度最小值时序对比图

12.1.2.3 结论

(1)各要素对比分析结果

1)风速风向:风速数据台站数据和实验站点数据一致,趋势一致;风向数据试验站点强风计和超声风均与台站数据有较大偏差,偏差来源应该为安装试验台站是角度校准不够,出现固定角度偏差,风向趋势一致。

图 12.17　2014 年 12 月小时气压最大值时序对比图

图 12.18　2014 年 12 月小时气压最小值时序对比图

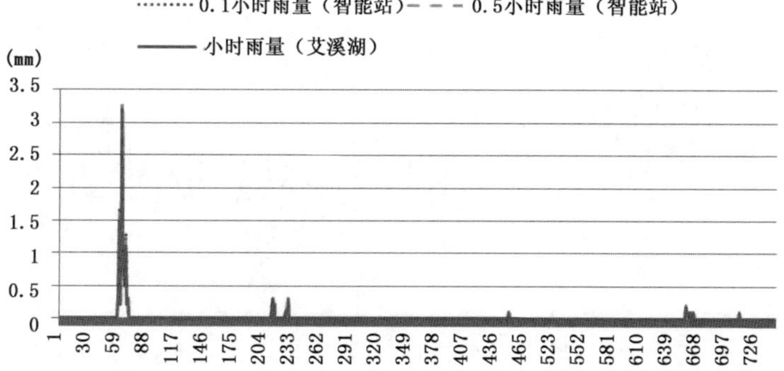

图 12.19　2014 年 12 月小时降水量时序对比图

2)空气温度：空气温度、石英晶体温度计以及 PT1000 温度计均与台站温度保持一致，误差在允许范围内。

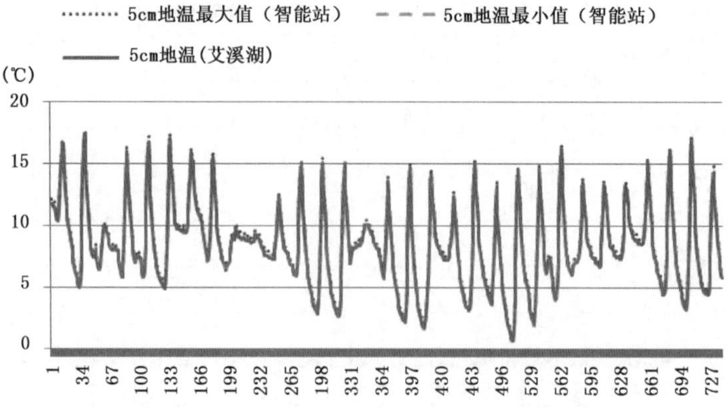

图 12.20　2014 年 12 月 5cm 小时地温时序对比图

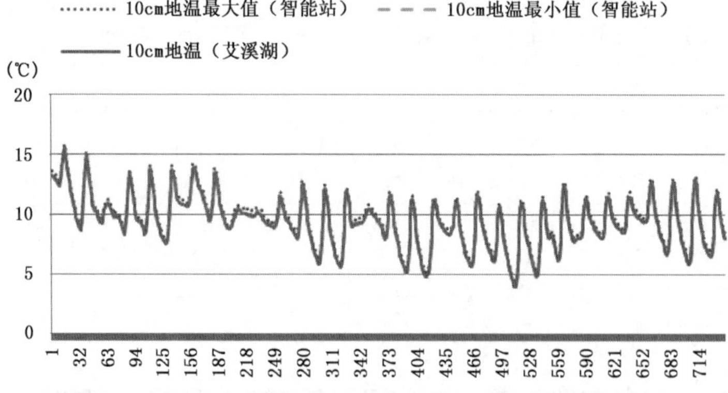

图 12.21　2014 年 12 月 10cm 小时地温时序对比图

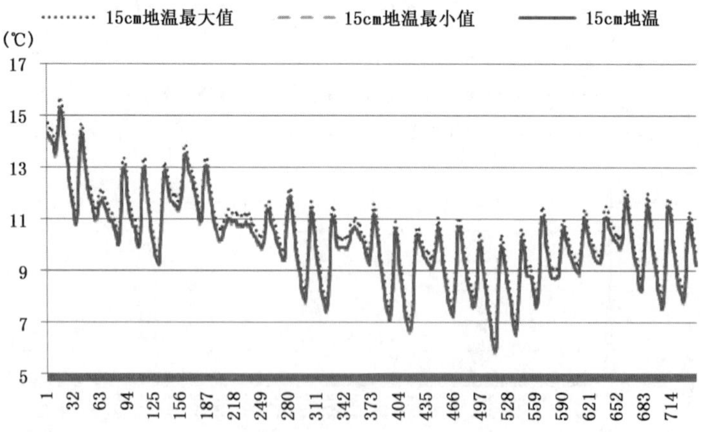

图 12.22　2014 年 12 月 15cm 小时地温时序对比图

3）相对湿度：相对湿度与台站相对湿度趋势保持一致，值稍高于台站湿度误差在允许范围内。

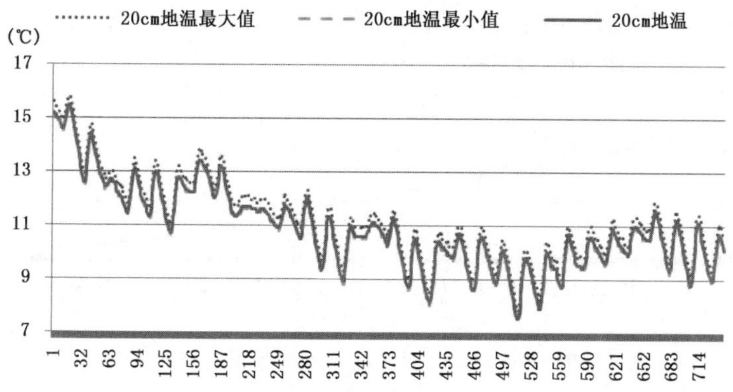

图 12.23　2014 年 12 月 20cm 小时地温时序对比图

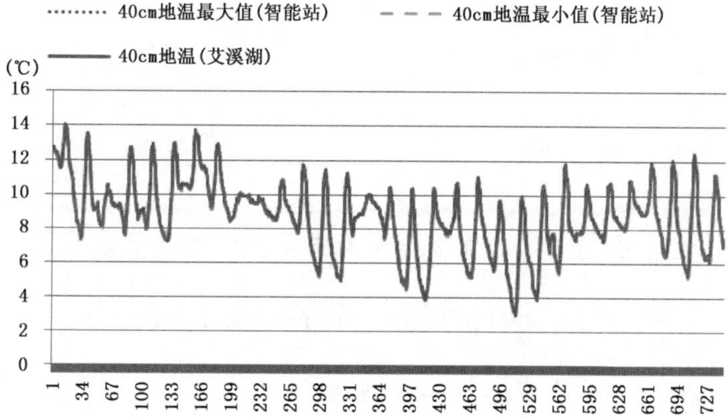

图 12.24　2014 年 12 月 40cm 小时地温时序对比图

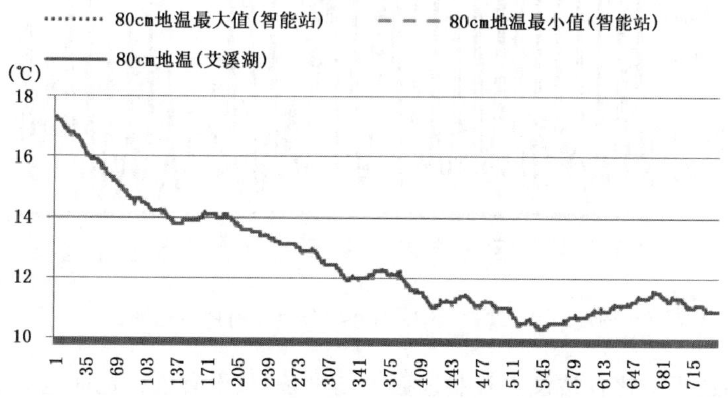

图 12.25　2014 年 12 月 80cm 小时地温时序对比图

4)气压:气压传感器与台站用气压传感器为相同传感器,其值趋势一致,偏差很小。

5)雨量:降水数据与台站数据趋势一致,有降水时段数据比台站数据稍微偏大。

6)地温:地温数据与台站数据趋势一致。

7)能见度:艾溪湖台站没有能见度设备,故无法进行对比。

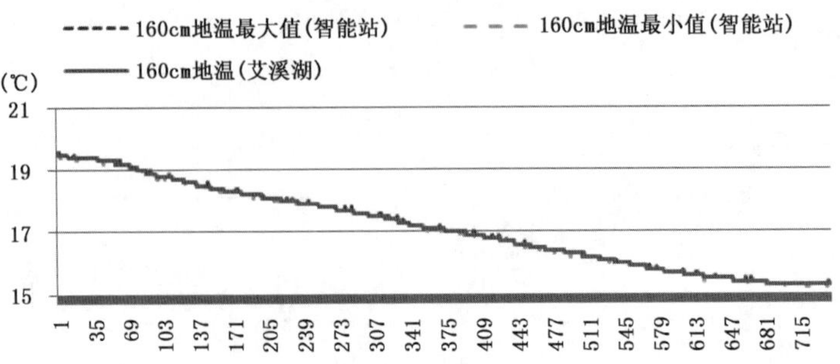

图 12.26 2014 年 12 月 160cm 小时地温时序对比图

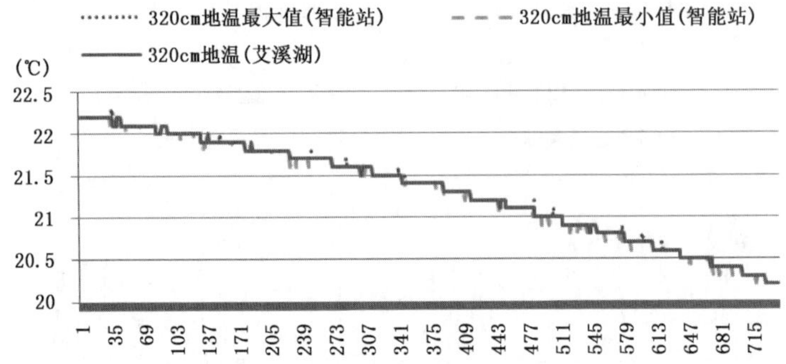

图 12.27 2014 年 12 月 320cm 小时地温时序对比图

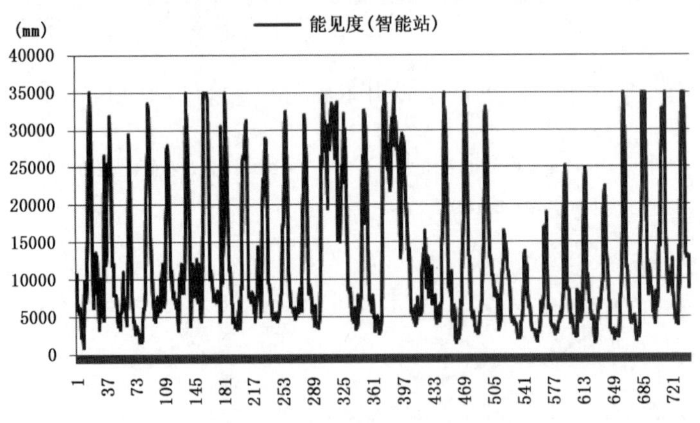

图 12.28 2014 年 12 月小时能见度时序对比图

8)地面电场:由于对比台站没有安装地面电场设备,故没有进行地面电场数据比对。

(2)结论

综合以上分析表明:智能气象站硬件系统总体运行平稳,故障率较低,可靠性良好,数据到报率高。通过对智能气象站和自动气象站对比分析,可以看出,两站数据偏差值不大,相关性良好,趋势一致。

12.2　云南西双版纳站点

12.2.1　站点基本情况

本次项目实施地之一的云南省西双版纳州，地处我国西南端，云南省南部，位于北回归线以南，处于北热带与南亚热带之间的过渡带，属北热带湿润季风气候。日照充足，雨量充沛，静风少寒，干湿季节分明，昼夜温差大，气候类型各异，立体气候明显。

12.2.1.1　基本情况

西双版纳州气象局地面智能集成观测站外场实验由景洪市气象局承担。云南省景洪市气象局是于 1996 年由景洪国家基本气象观测站、大勐龙气象站、景洪热带作物气象试验站三站合一成立，为国家基本气象站、国家一级农业气象试验站和二级辐射站。现有在职职工 20 人，其中，研究生 1 人，本科 12 人，副高 1 人、工程师 7 人。开展的主要业务包括地面气象观测、农业气象观测、农业气象科技推广、气象预报服务、人工增雨防雹等。

景洪站年平均气温为 22.6℃，最冷月平均气温 16.9℃，最热月平均气温 26.4℃，极端最高气温 41.1℃，极端最低气温 1.9℃；年降雨量 1136.6mm；日照时数 2171.5h；年平均风速 0.7m/s；年平均雷暴日数 100.1d。

12.2.1.2　外场测试准备

2012 年景洪市气象局开始承担“地面智能集成观测站及业务软件研发”项目的外场试验。为做好此次项目工作，景洪市气象局对外场试验场进行了改造和建设(表 12.7)。试验场地选用 2006 年中国气象局大气电场仪外场试验用地，位于景洪市气象局观测场东面(100°47′E，22°00′N，海拔高度 582m)，四周较为空旷平坦，景洪市局工作人员按要求对试验场地进行了平整，修建地温场，挖布线地沟、布线槽、浇注基座、安装防雷接地(接地电阻达 2.8Ω，符合气象部门要求)(图 12.29)，提前做好各项准备工作。

表 12.7　云南西双版纳站点试验场地准备工作时间表

时间节点	项目内容
2012 年	确认承担智能气象站外场测试任务，开始前期准备工作
2013 年 6—7 月	场地平整，开沟布槽，基座浇筑
2013 年 6 月至 2014 年 5 月	设备陆续到达
2014 年 5 月上旬	设备安装调试
2014 年 5 月中旬至今	智能气象站设备运行测试

12.2.1.3　观测场布局

试验场地为 20m(南北)×16m(东西)的平整场地，保持有均匀草层，草高不超过 20cm，为保持观测场地自然状态，场内铺设 0.4m 宽的小路。根据场内仪器布设位置和线缆铺设需要，在小路下修建电缆沟，电缆沟做到防水、防鼠以及便于维护。设备的安装严格按照地面气象观测规范要求，百叶箱安装在场地北面，地温场设置在场地南侧，雨量监测设备位于场地中部，风向风速仪在东北面，各仪器设施东西排列成行，南北布设成列，相互间东西间隔大于 4m，南北间隔大于 3m(图 12.30)。

图 12.29 智能站安装场地

图 12.30 智能气象站安装布局

2014 年 5 月上旬,地面智能集成观测站设备全部到位,并完成安装调试,中旬设备正式开始运行。自智能站测试运行以来,景洪市气象局严格按照自动气象站相关要求对智能气象站进行日常维护工作,目前设备运行正常(图 12.31,图 12.32,图 12.33)。

12.2.2 台站数据分析

12.2.2.1 数据完整性

数据完整性取自 2014 年 8 月 1 日 00 时 00 分到 2015 年 1 月 31 日 23 时 59 分所有数据,其中:分钟数据为每分钟一条,小时数据为每小时一条。

图 12.31　安装完成后的智能气象站 1

图 12.32　安装完成后的智能气象站 2

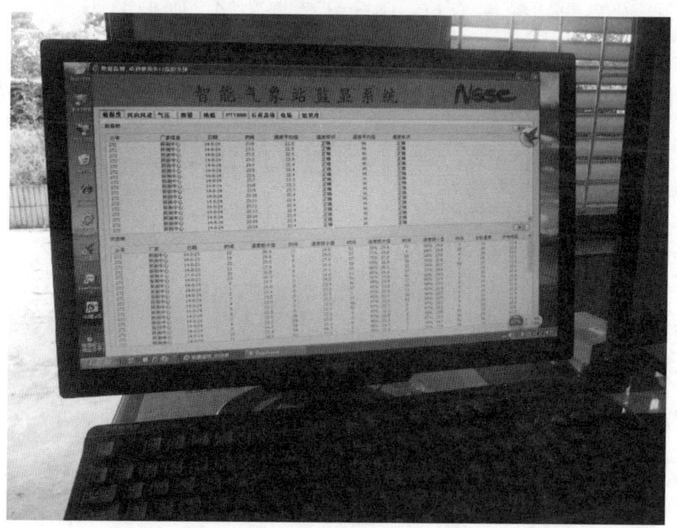

图 12.33　智能气象站监控显示系统

下面列表说明西双版纳实验站点数据完整性情况，其中应测分钟（小时）数据为当月总分钟（小时）数，入库分钟（小时）数为通过数据库查询到的入库数据条数，有效分钟（小时）数据为入库数据中不为 NULL 的数据条数，缺测率为缺测分钟（小时）数据与应测分钟（小时）数据之比，即

$$缺测率 = (1 - \frac{有效分钟(小时)数据}{应测分钟(小时)数据}) \times 100\% \tag{12.6}$$

结果见表 12.8 和表 12.9。

表 12.8 小时数据缺测统计

月份	应测分钟数据(个)	入库分钟数据(个)	有效分钟数据(个)	缺测率(%)
2014/08	44640	44638	44106	1.20
2014/09	43200	43200	42556	1.49
2014/10	44640	44640	44031	1.36
2014/11	43200	43200	42655	0.84
2014/12	44640	44639	44069	1.28
2015/01	44640	44639	44068	1.28

表 12.9 分钟数据缺测统计

月份	应测小时数据(个)	入库小时数据(个)	有效小时数据(个)	缺测率(%)
2014/08	744	743	743	0.13
2014/09	720	720	720	0
2014/10	744	744	744	0
2014/11	720	720	720	0
2014/12	744	744	744	0
2015/01	744	744	744	0

12.2.2.2 数据对比

按照以下公式计算并分析智能气象站与自动气象站数据偏差量值。

（1）对比差值：假设智能站数据为 U_i，自动站数据为 A_i，则偏差为

$$x_i = U_i - A_i \tag{12.7}$$

（2）差值平均值：设两种观测仪器对比观测次数为 n，则对比差值的平均值 $\bar{x}$ 为

$$\bar{x} = \frac{\sum_{i=1}^{n} x_i}{n} \tag{12.8}$$

（3）差值标准差：对比差值的标准差 σ 为

$$\sigma = \left[\frac{1}{n-1}\sum_{i=1}^{n}(x_i - \bar{x})^2\right]^{\frac{1}{2}} \tag{12.9}$$

（4）雨量累计相对差值 $\bar{x}_R$ 为

$$\bar{x}_R = \frac{\sum_{i=1}^{n} x_i}{\sum_{i=1}^{n} A_i} \times 100\% \tag{12.10}$$

下面针对智能站数据库数据和与之对比的大监站数据库数据对比结果做图表分析。

(1)分钟数据列表分析

由于分钟数据量过大,通过图表对比很难直观地显示出结果,选取一个月数据进行偏差均值以及偏差标准差计算。表 12.10 为 2014 年 12 月分钟数据的偏差均值和偏差标准差结果。

表 12.10　2014 年 12 月分钟数据的偏差均值和偏差标准差结果

气象要素	偏差均值	偏差标准差
强风 10min 风速	−0.0422	0.143
强风 10min 风向	−2.1	35.22
超声风 10min 风速	0.212	0.330
超声风 10min 风向	−4.37	34.94
风杯 2min 风速	0.279	0.253
风杯 10min 风速	0.083	0.303
超声风 2min 风速	0.218	0.246
超声风 2min 风向	−5.22	36.54
强风 2min 风速	0.289	0.256
强风 2min 风向	−5.23	40.38
气压	−0.104	0.077
5cm 地温	−0.182	0.531
10cm 地温	−1.552	0.823
15cm 地温	−2.032	0.36
20cm 地温	−0.846	0.158
40cm 地温	0.06	0.147
80cm 地温	−0.026	0.374
160cm 地温	−0.05	0.068
320cm 地温	0.293	0.07
空气温度	−0.25	0.22
石英晶体温度	−0.30	0.19
PT1000 温度	−0.05	0.21
空气湿度	−1.97	1.05
分钟能见度	0.74	185.18

(2)雨量小时累计

表 12.11 为西双版纳试验站 2014 年 8 月 1 日 0 时至 2015 年 1 月 31 日 23 时所有小时雨量数据累计结果。

表 12.11　小时数据累计

月份	大监站小时雨量累计(mm)	智能站小时雨量累计(mm)	相对差值(%)
2014/08	278.4	278.1	−0.11
2014/09	88.7	88.7	0
2014/10	105.1	105	−0.095
2014/11	19	19	0
2014/12	0.4	0.4	0
2015/01	130.6	131.1	0.38

(3)小时数据对比

由于数据量太大，选取 2014 年 9 月和 2014 年 12 月 2 个月小时数据做其数据对比，图 12.34—图 12.67 为对比结果。

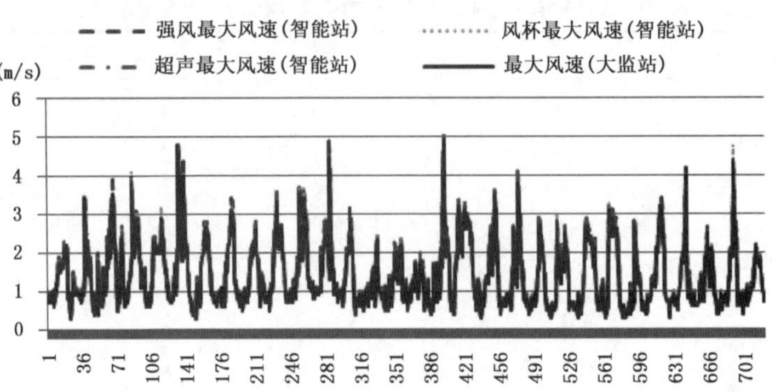

图 12.34 2014 年 9 月小时最大风速对比图

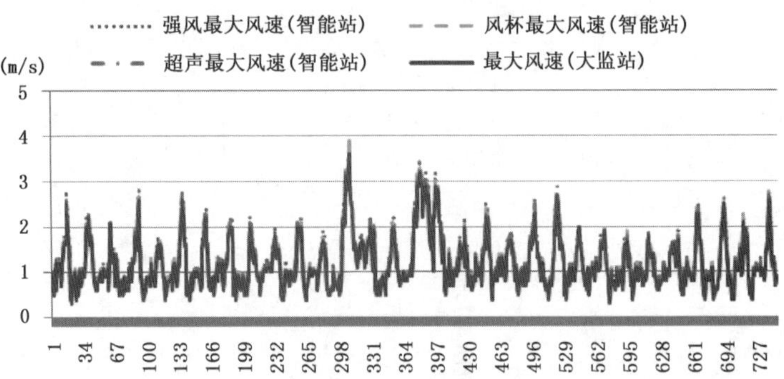

图 12.35 2014 年 12 月小时最大风速对比图

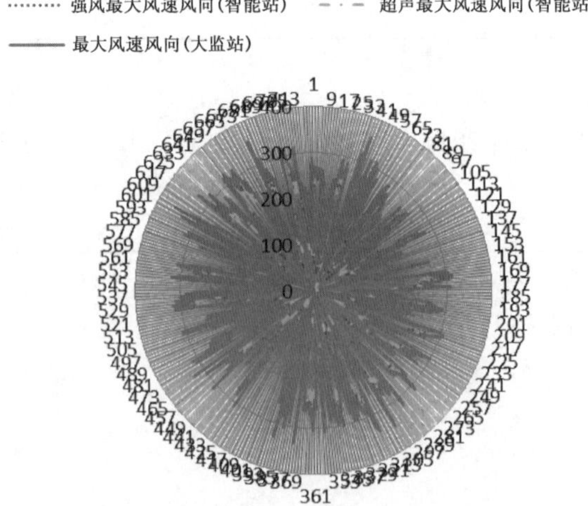

图 12.36 2014 年 9 月最大风速对应风向分析对比图

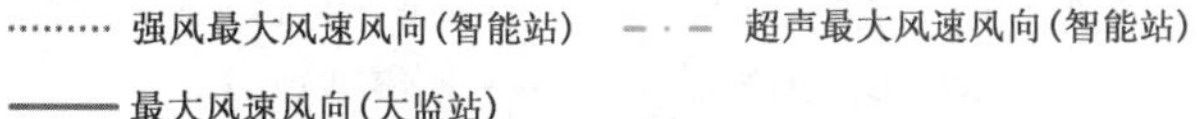

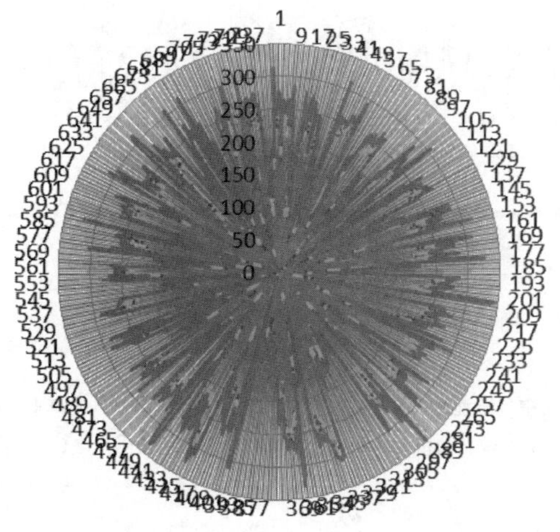

图 12.37　2014 年 12 月最大风速对应风向分析对比图

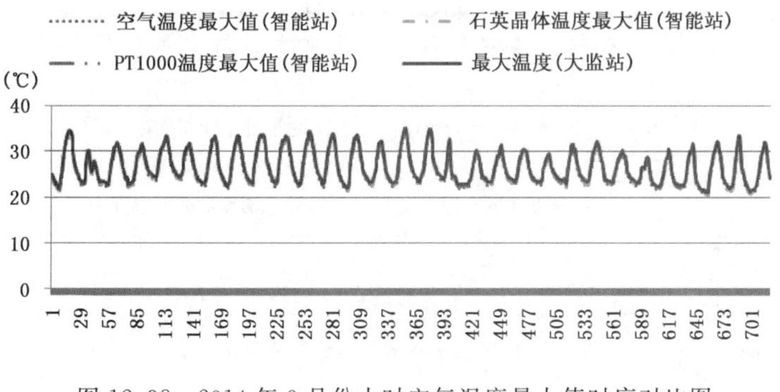

图 12.38　2014 年 9 月份小时空气温度最大值时序对比图

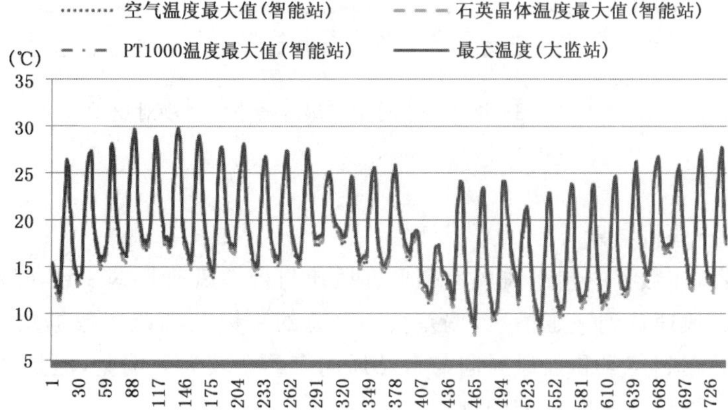

图 12.39　2014 年 12 月份小时空气温度最大值时序对比图

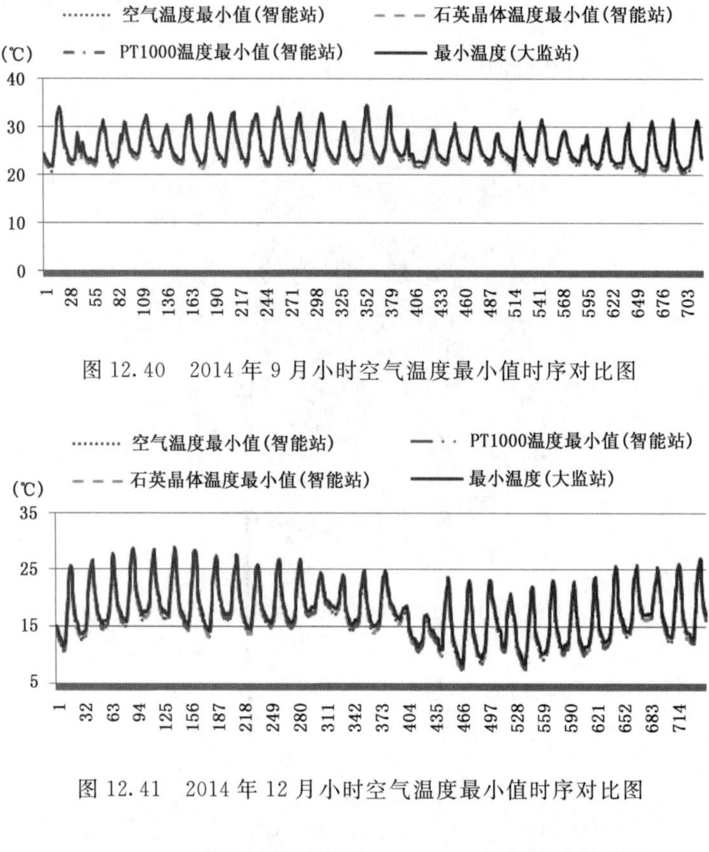

图 12.40 2014 年 9 月小时空气温度最小值时序对比图

图 12.41 2014 年 12 月小时空气温度最小值时序对比图

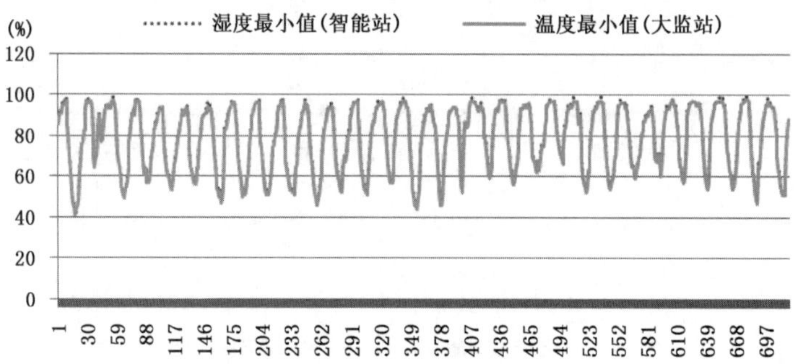

图 12.42 2014 年 9 月小时空气湿度最小值时序对比图

12.2.2.3 结论

(1)各要素对比分析结果

1)风速风向:风速数据中超声风风速和风杯风速与台站风速基本一致,强风风速在风力较小时,值偏差较大,风速达到一定值后,偏差很小。总的来说三种风速数据均可以达到规定的测量精度。风向数据超声风和强风风向与台站风向有一个较大的偏差,但是其趋势一致,可认定是实验台站安装过程中角度校准问题。

2)空气温度:空气温度、石英晶体温度计以及 PT1000 温度计均与台站温度保持一致,误差在允许范围内。

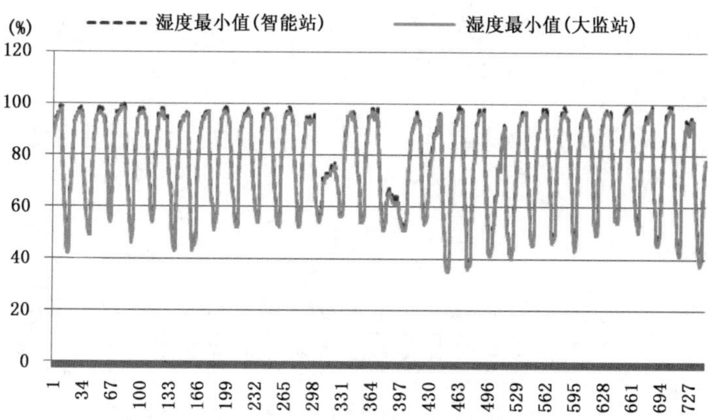

图 12.43　2014 年 12 月小时空气湿度最小值时序对比图

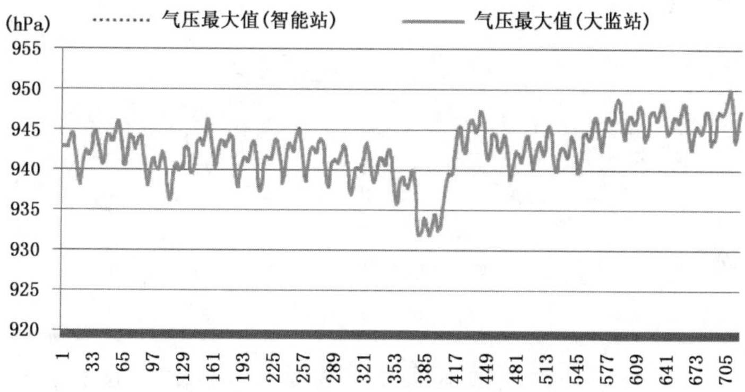

图 12.44　2014 年 9 月小时气压最大值时序对比图

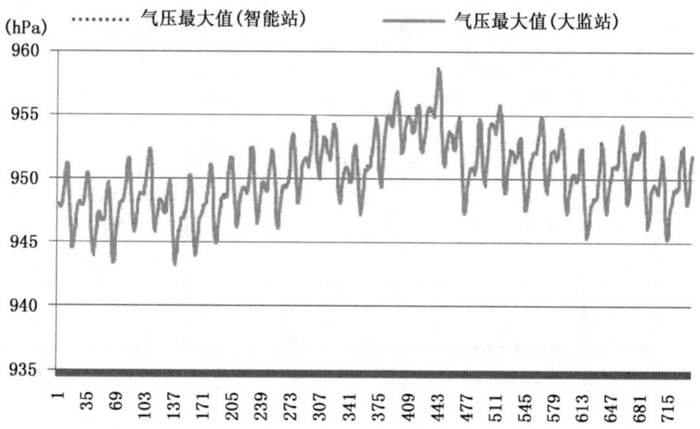

图 12.45　2014 年 12 月小时气压最大值时序对比图

3)相对湿度:相对湿度与台站相对湿度趋势保持一致,值稍高于台站湿度,尤其是在相对湿度高于 90%时偏差增大。

4)气压:气压传感器与台站用气压传感器为相同传感器,其值趋势一致,偏差很小。

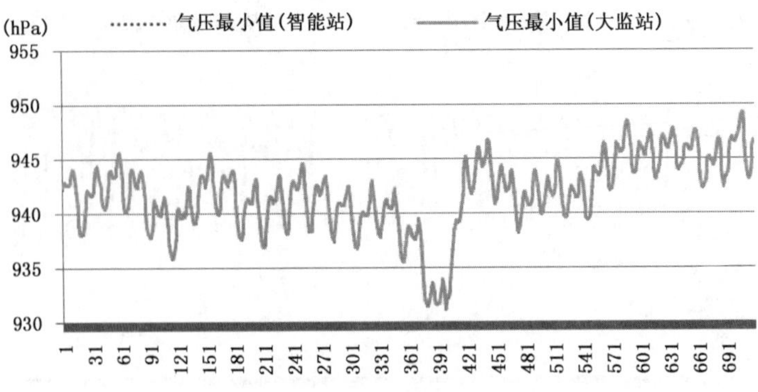

图 12.46 2014 年 9 月小时气压最小值时序对比图

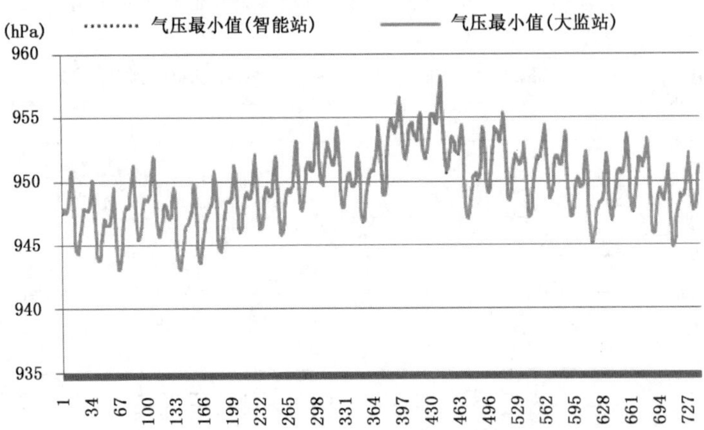

图 12.47 2014 年 12 月小时气压最小值时序对比图

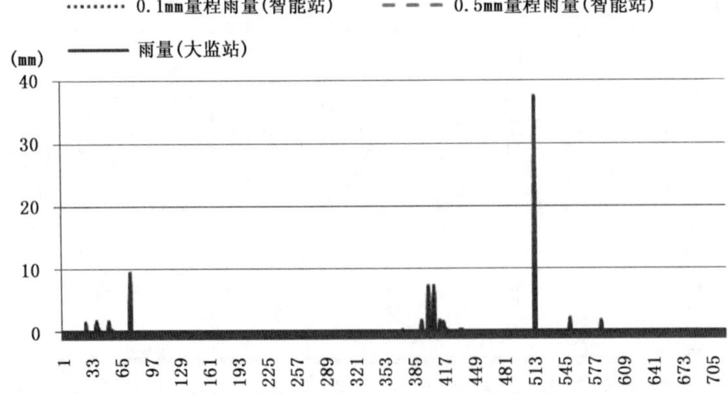

图 12.48 2014 年 9 月小时降水量时序对比图

5)雨量:降水数据与台站数据趋势一致,部分时段数据有一定偏差。

6)地温:地温数据与台站数据趋势一致。

7)能见度:能见度数据与台站数据趋势一致,偏差在误差范围内。

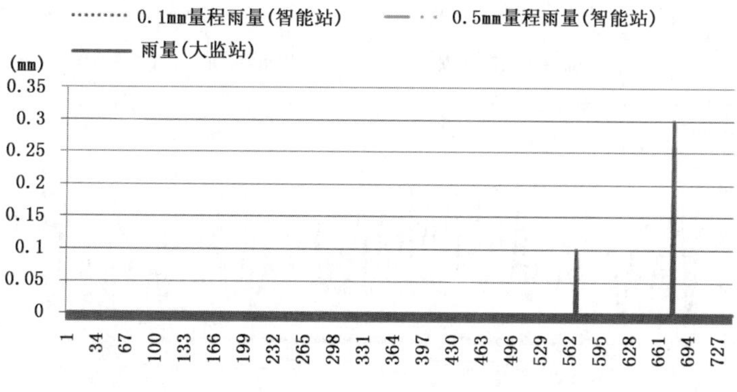

图 12.49　2014 年 12 月小时降水量时序对比图

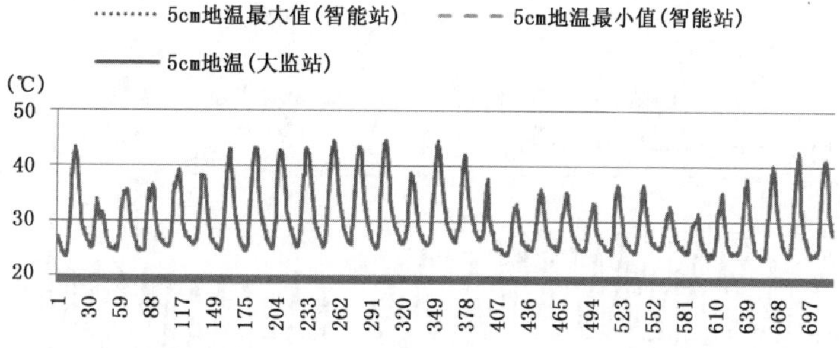

图 12.50　2014 年 9 月 5cm 小时地温时序对比图

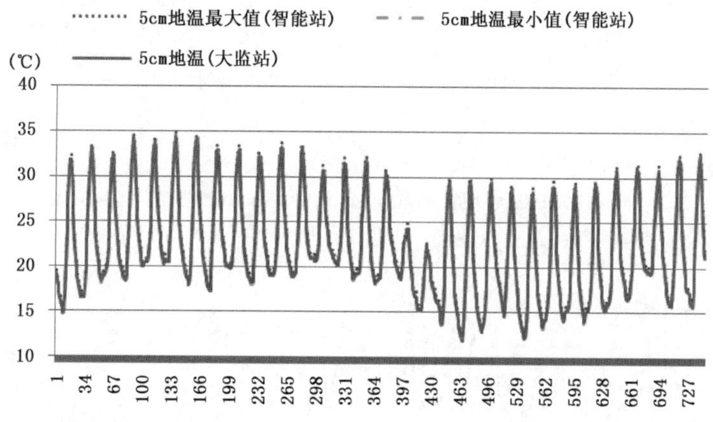

图 12.51　2014 年 12 月 5cm 小时地温时序对比图

8)地面电场:由于对比台站没有安装地面电场设备,故没有进行地面电场数据比对。

(2)结论

综合以上分析表明:智能气象站硬件系统总体运行平稳,故障率较低,可靠性良好,数据到报率高。通过对智能气象站和自动气象站对比分析,可以看出,两站数据偏差值不大,相关性良好,趋势一致。

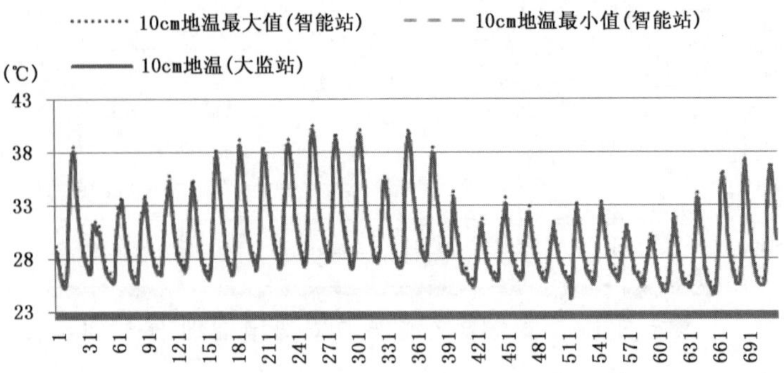

图 12.52 2014 年 9 月 10cm 小时地温时序对比图

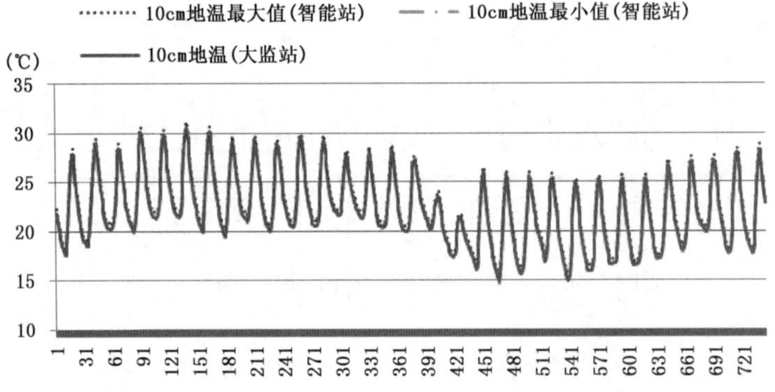

图 12.53 2014 年 12 月 10cm 小时地温时序对比图

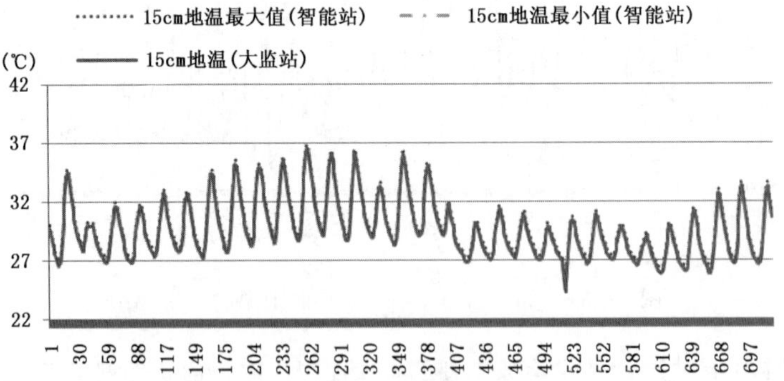

图 12.54 2014 年 9 月 15cm 小时地温时序对比图

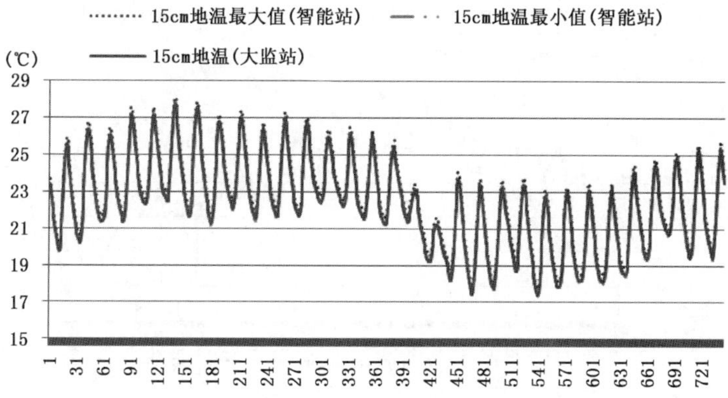

图 12.55　2014 年 12 月 15cm 小时地温时序对比图

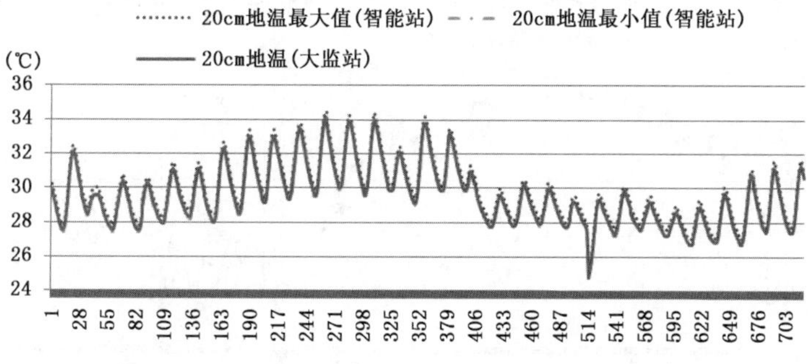

图 12.56　2014 年 9 月 20cm 小时地温时序对比图

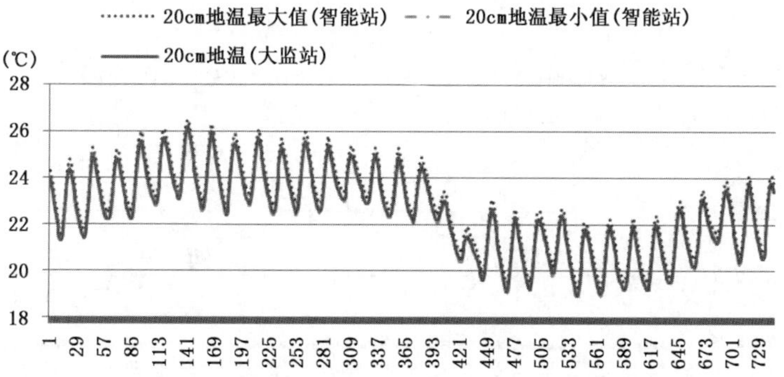

图 12.57　2014 年 12 月 20cm 小时地温时序对比图

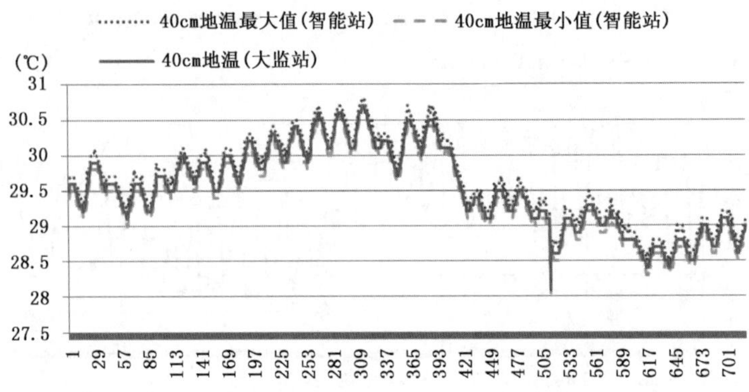

图 12.58 2014 年 9 月 40cm 小时地温时序对比图

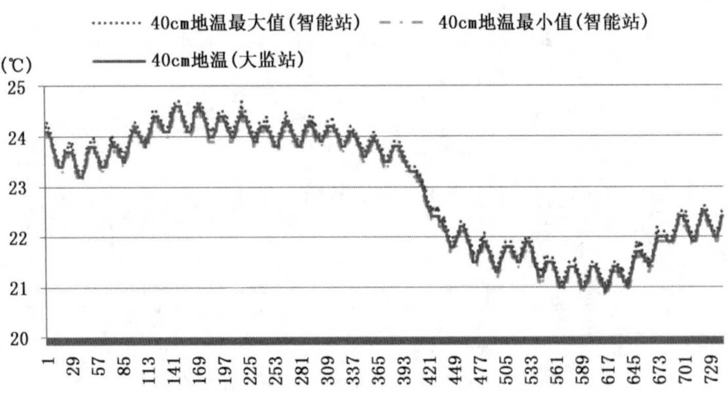

图 12.59 2014 年 12 月 40cm 小时地温时序对比图

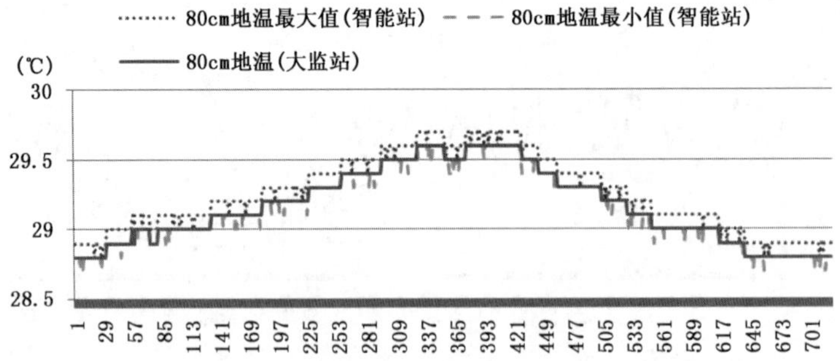

图 12.60 2014 年 9 月 80cm 小时地温时序对比图

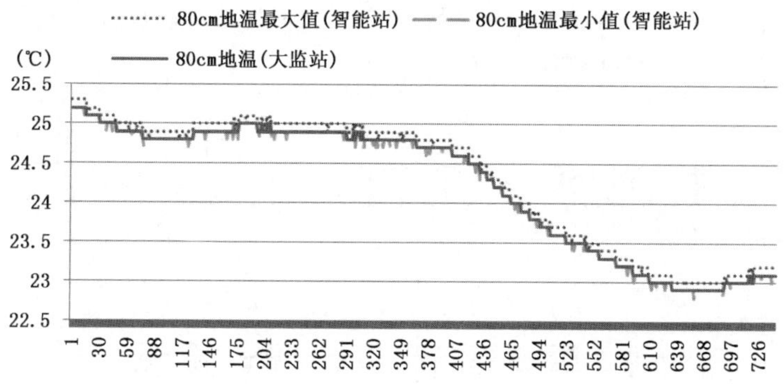

图 12.61　2014 年 12 月 80cm 小时地温时序对比图

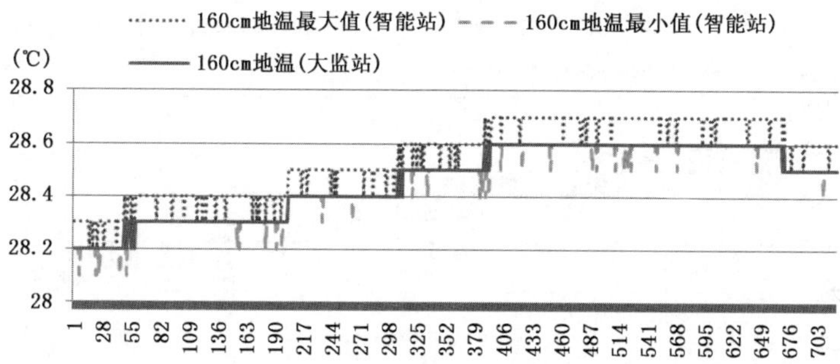

图 12.62　2014 年 9 月 160cm 小时地温时序对比图

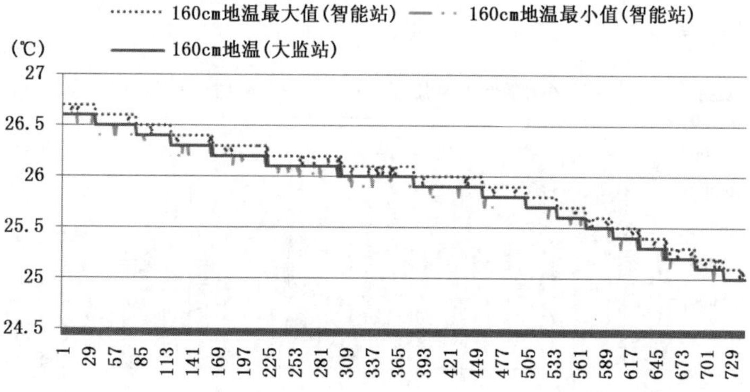

图 12.63　2014 年 12 月 160cm 小时地温时序对比图

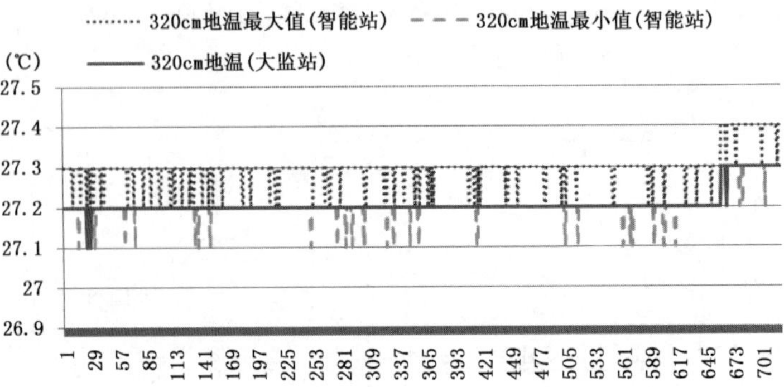

图 12.64 2014 年 9 月 320cm 小时地温时序对比图

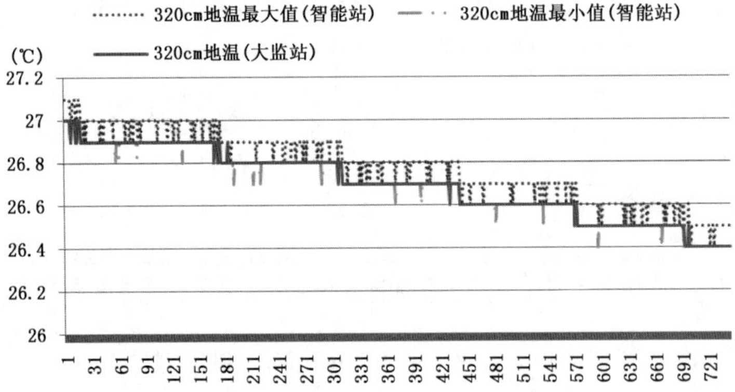

图 12.65 2014 年 12 月 320cm 小时地温时序对比图

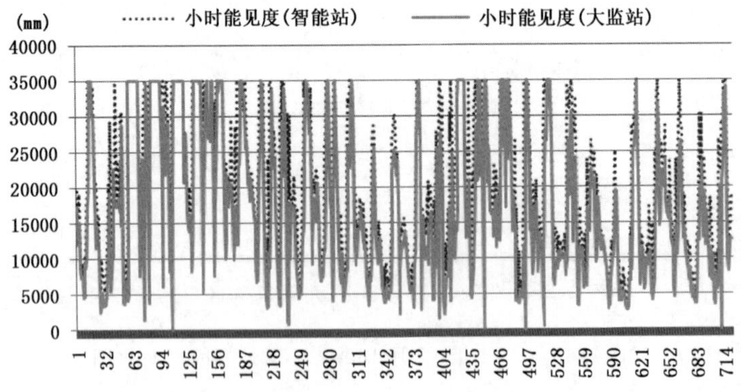

图 12.66 2014 年 9 月小时能见度时序对比图

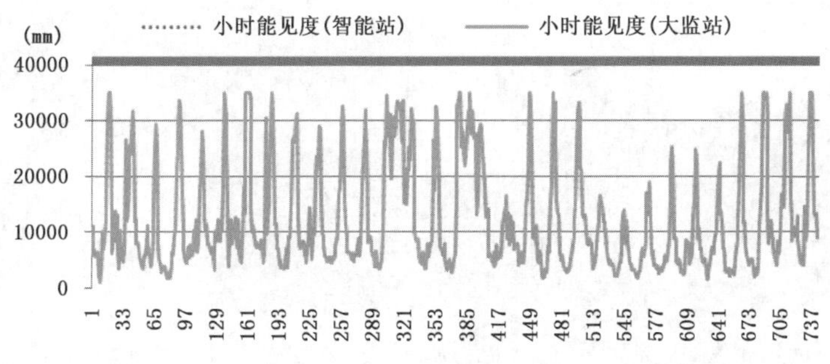

图 12.67　2014 年 12 月小时能见度时序对比图

12.3　黑龙江漠河站点

12.3.1　站点基本情况

12.3.1.1　基本情况

漠河国家基准气候站始建于 1956 年,1957 年 4 月 1 日正式运行。站址位于黑龙江省漠河县漠河乡城郊,北纬 53°28′,东经 122°22′,观测场海拔高度 296.0m,区站号为 50136。1981 年,经批准,成立漠河县气象局。1992 年 8 月,经中国气象局批准漠河县气象局由北极村迁至县城。1997 年漠河国家基准气候站迁至新址,新址位于漠河县西林吉镇城郊,原址继续使用,更名为北极村气象站(区站号更改为 50137)。漠河国家基准气候站地处北纬 52°58′、东经 122°31′,海拔高度为 438.5m,区站号 50136。为开展生态观测,2005 年 9 月由大兴安岭气象局批准,在黑龙江源头建立洛古河生态气象站,北纬 53°21′、东经 121°37′,海拔高度为 306.0m,区站号 H2501。

漠河县气象局现开展业务有:地面气象观测、天气预报、气象服务、人工影响天气、雷电管理、卫星遥感、太阳辐射观测、酸雨观测、GNSS 陆态网、寒带建筑物温度观测、天象自动采集(北极村)、空间电离层 D 区监测(洛古河)、中频雷达、区域自动气象站、山洪地质灾害防御等。

2014 年,漠河县气象局在编职工 21 人,其中年龄在 40 岁以上的 13 人,现有党员 7 人,聘用业务人员 4 人,聘用工勤人员 7 人。高级工程师 2 人,工程师 9 人,助理工程师 7 人。退休职工 12 人。漠河县气象局注重人才队伍建设,每年投入专项资金,派职工外出学习,现漠河县气象局研究生学历 1 人,本科学历 18 人,大专学历 6 人。在县级机构改革中,漠河县气象局参公人员为 5 人。

漠河县自然资源丰富,以森林、矿产、旅游、珍稀动植物资源闻名于世,其黄金、煤炭开采已形成规模,特别是黄金开采已有百余年的历史。全县林地面积 16281km^2,木材总蓄积量 14647m^3。漠河地处严寒地区,常年温度较低,年平均气温－3.9℃,月平均气温低于零度达 7 个月之久,平均无霜期 86d,冬季最低气温达到－52.3℃。最高温可达 39.3℃。

漠河旅游资源得天独厚,素有天然氧吧之称。旅游业为亮点产业,拥有许多特色景点,像观音山、圣诞村、民族风情园、黑龙江源头、十八弯、北极沙洲、中国最北之家等。在旅游业发展与新农村建设的进程中重点打造的对象便是北极村(图 12.68,图 12.69)。

图 12.68　漠河北极村景观

图 12.69　漠河旅游景观

2014 年 7 月底，根据项目组安排和现场考察，实验站点设于黑龙江省漠河国家基准气候站内。漠河县气象局技术人员配合设备研发人员安装仪器设备，完成实验站点建设。

智能传感器观测要素包括：温度、湿度、雨量、气压、风向、风速、地温、能见度、大气电场仪。各智能传感器均采用 ZigBee 无线通信技术，实现各要素与电脑终端的数据实时传输（表 12.12）。

表 12.12　漠河站点智能传感器安装情况

观测要素	建设数量	相关说明
风向风速	1	机械风＋一体风＋超声风
地　温	8	深层和浅层各 4 支
温湿度	1	安装于百叶箱内
气　压	1	
雨　量	1	
能见度	1	安徽蓝盾
大气电场仪	1	华云东方

12.3.1.2　外场测试准备

2012 年漠河县气象局开始承担“地面智能集成观测站及业务软件研发”项目的外场试验。为做好此次项目工作，漠河县气象局对外场试验场进行了改造和建设（表 12.13,）。试验场地选用漠河县国家基准气候站周边外场试验用地(图12.70),四周较为空旷平坦,漠河县局工作人员按要求对试验场地进行了平整,修建地温场,挖布线地沟、布线槽、浇注基座、安装防雷接地(接地电阻达2.8Ω,符合气象部门要求),提前做好各项准备工作。

表12.13　漠河站点试验场地准备工作时间表

时间节点	项目内容
2012年	确认承担智能气象站外场测试任务,开始前期准备工作
2014年5—7月	场地平整,开沟布槽,基座浇筑
2014年7月	设备陆续到达
2014年7月底	设备安装调试
2014年8月中旬至今	智能气象站设备运行测试

图12.70　漠河县国家基准气候站以及智能气象站试验站点

12.3.2　台站数据分析

12.3.2.1　数据完整性

数据完整性取从2014年9月1日00时00分到2015年1月21日23时59分所有数据,其中:分钟数据为每分钟一条,小时数据为每小时一条。

下面列表说明漠河实验站点数据完整性情况,其中应测分钟(小时)数据为当月总分钟(小时)数,入库分钟(小时)数为通过数据库查询到的入库数据条数,有效分钟(小时)数据为入库数据中不为NULL的数据条数,缺测率为缺测分钟(小时)数据与应测分钟(小时)数据之比,即

$$缺测率=\left(1-\frac{有效分钟(小时)数据}{应测分钟(小时)数据}\right)\times 100\% \tag{12.11}$$

计算结果见表12.14和表12.15。

表 12.14 分钟数据缺测统计

月份	应测分钟数据(个)	入库分钟数据(个)	有效分钟数据(个)	缺测率(%)
2014/09	43200	43200	43036	0.38
2014/10	44640	44640	44482	0.35
2014/11	43200	43200	43110	0.21
2014/12	44640	44640	44593	0.11
2015/01	30240	30240	30226	0.046

表 12.15 小时数据缺测统计

月份	应测小时数据(个)	入库小时数据(个)	有效小时数据(个)	缺测率(%)
2014/09	720	720	720	0
2014/10	744	744	743	0.13
2014/11	720	718	716	0.56
2014/12	744	744	744	0
2015/01	504	504	504	0

12.3.2.2 数据对比

按照以下公式计算并分析智能气象站与自动气象站数据偏差量值：

(1)对比差值：假设智能站数据为 U_i，自动站数据为 A_i，则偏差为

$$x_i = U_i - A_i \tag{12.12}$$

(2)差值平均值：设两种观测仪器对比观测次数为 n，则对比差值的平均值 $\bar{x}$ 为

$$\bar{x} = \frac{\sum_{i=1}^{n} x_i}{n} \tag{12.13}$$

(3)差值标准差：对比差值的标准差 σ 为

$$\sigma = \left[\frac{1}{n-1}\sum_{i=1}^{n}(x_i - \bar{x})^2\right]^{\frac{1}{2}} \tag{12.14}$$

(4)雨量累计相对差 $\bar{x}_R$ 为

$$\bar{x}_R = \frac{\sum_{i=1}^{n} x_i}{\sum_{i=1}^{n} A_i} \times 100\% \tag{12.15}$$

下面针对智能站数据库数据和与之对比的大监站数据库数据对比结果做图表分析。

(1)数据列表分析

分钟数据数据量非常大，图表分析结果并不能直观地展现对比结果，通过对月所有数据的偏差均值和标准差来看分钟数据的对比结果，表 12.16 为 2014 年 12 月分钟数据的偏差均值和偏差标准差结果。

表 12.16　2014 年 12 月分钟数据的偏差均值和偏差标准差结果

气象要素	偏差均值	偏差标准差
强风 10min 风速	−0.0173	0.153
强风 10min 风向	−3.987	39.33
超声风 10min 风速	0.102	0.206
超声风 10min 风向	−1.687	22.04
风杯 2min 风速	0.064	0.15
风杯 10min 风速	0.0305	0.124
超声风 2min 风速	0.026	0.522
超声风 2min 风向	−1.540	20.73
强风 2min 风速	0.077	0.54
强风 2min 风向	−3.979	38.95
气压	0	0
5cm 地温	0.0497	0.096
10cm 地温	0.0497	0.096
15cm 地温	0.05	0.05
20cm 地温	0.05	0.05
40cm 地温	0.05	0.05
80cm 地温	0.05	0.05
160cm 地温	0.05	0.05
320cm 地温	0.0497	0.05
空气温度	−0.451	0.173
石英晶体温度	−0.494	0.085
PT1000 温度	−0.25	0.131
空气湿度	0.503	0.5

(2)雨量小时累计

由于漠河进入秋冬季后气温很低，翻斗雨量计雨量值已经不准确，故一般使用称重雨量计，所以雨量数据无法进行对比。

(3)小时数据对比

由于数据量太大，选取 2014 年 9 月和 2014 年 12 月 2 个月小时数据做其数据对比，图 12.71—图 12.102 列出了对比结果。

12.3.2.3　结论

(1)各要素对比分析结果

1)风速风向：风速数据中超声风风速和风杯风速与台站风速基本一致。总的来说三种风速数据均可以达到规定的测量精度。风向数据超声风和强风风向与台站风向趋势一致，误差在允许范围内。

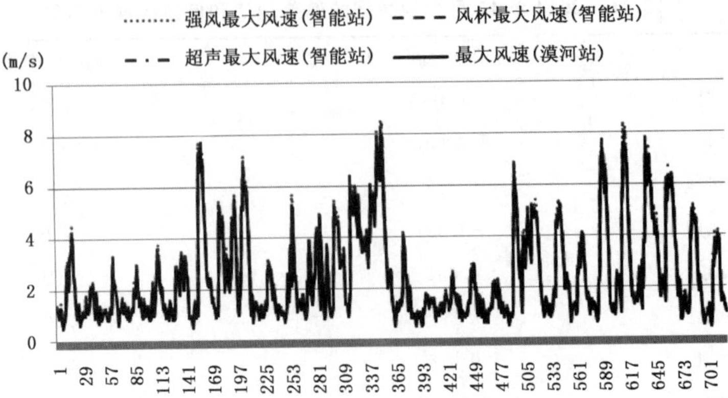

图 12.71 2014 年 9 月小时最大风速对比图

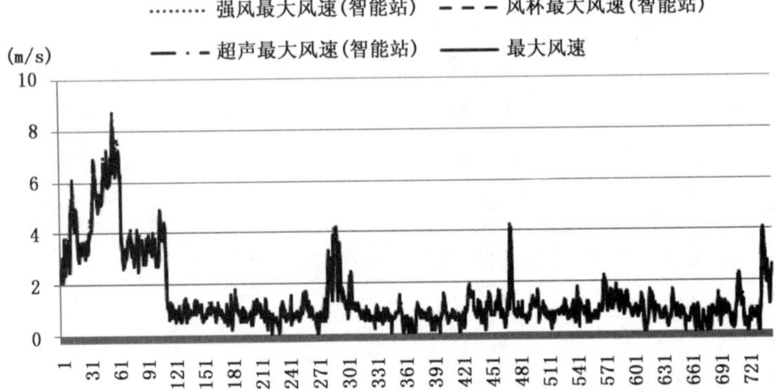

图 12.72 2014 年 12 月小时最大风速对比图

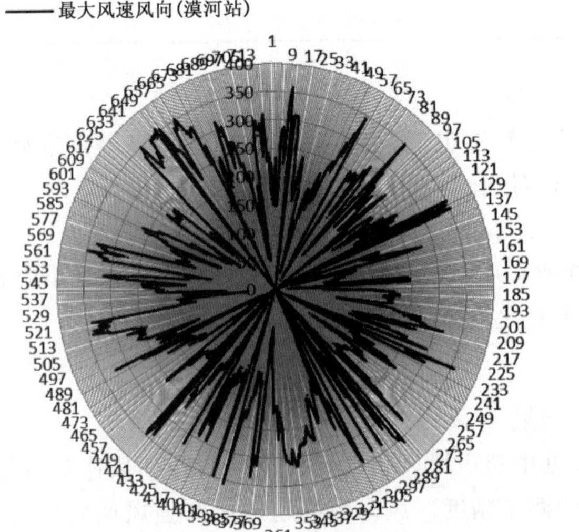

图 12.73 2014 年 9 月最大风速对应风向分析对比图

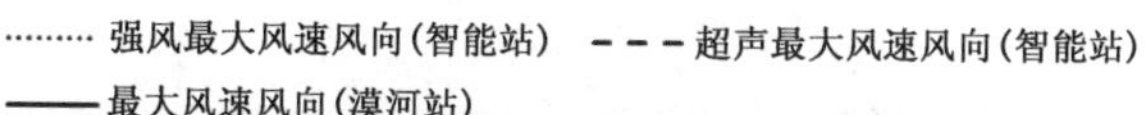

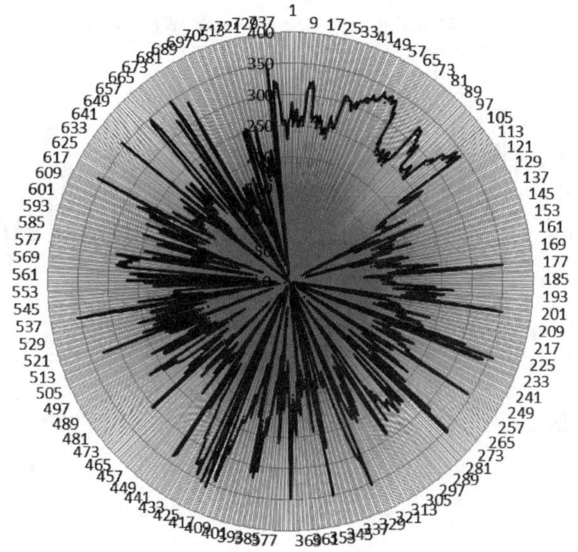

图 12.74　2014 年 12 月最大风速对应风向分析对比图

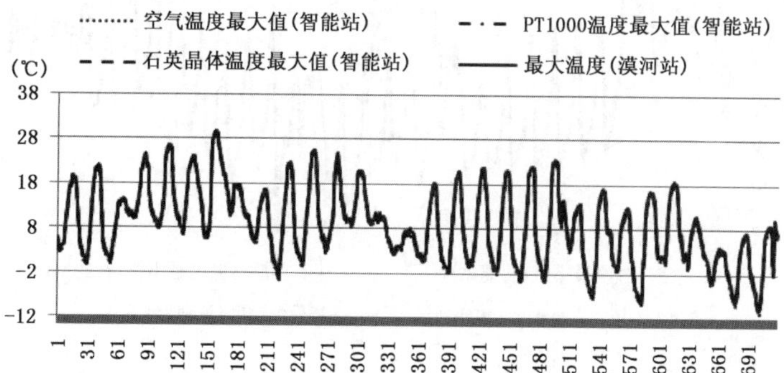

图 12.75　2014 年 9 月份小时空气温度最大值时序对比图

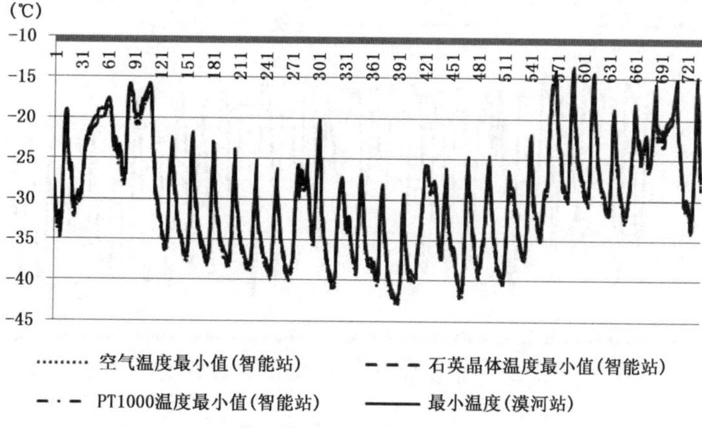

图 12.76　2014 年 12 月份小时空气温度最大值时序对比图

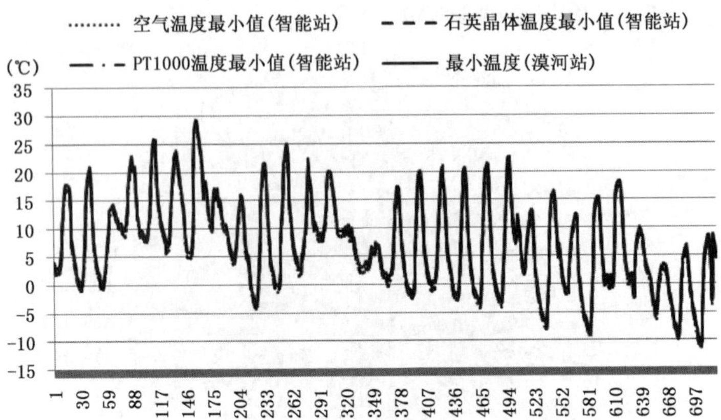

图 12.77 2014 年 9 月小时空气温度最小值时序对比图

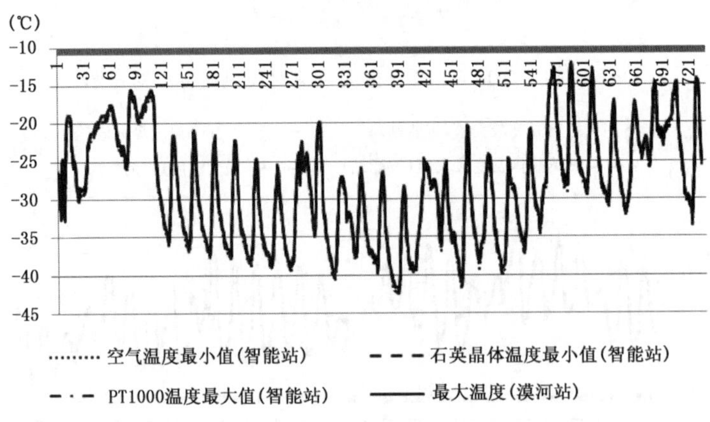

图 12.78 2014 年 12 月小时空气温度最小值时序对比图

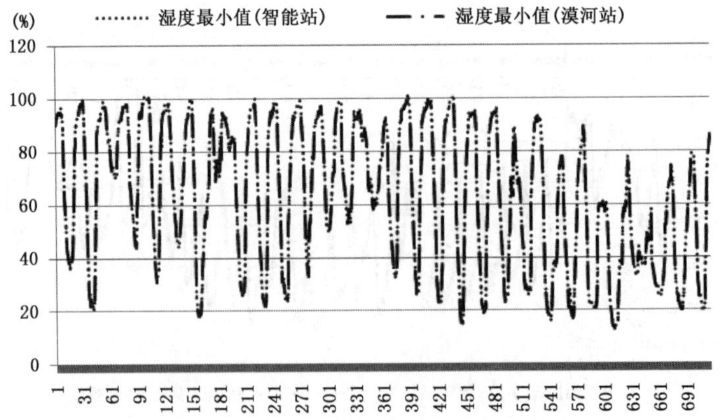

图 12.79 2014 年 9 月小时空气湿度最小值时序对比图

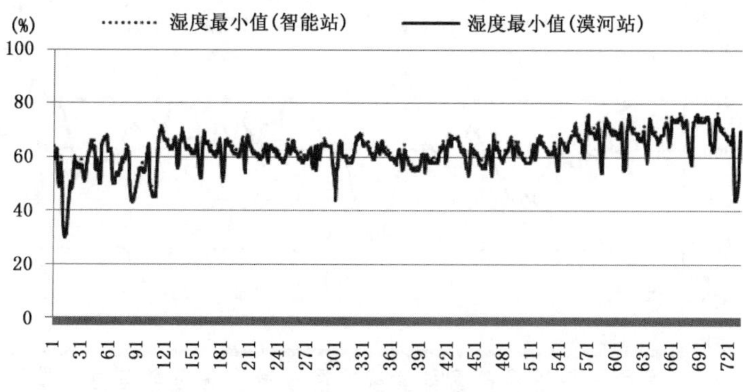

图 12.80　2014 年 12 月小时空气湿度最小值时序对比图

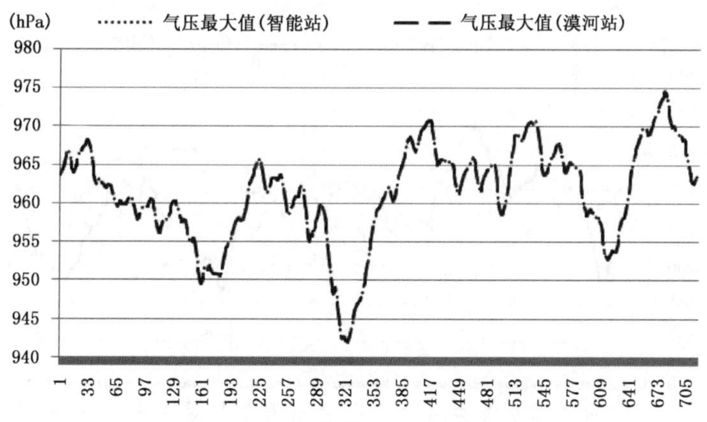

图 12.81　2014 年 9 月小时气压最大值时序对比图

图 12.82　2014 年 12 月小时气压最大值时序对比图

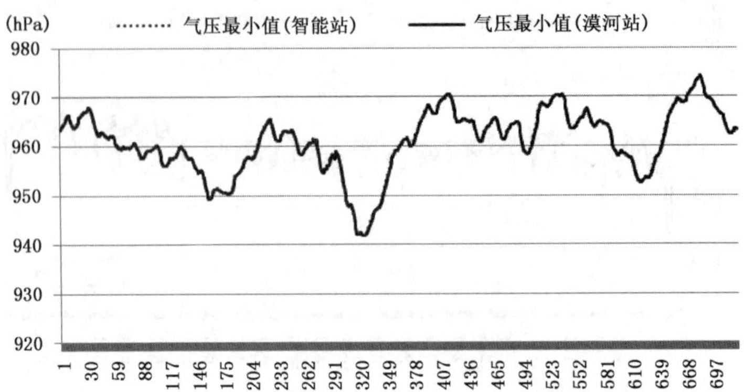

图 12.83　2014 年 9 月小时气压最小值时序对比图

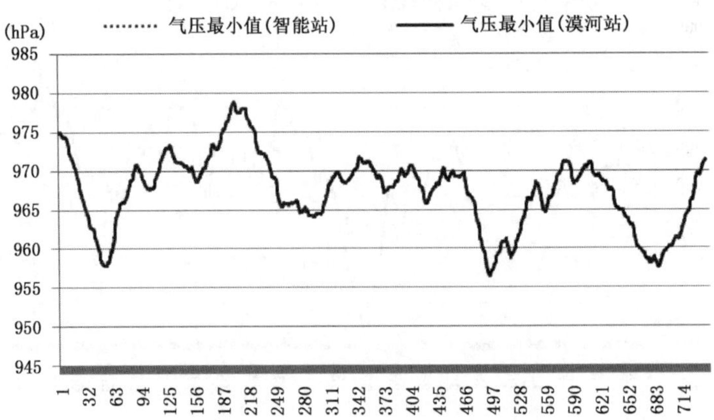

图 12.84　2014 年 12 月小时气压最小值时序对比图

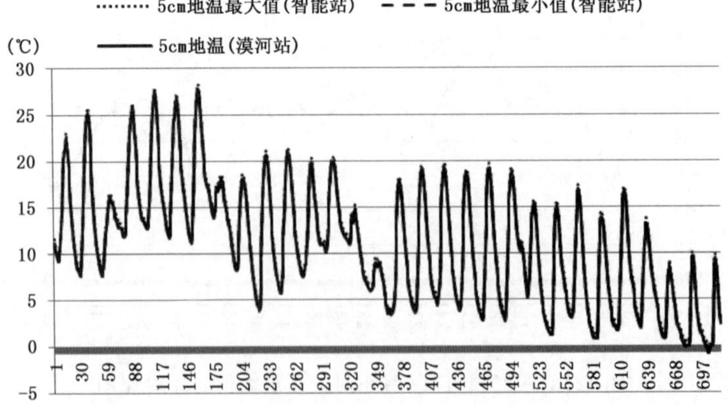

图 12.85　2014 年 9 月 5cm 小时地温时序对比图

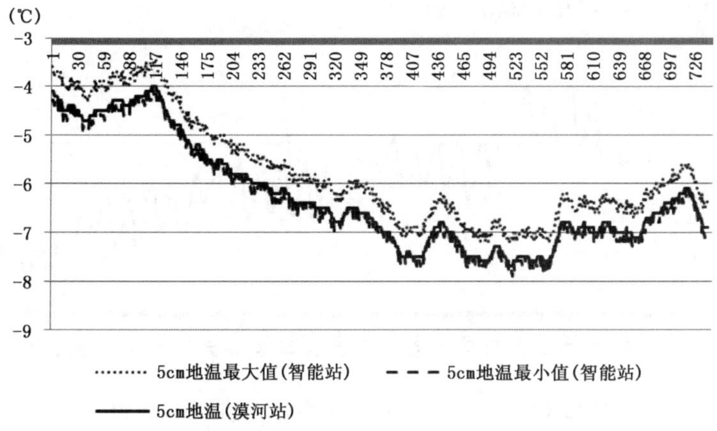

图 12.86　2014 年 12 月 5cm 小时地温时序对比图

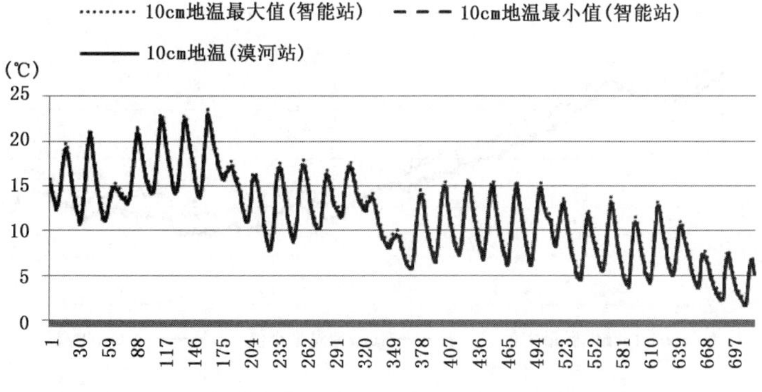

图 12.87　2014 年 9 月 10cm 小时地温时序对比图

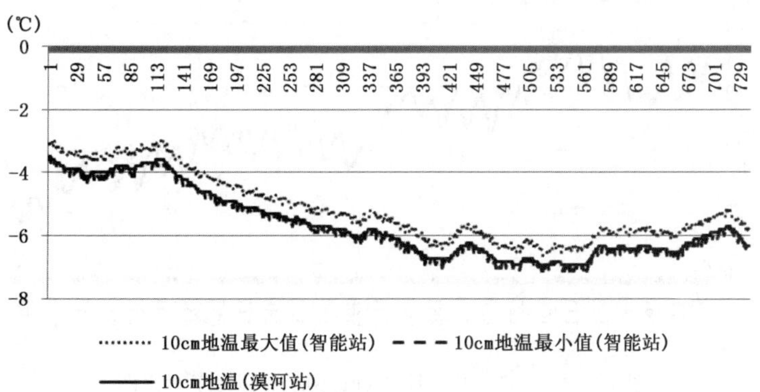

图 12.88　2014 年 12 月 10cm 小时地温时序对比图

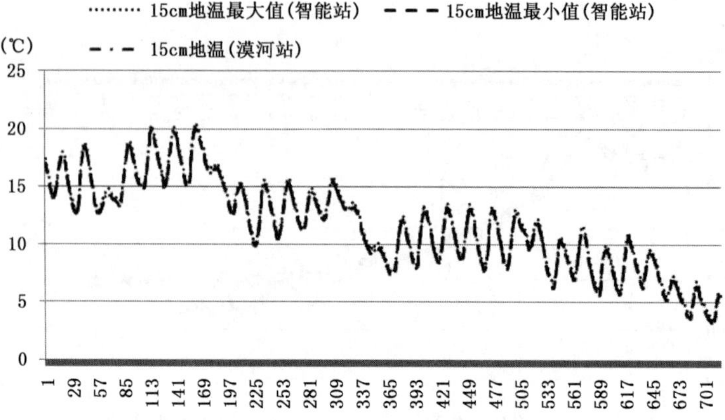

图 12.89　2014 年 9 月 15cm 小时地温时序对比图

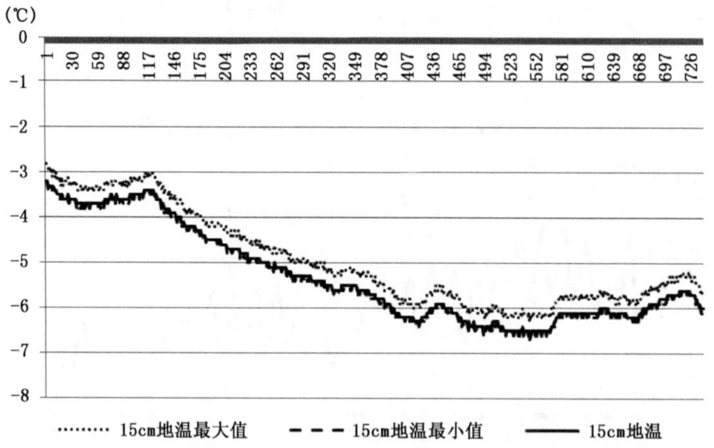

图 12.90　2014 年 12 月 15cm 小时地温时序对比图

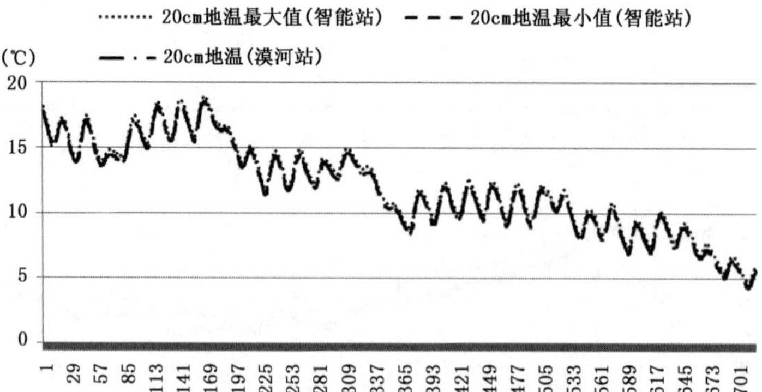

图 12.91　2014 年 9 月 20cm 小时地温时序对比图

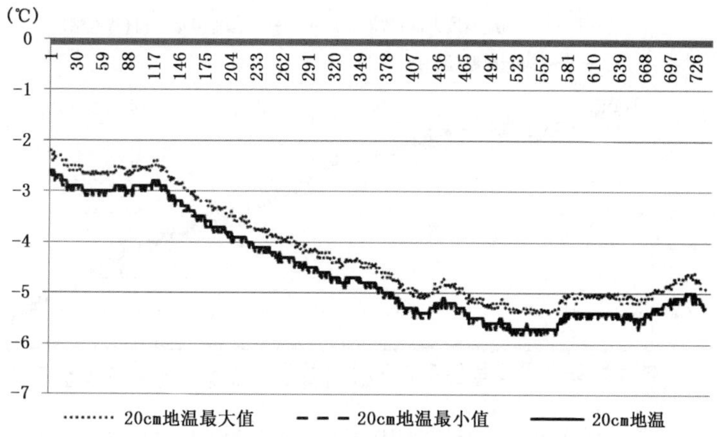

图 12.92　2014 年 12 月 20cm 小时地温时序对比图

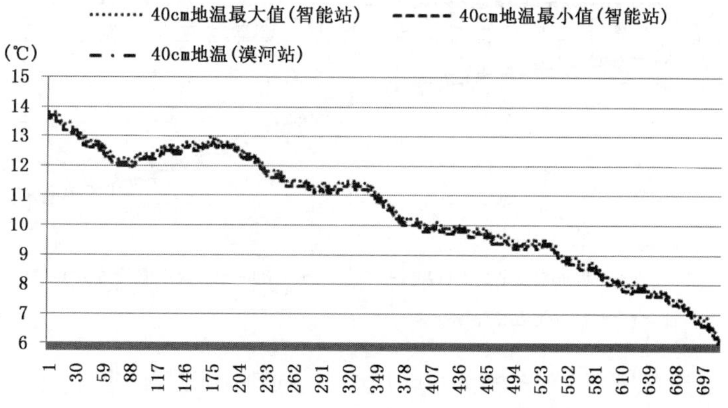

图 12.93　2014 年 9 月 40cm 小时地温时序对比图

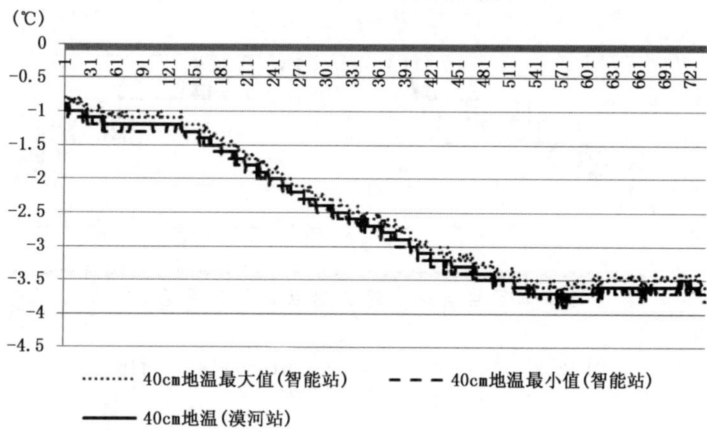

图 12.94　2014 年 12 月 40cm 小时地温时序对比图

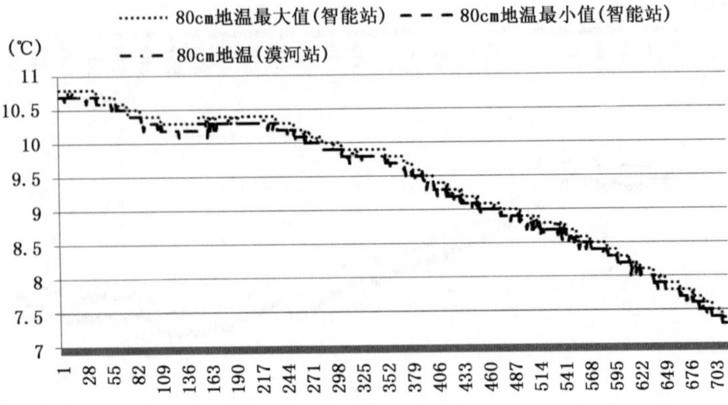

图 12.95 2014 年 9 月 80cm 小时地温时序对比图

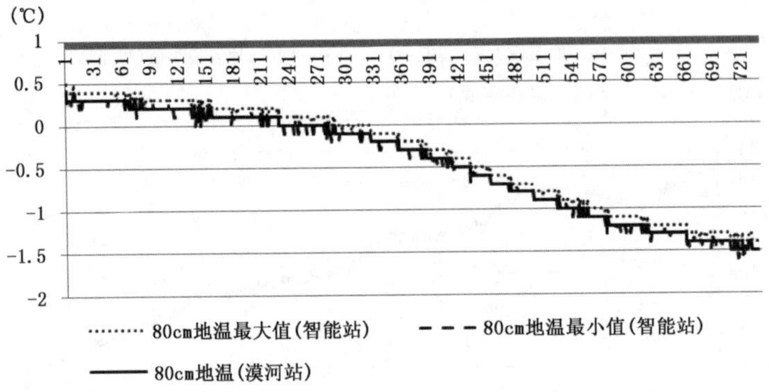

图 12.96 2014 年 12 月 80cm 小时地温时序对比图

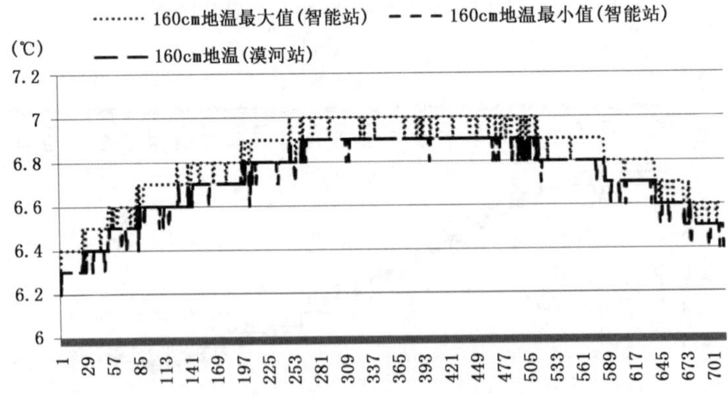

图 12.97 2014 年 9 月 160cm 小时地温时序对比图

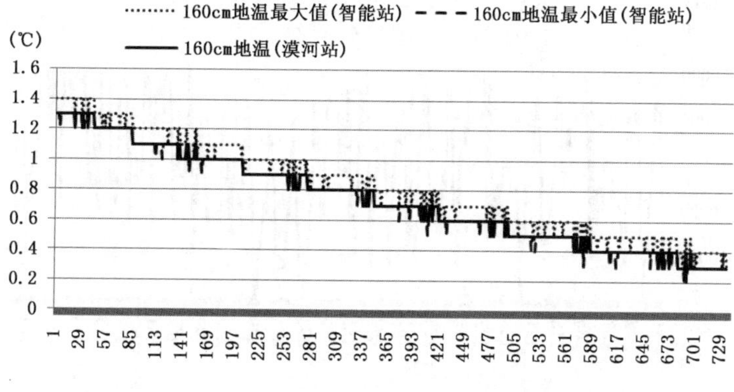

图 12.98　2014 年 12 月 160cm 小时地温时序对比图

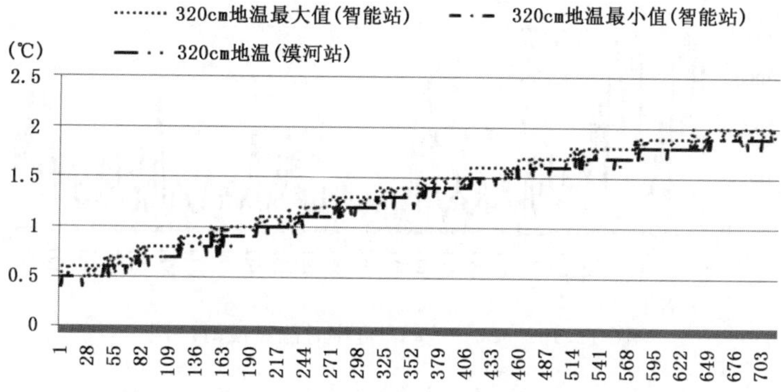

图 12.99　2014 年 9 月 320cm 小时地温时序对比图

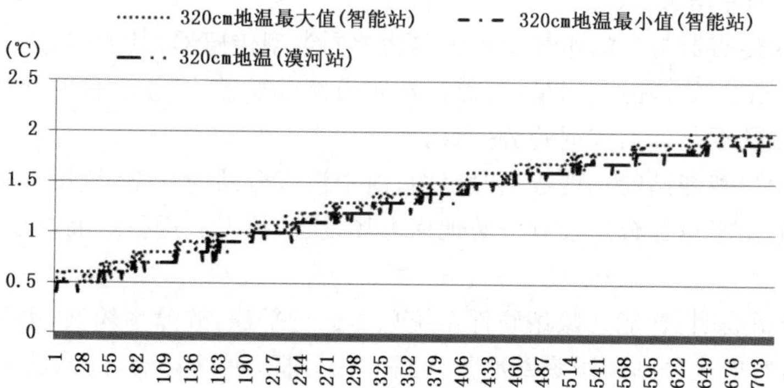

图 12.100　2014 年 12 月 320cm 小时地温时序对比图

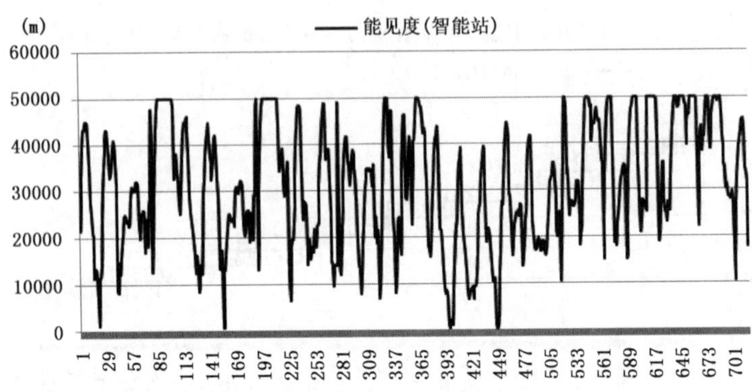

图 12.101 2014 年 9 月智能站小时能见度时序图

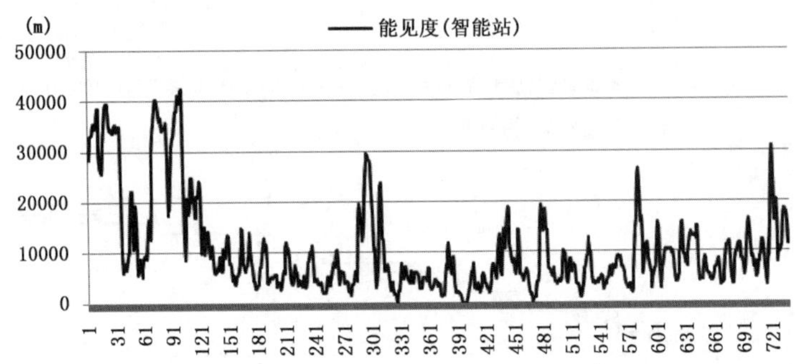

图 12.102 2014 年 12 月小时能见度时序图

2)空气温度:空气温度、石英晶体温度计以及 PT1000 温度计均与台站温度保持一致,误差在允许范围内。

3)相对湿度:相对湿度与台站相对湿度趋势保持一致,值稍高于台站湿度,尤其是在相对湿度高于 90%时偏差增大。

4)气压:气压传感器与台站用气压传感器为相同类型传感器,其值趋势一致,偏差很小。

5)雨量:由于采用的是翻斗雨量计,而台站使用称重雨量计,故没有进行对比。

6)地温:地温数据与台站数据趋势一致。

7)能见度:给出智能站能见度数据时序图,由于没有台站的数据,故没有进行对比。

8)地面电场:由于对比台站没有安装地面电场设备,故没有进行地面电场数据比对。

(2)结论

综合以上分析表明:智能气象站硬件系统总体运行平稳,故障率较低,可靠性良好,数据到报率高。通过对智能气象站和国家基准气候站对比分析,可以看出,两站数据偏差值不大,相关性良好,趋势一致。

参考文献

白韶红.2003.集成霍尔传感器的发展[J].自动化仪表,**24**(3):1-9.

曹明勤,张涛,王健.2013.基于ZigBee的农业物联网监测系统的设计与实现[J].电子技术应用,**39**(12):86-89.

柴瑞,王振会,肖稳安,等.2009.大气电场资料在雷电预警中应用[J].气象科技,**37**(6):724-729.

程海洋,秦明,高冬晖,等.2005.CMOS风速风向传感器的设计[J].传感器与微系统,**24**(5):34-36.

丁小平,王薇,付连春,等.2006,光纤传感器的分类及其应用原理[J].光谱学与光谱分析,**26**(6):1176-1178.

付丽辉,周西峰.2006.中低频信号的等精度测量[J].传感器世界,(12):33-36.

龚高超,马启明,黄启俊,等.2014.一种基于ZigBee的新型智能气象站设计[J].传感器与微系统,**33**(10):87-90.

郭剑鹰.2007.雨量传感器产品综述[J].汽车电器,(11):1-3.

韩晶.2013.大数据服务若干关键技术研究[D].北京:北京邮电大学计算机科学与技术.

韩晶.2013.大数据时代基于物联网和云计算的地质信息化研究[D].吉林:吉林大学数字地质科学.

何培杰,陈翠英.1999.传感器独立线性度的研究[J].传感器与微系统,(6):26-27.

华克强,高淑玲.1991.小功率超声波测距传感器[J].仪表技术与传感器,(2):26-27.

黄传虎,张振华,贾日旺.2013.物联网技术在家用太阳能行业中的应用[J].物联网技术,(1):60-61.

李坡,吴彤,匡兴华.2011.物联网技术及其应用[J].国防科技,(1):18-22.

李演明,毛翔宇,全思,等.2013.一种用于锂电池充电IC的电池检测电路[J].微电子学,**43**(3):354-358.

李振中.2013.一种可应用于小型光伏的MPPT技术[J].微型机与应用,**32**(19):79-81.

凌永发,王杰.2003.压力传感器的选择与应用[J].云南民族大学学报(自然科学版),**12**(3):192-194.

刘九卿.2004.数字式智能称重——传感器的发展与应用[J].衡器,8-12.

刘珊.2013.物联网技术的应用实践[J].中国公共安全,(9):137-141.

刘涛,朱家村,梁荣林,等.2014.物联网技术的应用研究[J].科技信息,(4):157.

刘祖明,陈庭金.2000.多晶硅太阳电池[J].太阳能,(1):3.

马云峰,徐书伟.2000.铂电阻4—20mA电流变送器设计[J].电测与仪表,**37**(412):12-14.

沈建华,杨艳琴.2008.MSP430系列16位超低功耗单片机原理与实践[M].北京:北京航空航天大学出版社.

史建.2007.光敏传感器电路常用元件器介绍[J].家电检修技术,(11):60-61.

宋红,耿新华,倪世宏.2002.非晶硅太阳电池的原理[J].太阳能,(4):13-14.

隋文涛,张丹.2007.传感器静态特性的评定[J].传感器与微系统,**26**(3):80-81.

孙嫣,边文超,王锡芳,刘彦秀.2007.PTB220气压传感器调整方法的补充[J].气象水文海洋仪器,(3):67-69.

王昌达,鞠时光.2006.无线组网技术中的安全问题[J].计算机科学,**33**(7):121-126.

王大堃.2000.传感器动态特性研究[J].贵州大学学报(自然科学版),**17**(1):50-54.

王慧,邵竹锋.2008.太阳能电池概述[J].中国建材科技,**17**(6):67-69.

王善慈.1991.对传感器分类、定义与命名的探讨[C]//全国敏感元件传感器学术会议.

王元卓,靳小龙,程学旗.2013.网络大数据:现状与展望[J].计算机学报,(6):1125-1138.

王则林,吴志健.2012.格雷码混合遗传算法求解0_1背包问题[J].计算机应用研究,**29**(8):2906-2908.

吴俊娟,姜一达,王强,等.2012.一种改进的光伏系统MPPT控制算法[J].太阳能学报,**33**(3):478-483.

许开芳,涂洁磊,陈庭金,等.2000.单晶硅太阳电池的工业化生产[J].太阳能,(1):24-24.

阎学津,王寿鹏,仲崇权.1995.石英晶体温度传感器[J].自动化仪表,(9):22-24.

杨永恒,周克亮.2011.光伏电池建模及 MPPT 控制策略[J].电工技术学报,**26**:229-234.

杨正洪,周发武.2011.云计算和物联网[M].北京:清华大学出版社.

于成民.1985.温度传感器的发展与应用[J].中国仪器仪表,(4):13-17.

喻晓莉,杨健,倪彦.2009.湿度传感器的选用及发展趋势[J].自动化技术与应用,**28**(2):107-110.

苑跃.1999.8364 型前散式能见度传感器[J].气象水文海洋仪器,(2):48-52.

张超,高志贤.1997.提高液体中石英晶体传感器频率稳定度的方法[J].传感技术学报,**10**(3):1-6.

张桂宁.2014.云计算环境下物联网技术研究[J].信息通信,(2):148.

张世昌,杨家锋,妙娟利.2010.WMT52 超声风传感器与 EL15A 风传感器野外探测资料对比分析[J].陕西气象,(3):25-26.

张瑜,张升伟.2010.基于铂电阻传感器的高精度温度检测系统设计[J].传感器技术学报,**23**(3):311-313.

赵继聪,周盼,秦魏.2011.激光传感器原理及其应用[J].科技致富向导,(9):102-102.

赵亚东.2000.传感器的功能与使用[J].运城高专学报,**18**(3):22-23.

中国气象局.2003.地面气象观测规范[M].北京:气象出版社.

中国气象局.2005.地面气象观测数据文件和记录簿表格式[M].北京:气象出版社.

中国气象局.2006.气象信息网络传输业务手册[M].北京:气象出版社.

中国气象局.2009.综合气象观测系统发展规划(2010—2015)[Z].

朱目成,夏季,张立红,等.2000.硅压阻式传感器性能影响因素的研究[J].兵工自动化,(2):45-47.

庄哲民,黄惟一,刘少强.2002.提高传感器精度的神经网络方法[J].计量学报,**23**(1):78-80.

Bresler Y. 1991. On the resolution capacity of wideband sensor arrays: further results[C]//Acoustics, Speech, and Signal Processing, ICASSP－91. 1991 International Conference on. IEEE:1353-1356.

Huddleston C. 2006. Intelligent sensor design using the microchip dsPIC[M]. Burlington,MA: Elsevier.

Kyriazisa D, Smart V T. 2013. Autonomous and reliable internet of things[J]. *Procedia Computer Science*, **21**:442-448.

Mathews R H, Sage P, Sollner T C, et al. 1999. A new RTD-FET logic family[J]. *Proceedings of the IEEE*, **87**(4):596 - 605.

Miorandia D, Sicari S, Pellegrini F, Chlamtac I. 2013. Internet of things: Vision, applications and research challenges[J]. *Ad Hoc Networks*,**10**(7):1497-1516.

Sparks L, Sumner G. 1984. A Microcomputer-based weather station monitoring system[J]. *J Microcomputer Applications*, **7**(3):233-242.

Tashiro Y, Biwa T, Yazaki T. 2005. Calibration of a thermocouple for measurement of oscillating temperature [J]. *Review of Scientific Instruments*,**76**(12):24901-24905.

Yasuda A, Doi K, Yamaga N, et al. 1992. Mechanism of the Sensitivity of the Planar CO Sensor and Its Dependency on Humidity[J]. *Journal of the Electrochemical Society*, **139**(11):3224-3229.

Zarnik M S, Belavic D, Macek S. 2010. The warm-up and offset stability of a low-pressure piezoresistive ceramic pressure sensor[J]. *Sensors and Actuators A: Physical*, **158**(2):198-206.